Android
自动化测试实战
Python+Appium+unittest

Storm 梁培峰 著

人民邮电出版社

北京

图书在版编目（CIP）数据

Android自动化测试实战：Python+Appium+unittest / Storm，梁培峰著. -- 北京：人民邮电出版社，2024.1
 ISBN 978-7-115-62313-3

Ⅰ. ①A… Ⅱ. ①S… ②梁… Ⅲ. ①软件工具－自动检测 Ⅳ. ①TP311.561

中国国家版本馆CIP数据核字(2023)第130190号

内 容 提 要

本书主要介绍 Android 自动化测试的相关内容：首先介绍自动化测试的市场情况和行业前景；接着介绍 Android 的相关知识，包括系统概览、环境搭建等，为读者学习后面的知识打下基础；最后介绍自动化测试的相关内容，包括元素识别与定位、等待机制、测试框架等，通过实战案例帮助读者快速掌握自动化测试技术。全书语言通俗易懂，讲解透彻，案例丰富。

本书适合计算机相关专业的学生和测试行业的从业人员阅读。

◆ 著　　Storm　梁培峰
　责任编辑　张天怡
　责任印制　陈　犇

◆ 人民邮电出版社出版发行　北京市丰台区成寿寺路11号
　邮编　100164　电子邮件　315@ptpress.com.cn
　网址　https://www.ptpress.com.cn
　北京科印技术咨询服务有限公司数码印刷分部印刷

◆ 开本：787×1092　1/16
　印张：21.25　　　　　　　　2024年1月第1版
　字数：415千字　　　　　　　2024年11月北京第2次印刷

定价：89.80元

读者服务热线：(010)81055410　印装质量热线：(010)81055316
反盗版热线：(010)81055315
广告经营许可证：京东市监广登字 20170147 号

前言

为什么要写这本书

在与李鲲程老师、边宇明老师一起完成的《Python实现Web UI自动化测试实战：Selenium 3/4+unittest/Pytest+GitLab+Jenkins》（以下简称《Python实现Web UI自动化测试实战》）一书出版后，不断有读者私信问我是否能编写一本关于移动端自动化测试的图书，在和张天怡老师进行初步沟通后，我通过简单调研了解到：目前为止，市面上移动端自动化测试实战类的图书很少，但移动端自动化测试在项目中的应用场景却是比较丰富的。基于以上情况，再加上每当我回顾上一本书时，对全书的编写思路和文字表达还是有些许遗憾，又由于外部条件成熟，内部自驱力足够，我和张天怡老师打算再次合作，编写并出版两本图书，分别是关于Android自动化测试实战和iOS自动化测试实战的，以实现Web、Android、iOS端到端的全覆盖。

阅读本书的建议

在开始学习本书内容之前，建议读者掌握一些基本的Python知识。为了保证内容的紧凑性，本书不再包含该部分内容。读者可参考《Python实现Web UI自动化测试实战》一书，也可通过其他方式学习。

为了保证图书前后内容的逻辑性，本书会在前面的章节中讲解一些与Android系统相关的知识点，作为读者后续学习自动化测试的知识铺垫，如果读者对Android的知识体系有一定了解，则可跳过第2～4章的内容，直接学习后续章节内容。另外，请多动手，即便是非常简单的脚本，也建议读者亲自练习，因为看懂和会写真的是两回事儿。最后，请将学习到的知识应用到工作中，我始终认为"用学习支撑日常工作，用工作检验学习成果"是一种非常好的提升方式。

本书配套资源

书中涉及的源码文件和学习资料会上传至QQ群：282939420。读者可以在QQ群中交流学习心得，我也会不定期在线答疑。

致谢

感谢人民邮电出版社，感谢张天怡老师，这是我们的第三次合作，每一次合作都很愉快；感谢领导李继军的大力支持；感谢我的家人，他们分担了家庭中所有的琐碎事务，让我有更多的时间编写本书；最后，感谢音乐，让我在深夜保持专注。

Storm（杜子龙）
2023年12月于北京

资源与支持

资源获取

本书提供如下资源：

- 本书思维导图；
- 异步社区7天VIP会员。

要获得以上资源，您可以扫描下方二维码，根据指引领取。

提交勘误

作者和编辑尽最大努力来确保书中内容的准确性，但难免会存在疏漏。欢迎您将发现的问题反馈给我们，帮助我们提升图书的质量。

当您发现错误时，请登录异步社区（https://www.epubit.com/），按书名搜索，进入本书页面，点击"发表勘误"，输入勘误信息，点击"提交勘误"按钮即可（见下图）。本书的作者和编辑会对您提交的勘误进行审核，确认并接受后，您将获赠异步社区的100积分。积分可用于在异步社区兑换优惠券、样书或奖品。

与我们联系

我们的联系邮箱是contact@epubit.com.cn。

如果您对本书有任何疑问或建议,请您发邮件给我们,并请在邮件标题中注明本书书名,以便我们更高效地做出反馈。

如果您有兴趣出版图书、录制教学视频,或者参与图书翻译、技术审校等工作,可以发邮件给我们。

如果您所在的学校、培训机构或企业,想批量购买本书或异步社区出版的其他图书,也可以发邮件给我们。

如果您在网上发现有针对异步社区出品图书的各种形式的盗版行为,包括对图书全部或部分内容的非授权传播,请您将怀疑有侵权行为的链接发邮件给我们。您的这一举动是对作者权益的保护,也是我们持续为您提供有价值的内容的动力之源。

关于异步社区和异步图书

"异步社区"(www.epubit.com)是由人民邮电出版社创办的IT专业图书社区,于2015年8月上线运营,致力于优质内容的出版和分享,为读者提供高品质的学习内容,为作译者提供专业的出版服务,实现作者与读者在线交流互动,以及传统出版与数字出版的融合发展。

"异步图书"是异步社区策划出版的精品IT图书的品牌,依托于人民邮电出版社在计算机图书领域30余年的发展与积淀。异步图书面向IT行业以及各行业使用IT技术的用户。

目录 CONTENTS

第1章 自动化测试简介

1.1 当前软件测试的趋势   2
1.2 测试金字塔模型   4
1.3 自动化测试分层   5
1.4 UI自动化测试流程   7
1.5 测试质量评估   12

第2章 Android基础知识

2.1 移动设备操作系统概览   15
    2.1.1 Android   15
    2.1.2 iOS   20
2.2 App的类型与区别   20
2.3 Android App测试框架概览   23

第3章 搭建Android环境

3.1 准备Java环境	26
3.2 准备Android SDK环境	29
3.2.1 Android SDK下载、安装	30
3.2.2 Android SDK环境变量设置	31
3.3 安装Android模拟器	32
3.4 准备Python环境	34
3.5 安装PyCharm	37
3.6 Python虚拟环境	43

第4章 Android adb介绍

4.1 adb的工作原理	46
4.2 启动设备或模拟器调试	48
4.3 adb常用命令	48
4.3.1 查看adb的版本	49
4.3.2 连接或断开设备	49
4.3.3 查看连接设备的信息	50
4.3.4 adb shell	50
4.3.5 安装App	52
4.3.6 卸载App	53
4.3.7 推送文件	54
4.3.8 下载文件	54
4.3.9 查看包名	55

4.3.10	查看Activity	56
4.3.11	启动、关闭adb服务	57
4.3.12	屏幕截图	57

第5章 monkey和monkeyrunner

5.1 monkey 59
- 5.1.1 monkey简介 59
- 5.1.2 monkey的参数 60
- 5.1.3 monkey命令示例 62
- 5.1.4 App压力测试 69
- 5.1.5 特定场景压力测试 71
- 5.1.6 日志管理 74

5.2 monkeyrunner 76
- 5.2.1 monkeyrunner简介 77
- 5.2.2 monkeyrunner API 78
- 5.2.3 综合案例 81

第6章 Appium基础知识

6.1 Appium简介 85
6.2 Appium的组件及运行原理 87
- 6.2.1 Appium的组件 87
- 6.2.2 Appium Android的运行原理 88

6.3 Appium环境搭建 89
    6.3.1 通过GUI部署Appium Server 89
    6.3.2 通过命令行部署Appium Server 93
    6.3.3 安装Appium-Python-Client 96
    6.3.4 安装appium-doctor 98
6.4 Desired Capability简介 99
6.5 第一个Appium脚本 100
6.6 Appium报错和解决方案 102
6.7 Appium终端基本操作 104

第7章 Appium之元素识别与定位

7.1 UI Automator Viewer工具 114
7.2 Appium Inspector工具 119
    7.2.1 Inspector安装 120
    7.2.2 Inspector参数设置 122
    7.2.3 Inspector识别元素 123
7.3 Appium元素定位方法概览 130
7.4 常规元素属性定位方法 132
7.5 通用元素定位方法 133
7.6 uiautomator元素定位方法 136
    7.6.1 UiSelector的基本方法 136
    7.6.2 通过text定位 138
    7.6.3 通过resourceId定位 141
    7.6.4 通过className定位 143
    7.6.5 通过description定位 143
    7.6.6 组合定位 144
    7.6.7 父子、兄弟关系定位 145

7.6.8	控件特性定位	145
7.6.9	索引、实例定位	146
7.7	组元素定位方法	146
7.8	XPath定位	149
7.9	坐标单击	152
7.10	Lazy Ui Automator Viewer	154

第8章 Appium基本操作

8.1	元素的基本操作	158
8.1.1	单击操作	158
8.1.2	输入操作	159
8.1.3	清除操作	159
8.1.4	提交操作	160
8.1.5	键盘操作	161
8.2	元素的状态判断	163
8.3	元素的属性值获取	165

第9章 Appium高级操作

9.1	W3C Actions	170
9.1.1	W3C Actions简介	170
9.1.2	短暂触屏	174
9.1.3	长按操作	175

9.1.4	左滑操作	176
9.1.5	多指触控	178
9.2	Toast元素识别	179
9.3	Hybrid App操作	181
9.3.1	Context简介	181
9.3.2	环境准备	182
9.3.3	context操作	183
9.4	屏幕截图	185
9.5	屏幕熄屏、亮屏	188

第10章 Appium等待机制

10.1	影响元素加载的外部因素	191
10.2	强制等待	192
10.3	隐性等待	193
10.4	显性等待	195

第11章 自动化测试用例开发

11.1	测试用例设计	204
11.2	测试用例代码实现	205
11.3	代码分析	211

第12章 unittest测试框架

12.1	unittest框架结构	213
12.2	测试固件	215
12.3	编写测试用例	217
12.4	执行测试用例	218
12.5	用例执行顺序	222
12.6	内置装饰器	224
12.7	命令行执行测试	227
12.8	批量执行测试文件	229
12.9	测试断言	231
12.10	测试报告	232
12.11	unittest和Appium	235
12.12	unittest参数化	241
	12.12.1　unittest+DDT	243
	12.12.2　unittest+ parameterized	246

第13章 测试配置及数据分离

13.1	测试配置分离	249
	13.1.1　YAML简介	249
	13.1.2　YAML文件操作	252
	13.1.3　Capability配置数据分离实践	254
13.2	测试固件与用例代码分离	257

13.3 测试数据分离 259
13.3.1 CSV简介 259
13.3.2 CSV文件操作 259
13.3.3 测试数据分离实践 261

第14章 Page Object设计模式

14.1 Page Object实践 264
14.2 "危机"应对 274
14.3 新生"危机" 278

第15章 自动化测试框架开发

15.1 框架设计 281
15.2 优化目录层级 282
15.2.1 Python os模块 282
15.2.2 调整模块引用 284
15.3 增加日志信息 287
15.3.1 日志概述 287
15.3.2 Python logging用法解析 288
15.3.3 为测试用例增加日志 292
15.4 增加页面截图功能 299
15.4.1 断言失败截图 299

	15.4.2 元素定位失败截图	301
15.5	增加显性等待功能	301

第16章 与君共勉

16.1	关于测试数据	309
	16.1.1 测试数据准备	309
	16.1.2 冗余数据处理	310
16.2	提升稳定性	311
16.3	提升效率	312
16.4	模拟器或真机	312

附录

附录A	自动化测试开展原则	315
附录B	夜神模拟器	316
附录C	adb常见错误	318
附录D	公共及Android独有Capabilities	319
附录E	Android KEYCODE常用键值对应关系	323

第1章
自动化测试简介

随着移动互联网的高速发展，智能移动终端得到快速普及，而作为终端智能化体现的移动应用（App）也快速地进入大众视野，而且已经渗透到我们生活的方方面面，比如出行方面的滴滴、饮食方面的饿了么、社交方面的微信等。

由于 App 同质化趋向明显，因此大众对 App 的质量和用户体验提出了更高的要求，促使 App 开发者想方设法提升移动端产品的质量和用户体验。另外，App 产品讲究快速迭代、持续更新，无论是敏捷还是 DevOps 的实践，都对测试工作的覆盖率和时效性要求越来越高，这又导致测试人员的工作量越来越大。其中，每个迭代版本的回归验收测试都会消耗测试人员大量的工时。因此自动化测试迎来迅速发展的契机。通过自动化测试的工具或平台来辅助测试人员完成一些单一、重复、烦琐的测试任务，例如快速进行冒烟测试、重点功能验证测试、缺陷回归等，是自动化测试发展的意义。

智能移动终端对自动化测试的需求毋庸置疑，那当前各互联网公司对自动化测试人员的需求情况是怎样的呢？笔者通过某招聘网站，搜索"自动化测试"关键词，可以看到与自动化测试相关的职位情况，如图 1-1 所示。

通过查看招聘详情，笔者简单总结了从事自动化测试工作应掌握或具备的能力，具体如下：

- 熟悉 Python、Java 等至少一种编程语言；
- 配合团队利用自动化测试工具搭建测试框架和平台的建设工作；
- 参与自动化测试用例设计、构建测试环境、执行持续集成（Continuous Integration, CI）自动化完成测试任务。

在这里也提醒各位读者，通过查看"大厂职位"的招聘详情，可以了解当前行业的发展现状及对测试人员的要求，从而进行有针对性的学习。

图 1-1　自动化测试相关招聘职位

1.1　当前软件测试的趋势

本节我们先大致了解一下近几年在软件产品行业中出现的重要概念——DevOps、微服务架构和自动化测试。三者都是目前软件开发中的最佳实践方法论，旨在提升项目或产品的交付效率和交付质量，并最终提升产品竞争力。

（1）DevOps

DevOps（Development & Operations，开发和运营维护）是一套实践方法论，提倡打破原有组织和限制，目前职能团队已经开始接受 DevOps 所倡导的高度协同，研发、测试、运维及交付一体化的思维。随着 DevOps 和敏捷热度的不断提升，无论是互联网企业还是传统软件企业都开始拥抱敏捷，实践 DevOps。持续集成、持续交付（Continuous Delivery，CD）作为 DevOps 的最佳实践，越来越受到重视。图 1-2 所示为 DevOps 的流程。

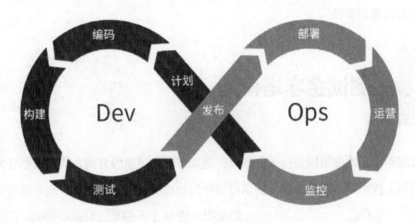

图 1-2　DevOps 的流程

（2）微服务架构

微服务架构（Microservice Architecture）起源于 DevOps 的意识形态和工程实践，采用的是软件架构风格。使用微服务架构有一系列好处，例如能够简化可部署性、提高可靠性和可用性等。虽然原则上可以使用任何架构来实践 DevOps，但微服务架构正在成为构建持续部署（Continuous Deployment，CD）系统的标准架构风格。使用微服务架构的项目，会将需求拆分成微小的服务去逐一实现。由于每项服务的规模都很小，因此微服务架构允许通过连续重构来实现单个服务的功能模块，从而降低对大型项目前期设计的需求，实现尽早发布软件并且持续交付。微服务和 DevOps 是天然的共同体，两者共同推进软件开发行业的变革。

微服务架构在解决了应用大小、应用开发规模等方面存在的问题之后也带来了一些新的问题，比较突出的有微服务数量增多、服务间调用关系复杂等。复杂的关系导致即使是项目资深开发人员也很难全面梳理出所有服务之间的关系。

微服务和传统的单体应用相比，在测试策略上会有一些不太相同的地方。简单来说，在微服务架构中，测试的层次变得更多，需要测试的服务和应用也呈指数级增长。手动执行所有的测试是低效的，无法满足互联网快速迭代的要求。这时必须引入自动化测试来减轻测试团队的压力，提高测试效率和测试质量。

（3）自动化测试

随着敏捷和微服务架构的引入，持续集成和持续交付成为构建和部署的标准，即使在没有采用微服务架构的项目中也是如此。为了保证已定义的流程和事务按照预期进行，测试必不可少。而在应对现代软件产品频繁的更新和发布上，传统的手动测试方式在人员和效率上都存在严重不足，因此自动化测试已经成为现代软件研发过程中一个关键的组成部分。自动化测试是打通持续集成和持续交付的核心环节，没有有效的自动化测试作为保障，持续集成和持续交付就变成"没有灵魂的躯壳"。

1.2 测试金字塔模型

测试按照不同的维度可以进行多种分类。例如按照测试手段分类，测试可划分为自动化测试和手动测试；按照测试目的分类，测试可划分为功能测试、性能测试、安全测试等。本节我们来看一看马丁·福勒（Martin Fowler）按照层级对测试进行的分类，也就是大家常见的金字塔模型，如图1-3所示。

金字塔模型将测试分为单元（Unit）、服务（Service）和用户界面（User Interface，UI）这3个层级。在测试发展的历程中，也出现了一些重新定义金字塔层级的测试模型，尽管对分层的具体描述各不相同（有人将这3个层级分别定义为单元、接口、集成测试，也有人将整个金字塔划分为4～5个层级），但金字塔自底向上的结构是大家公认和遵循的。

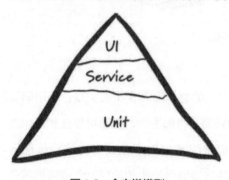

图1-3　金字塔模型

（1）单元测试

单元测试是针对代码单元（通常是类或方法）的测试，单元测试的价值在于能提供快速的反馈，在开发过程中就可以对逻辑单元进行验证。好的单元测试可以帮助改善既有设计，在团队掌握测试驱动开发（Test Driven Development，TDD）的前提下，单元测试能辅助重构，帮助提升代码整洁度。

（2）服务测试

这里所说的服务测试，是针对业务接口进行的测试，主要测试内部接口功能实现是否完整，比如内部逻辑是否正常、异常处理是否正确等。接口测试的主要价值在于接口定义相对稳定，不像界面或底层代码那样会经常发生变化，所以接口测试脚本的变动频率和维护成本较低，在接口层面开展测试的性价比相对较高。但接口测试的开展需要一份完整的、准确的、及时更新的接口测试文档作为前置条件，也就是说测试团队的工作进展情况需要依赖于外部团队的工作质量。如果在项目团队中，接口测试文档"可望而不可及"，那对测试人员来说，开展接口测试工作将事倍功半。

（3）UI 测试

UI 测试是从用户的角度验证产品功能的正确性，测试的是端到端的流程，并且加入用户场景和数据，验证整个过程是否正确、流畅。UI 测试的业务价值高，但由于它验证的是完整的流程，因此在环境部署、用例准备及实施等方面成本较高，要完成高质量的 UI 测试其实并不容易。

1.3 自动化测试分层

基于金字塔模型，自动化测试领域也逐步细分，即分为单元自动化测试、接口自动化测试和 UI 自动化测试。本节我们来看看这 3 种自动化测试的概念。

（1）单元自动化测试

单元自动化测试指对软件中最小的可测试单元进行检查和验证，调用被测服务的类或方法，根据类或方法的参数，传入相应的数据，得到返回结果，最终断言返回的结果是否符合预期，如果符合则测试成功，如果不符合则测试失败。所以单元自动化测试关注的是代码的实现与逻辑。单元自动化测试是最基本的测试之一，也是测试中的最小单元，它的对象是函数，可以包含输入输出，针对的是函数功能或者函数内部的代码逻辑，并不包含业务逻辑。该类测试一般由研发人员完成，需要借助单元测试框架，如 Java 的 JUnit、TestNG，Python 的 unittest、Pytest，等等。

（2）接口自动化测试

接口自动化测试主要验证模块间的调用返回，以及不同系统、服务间的数据交换。接口自动化测试一般在业务逻辑层进行。该测试根据接口文档是 RESTful 调用（一种基于 REST 架构风格的远程调用方式）还是远程过程调用（Remote Procedure Call，RPC）被测试的接口，构造相应的请求数据，得到返回值，从而判断测试成功还是失败。不管向接口输入的参数是怎样的，我们都将得到一个结果，最终断言返回的结果是否符合预期，如果符合则测试成功，如果不符合则测试失败。所以，接口测试关注的是数据。常见的接口测试工具有 Postman、JMeter、LoadRunner 等。

（3）UI 自动化测试

UI 层是用户使用产品的入口，产品的所有功能通过这一层提供给用户，目前测试工作大多集中在这一层，这种测试更贴近用户的行为，如模拟用户单击某个按钮或在文本框里输入某些字符等。比如用户在登录界面输入用户名和密码后单击确认按钮，有时可能用户看到登录成功了，但 UI 自动化测试脚本并不知道刚才的单击有没有生效。如果要找"证据"，登录成功后页面右上角显示的"欢迎，×××"，就是登录成功的有力"证据"。当 UI 自动化测试脚本测试到登录成功后，就会去获取测试数据进行断言，断言返回的结果是否符合预期，如果符合则测试成功，如果不符合则测试失败。所以，UI 自动化测试的关注点是用户操作行为，以及 UI 上各种组件是否可用。常见的 UI 测试工具有 UFT、Selenium、Appium 等。

知识扩展：自动化测试分层占比。

每种自动化测试都有自己的侧重和优劣势，如果要在团队或项目中推进自动化测试工作，我们应该如何制定相对合理的自动化测试策略呢？让我们来看一看图 1-4。

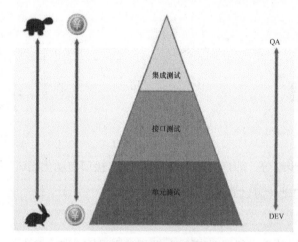

图 1-4 自动化测试分层

图 1-4 透露了以下信息。

- 层级越往上，测试执行速度越慢（乌龟表示慢）；层级越往下，测试执行速度越快（兔子表示快）。
- 层级越往上，测试成本越高（需要更多的执行时间，且在用例执行失败时，获得的信息越模糊，越难跟踪）；层级越往下，测试成本越低。
- 层级越往上，越接近质量保证（Quality Assurance，QA）要求、产品人员、最终用户；层级越往下，越接近开发人员（Developer，DEV）。
- 层级越往上，业务属性越强；层级越往下，技术属性越强。

按照金字塔模型和投入产出比，我们得知层级越往下回报率越高，所以成熟的团队应该大量使用单元测试和接口测试来覆盖产品提供的基本逻辑和功能，使用少量的 UI 自动化测试来进行前端界面的功能验证。

都说业内最佳实践看 Google，据了解，Google 的自动化测试分层投入占比是单元测试占

70%，接口测试占 20%，UI 自动化测试占 10%。

虽然 UI 自动化测试不应该过多投入，但限于企业发展现状、项目类型、测试人员技能储备等各种因素，UI 自动化测试是众多项目组最先开展，也是见效最快的一种选择。另外，UI 自动化测试还具备单元和接口自动化测试所不具备的优势，比如单元测试验证代码处理的正确性，接口测试验证数据返回的正确性，但是前端（Web 端或 App 端）结果展示是否正确，只能依靠 UI 自动化测试来验证。所以单元自动化测试、接口自动化测试和 UI 自动化测试不是"非此即彼"的关系，它们有各自擅长的领域，千万别被某些所谓的"大咖"忽悠，形成低层优于高层的错误观念。

关于自动化测试开展原则，笔者整理了"附录 A"供大家参考。

1.4 UI 自动化测试流程

在 1.3 节中，我们了解了开展 UI 自动化测试的必要性。本节我们来谈谈如何开展 UI 自动化测试，或者说，如果领导安排开展自动化测试工作，我们该如何组织呢？

（1）需求分析

如果领导的需求明确且细致，我们按照领导的思路去执行即可。不过更多时候，领导的需求并不明确，领导提出这些需求也许是为了进行工作探索，也许只是心血来潮，还有可能是期望减少测试人员投入，节省测试工时。这里提醒大家，一定要避免盲目开展自动化测试，避免出现"自动化测试脚本始终跟不上 UI 页面的调整速度，自动化测试脚本无法成功执行、名存实亡"的情况。在开展自动化测试时，我们的第一步一定是评估并确定哪些场景或哪些模块相对稳定，适合开展自动化测试，或者说一定要明白某个场景或者系统模块实现自动化测试后，能给我们带来什么好处。

当需求不明确时，贸然开展工作，大多只有一个后果，就是"经理费心，组员费力，领导不满"。为了避免"下课风波"，我们一定要在开展工作前，深入了解客户（领导）需求（痛点），纠正领导不恰当的预期，在开展工作前，和领导达成一致目标。接下来，我将描述几个场景，大家可以看看自己是否曾有过如此"不堪"的境遇，如果你所处的项目团队恰好也是如此，那么就让自动化测试"生根发芽"，并期待它能长成"参天大树"吧。

- 场景一：团队中开发人员提交的版本质量很差，甚至经常出现业务主流程无法"跑通"的情况；开发人员频繁提交、部署测试版本，测试人员一遍遍地重复冒烟测试（准入测试），测试人员成了"糟糕版本质量的买单人"。

- 场景二：每个版本上线前，项目团队会安排一轮验收测试（终验），在进行验收测试时，除了要重点验证新版本的功能外，还需要对历史功能进行必要的验证；可是领导往往只会留出新功能验证的测试时长，不会考虑历史功能的回归测试时长；常见的抱怨就是："这么点新功能，怎么需要那么长时间测试？"
- 场景三：虽然开发人员经慎重评估后一再表示新功能的开发或者缺陷的修复不会影响其他功能或模块的使用，可每次你"偷懒"的时候，总会出现令人懊恼不已的"逃逸"缺陷，而在此时，"锅只能由测试人员来背"。
- 场景四：在1.0版本中，测试人员手动测试发现的缺陷已被开发人员修复，并且回归测试成功，在x.y版本中，测试人员又发现了该问题，于是，在每个待发布版本的验收测试时，我们又增加了工作——对历史缺陷进行回归测试，而历史缺陷越来越多，会"压得测试人员喘不过气"。
- 场景五：项目团队采用快速迭代、敏捷或者DevOps开发模式，因此项目负责人要求测试人员必须具备对线上版本进行快速验证的能力。否则会出现类似"为什么总是测试人员在拖后腿"的言论。
- 场景六：在1.0版本中，系统上线了×功能，该功能是系统的核心功能，后续版本的扩展模块和此功能多有交互，或者相互调用，于是在每个版本上线的时候，为了保证新功能的引入不会影响×功能的正确性，测试人员"不得不对其进行频繁的回归测试"。

想必各位或多或少都遇到过与上文所述类似的场景。自动化测试是应对类似场景的一种途径、一个重要发展方向，是测试体系中颇为重要的一环，也是测试组织技术成熟度的一种体现。自动化测试具有快速、高效、可复用、一致等特点，在一定程度上可以替代部分手动测试的工作，提升测试效率，特别是在回归测试阶段。自动化测试有序、规范进行，是提高测试效率、保障产品质量的重要手段。

（2）方案选择

为了保证自动化测试有序进行，保证自动化测试的覆盖率，自动化测试的落地方案应考虑以下方面（这里以Android自动化测试为例）。

- 自动化测试的层级。优先开展Android的UI自动化测试，根据项目成熟度、人员技能储备等情况适时开展接口自动化测试。
- 自动化测试的对象。优先覆盖Android端和移动Web端，后续覆盖iOS端。
- 自动化测试的场景。需要覆盖冒烟测试、重点功能回归测试和缺陷回归测试。
- 自动化测试的工具。结合公司实际情况，自研测试工具。
- 自动化测试的脚本语言。结合测试团队人员的技术栈，选择脚本开发语言。

- 自动化测试的框架。考虑到用例重试场景、分级分类等需求，选择单元测试框架。
- 自动化测试用例的分层。考虑到测试用例的健壮性及后期维护成本，自动化测试用例必须分层设计。
- 自动化测试用例的分级。考虑到针对不同场景执行不同用例的需求，自动化测试用例必须分级。
- 自动化测试用例的执行策略。自动化测试支持3种用例执行策略，分别是开发人员每次提交代码自动触发，以一定频率自动执行（如每周晚上），手动触发执行。
- App运行载体。就Android自动化测试而言，其支持真机（特定机型）和模拟器（如逍遥模拟器）载体。
- 自动化测试的工作模式。由多位同事负责，如同事A负责重点功能用例开发，同事B负责缺陷回归测试用例开发等。
- 自动化测试脚本存储。自动化测试脚本需要本地运行通过，内部评审通过，上传GitLab存储。
- 持续集成。考虑到UI自动化测试有持续集成的需求，因此项目团队的集成工具（Jenkins或Travis CI）应保持一致。
- 自动化测试赋能。自动化测试工具前期为内部使用，后期要提供给上下游团队使用，即赋能产品及业务团队。（需要考虑自动化测试本身的受众是谁，是否只给测试人员使用，还是要提供给研发人员等其他人员使用。）
- 自动化测试的执行环境。如果我们期望未来将自动化测试工具作为一个公共的执行平台，则需要单独准备一台计算机，用于自动化测试的执行，该机器的环境需要和本地环境保持一致。

（3）环境准备

在确定UI自动化测试落地方案后，即可根据方案准备所需环境。

- 本地环境。

本地环境包括测试人员的计算机、开发语言环境、Appium工具、代码编辑器、自动化测试设备等，其中开发语言环境版本、Appium工具版本、自动化测试设备类型等需要尽可能保持一致。

- 代码执行环境。

需要单独准备一台计算机，用于自动化测试的执行，该机器中的环境（测试工具、Python版本等）需要和脚本开发环境保持一致。

- 配置管理环境。

如果是多人协作编写自动化测试用例，则脚本就会涉及集成的需求，这里我们需要提前确定代码、测试数据、测试文件、测试驱动等资源的管理工具是使用 SVN 还是 GitLab。

- 持续集成环境。

因为自动化测试有持续集成的需求，所以我们需要提前确定持续集成工具，当前比较流行的有 Jenkins、Travis CI 等。

（4）系统设计

就像工程建设需要经过严格的方案设计，然后根据设计的方案进行施工一样，UI 自动化测试框架也需要事先进行合理的设计，以增加其稳定性、可维护性、可扩展性。简单来说，我们需要考虑整个框架的目录结构，比如各个公共模块的封装，测试文件的管理，配置数据、测试数据和代码的分离，日志的管理等。

当然，框架的确立并不能一蹴而就，而是一个持续演进的过程。这个阶段的重点是把大体框架搭建出来，然后在实际工作中慢慢优化迭代。但是框架如果完全没有设计，后续就可能会推倒重来，费时费力。本书的第 12 章将会介绍一个 UI 自动化测试框架供大家参考。

（5）确定编码规范

为了保证自动化测试脚本的质量，在编写脚本时需要遵循既定规范。尤其是多人配合、"团队作战"的时候，自动化测试脚本的规范是用例持续更新、脚本高效交付的关键因素，也只有规范的自动化测试脚本才能真正提质增效。

测试团队应该确定一些编码规范，以保证代码的通用性、可读性、可维护性，使代码易集成、少冗余、能高效对接，避免重复"造轮子"。以下是笔者所在测试团队制定的编码规范，供大家参考。

- 使用Python作为编码语言，文件、类、方法、函数、变量的定义应遵循以下规则。
  - 测试文件名使用test_开头。
  - 类名使用Test_开头。
  - 方法或函数名使用test_开头。
  - 变量使用有意义、易区分的字符命名。
- 元素定位方法的选择技巧如下（参考第 7 章）。
  - Web端元素优先使用id定位；当无id时，再选用其他定位方法。
  - Android端优先使用resource-id定位；当无resource-id或该值不唯一时，再选用其他定位方法。
- 配置项应该抽离为配置文件单独保存。
  - IP地址、域名、端口等应该抽离为配置项保存。

- 公共文件的路径信息应该放到配置文件。
- 配置项保存格式为YAML。
- 配置项文件为测试根目录下的config/xxx.yml。
- 测试数据应该抽离为数据文件单独保存。
  - 项目的账号、密码等数据信息应该抽离为数据文件保存。
  - 测试用例参数化数据应保存到测试数据文件中。
  - 测试数据文件格式为XLSX（也可以选择JSON、YAML、XML等格式）。
  - 测试数据文件为测试根目录下的data/xxx.xlsx。
- 脚本中强制等待、显式等待、隐式等待的使用规则如下。
  - 不可使用强制等待，如必须使用，需评审通过后方可提交代码。
  - 一般情况下使用隐式等待即可。
  - 在需要判断"×××不存在"时，则需要使用显式等待。
- 用例验证（脚本断言）应该明确、有效。
  - 正向用例：查询类，验证期望查询结果数、重要字段值；写入类，验证写入目标位置的关键字段值；业务类，逻辑分支验证（原则上需要能够代替回归测试）。
  - 异常用例：特殊字符验证，包含但不限于null字符、空字符、中英文特殊字符；必选参数、可选参数验证；参数类型验证；参数边界验证；异常逻辑分支验证。
- 确定单元测试框架。
  - 使用Pytest框架。
  - Pytest框架使用类结构。
- 定义测试用例类型。

测试用例类型分为3类：

- 冒烟测试用例，标识为"smoking"；
- 回归测试用例，标识为"regression"；
- 重点功能测试用例，标识为"function-×××"。

- 定义测试用例等级。

每条测试用例都必须标记明确的等级。

level-1，表示主业务流程正向用例；level-2，表示重点功能测试用例；level-3，表示其他用例。

一般来说，level-1用例占整体用例的5%，level-2用例占整体用例的30%，level-3用例占整体用例的65%。

- 测试用例执行前需要准备测试数据。

测试数据准备参照本书第 16 章内容。

- ■ 事先创建：例如测试账号、人员信息等固定信息，适合提前创建。
- ■ 实时创建：以unittest单元测试框架为例，针对删除类用例，在"setup"方法中创建数据，在测试用例中删除数据。
- 多界面跳转的实现选择如下。
  - ■ 若Web端涉及多界面跳转，直接通过get('目标url')方法实现。
  - ■ 若Android端涉及多界面跳转，直接通过activity实现。
- 其他注意事项如下。
  - ■ 一般情况下，如果数据创建后无法删除，则不建议采用自动化的方式频繁创建数据。如果确实要验证，则需要同步考虑数据的清理动作，例如通过SQL连接数据库进行删除。
  - ■ 针对创建类操作，不仅要验证页面提示信息，还应该验证数据是否真正写入数据库。

（6）编码

编码，顾名思义，就是编写代码。在自动化测试用例脚本编写初期，相关人员应多开展代码评审，及时纠正错误，让每个人养成良好的编码习惯，待习惯养成后，则可降低评审频率。

1.5 测试质量评估

一旦项目组确定要开展自动化测试，或者已经在开展自动化测试，我们就会遇到一个"灵魂拷问"，即自动化测试实施后，产品质量是否提升了？

在回答这个问题前，我们先来看几个概念。

（1）产品质量和测试质量

产品质量和测试质量是两个不同的概念，前者指的是产品本身的质量，后者指的是测试工作本身的质量。

产品质量的好坏取决于产品整个生命周期中各个环节的质量，遵循"木桶原理"（又称短板理论），即产品质量的好坏并不取决于做得最好的那个环节，而取决于做得最差的那个环节。因此，想通过提升测试这一个环节的质量来提升产品的质量是不科学的。

测试质量的好坏取决于测试工作的整个链条的完成度，例如需求理解是否完整、准确，用例设计是否科学，用例评审是否有效，测试执行是否准确，测试覆盖率是否达标，等等。可以看出测试质量是产品质量的子集。产品质量应通过多个环节和多种手段来保障,测试质量对产品质量的好坏起到了至关重要的作用。

（2）测试度量和自动化测试评估

测试工作的度量是一个难度非常高的课题,在实际工作中,管理者应注意:

- 不要使用单一的指标,比如测试用例对需求的覆盖率、用例执行通过率、代码覆盖率,去评估测试的质量;
- 在测试度量指标成熟前,不要轻易将其用于考核。

需要说明的是,测试工作如何度量不是本书重点介绍的内容。管理者可以从如下角度评估自动化测试开展前后的效果:

- 对比完成某项工作,采用人工测试所需的工时和采用自动化测试所需的工时;
- 自动化测试能够覆盖的测试范围,可以通过多层面反映出来,比如,自动化测试用例对需求的覆盖率、功能点覆盖率、代码覆盖率等。

提醒：测试人员在开展自动化测试的时候,应该注意统计（或提前埋点,方便后续统计）实施自动化测试带来的改进数据,以便支撑后续的总结和改进,为领导做出最终决策提供必要的数据支撑,而不是"感觉如何,应该怎样"。

基于以上内容,我们来回答本节开头的问题："产品质量受限于整个产品生命周期的各个环节。测试质量的提升是产品质量提升的关键环节,产品质量有独立的评价体系。自动化测试的实施,在冒烟测试、回归测试、重点功能测试等环节提升了测试工作的覆盖率,降低了工时投入,提升了测试效率。"

（3）自动化测试面临的挑战

引入自动化测试可以为团队带来诸多好处,不过自动化测试也面临诸多挑战。其中,挑战之一是面临产品的变化,因为页面元素的改变或业务流程的调整可能会导致测试用例运行失败,这时候,测试人员就需要不断修改自动化测试脚本以匹配变化的产品页面或功能。降低脚本维护成本是对自动化测试工具和人员能力提出的巨大挑战。

值得注意的是,自动化测试不能完全代替人工测试,一定的人工测试是必不可少的。

第2章
Android基础知识

要进行 Android 自动化测试，我们需要了解一些 Android 基础知识，本章将围绕该内容展开。

2.1 移动设备操作系统概览

所谓"天下大势，分久必合，合久必分"，手机操作系统的发展也是如此。2010 年以前，手机操作系统曾呈现"百花齐放"的状态，其中比较著名的有 Nokia（诺基亚）的 Symbian、BlackBerry（黑莓）的 BlackBerry OS、Google（谷歌）的 Android、Apple（苹果）的 iOS、Microsoft（微软）的 Windows Phone 等，但随着时间的推移，Android 和 iOS 几乎占据了手机操作系统的全部市场。接下来，我们就来简单了解一下 Android 和 iOS。

2.1.1 Android

Android（安卓）是一种基于 Linux 内核（不包含 GNU 组件）的自由及开放源码的操作系统。该系统最初由安迪·鲁宾（Andy Rubin）开发，主要支持手机，2005 年 8 月由 Google 收购并注资。2007 年 11 月，Google 与 84 家硬件制造商、软件开发商及电信运营商组建开放手持设备联盟共同研发 Android 系统。随后 Google 以 Apache 开源许可证的授权方式，发布了 Android 的源码。第一部 Android 智能手机发布于 2008 年 10 月。后来，Android 逐渐扩展到平板电脑及其他领域，如电视、数码相机、游戏机、智能手表等。2011 年第一季度，Android 系统在全球的市场份额首次超过 Symbian 系统，跃居全球第一。2013 年第四季度，Android 手机的全球市场份额已经达到 78.1%。2013 年 9 月 24 日，Android 迎来了 5 岁生日，全世界采用这款系统的设备已经达到 10 亿台。2022 年 5 月 12 日，Google 正式发布 Android 13。

Android 的标志（Logo）是由 Ascender 公司的布洛克设计的，诞生于 2010 年，其设计灵感源于男女公共卫生间门上的图形，于是布洛克绘制了一个简单的机器人，它的躯干就像锡罐，头上有两根天线，Android 机器人便诞生了。自 Android 10 开始，Android 启用了全新的 logo，采用 Android 机器人和黑色的"android"文本，如图 2-1 所示。

图 2-1 Android Logo

（1）Android 发行版本

Android 在正式发行之前拥有两个内部测试版本，这两个版本以两个著名的机器人命名，它们分别是铁臂阿童木（Astroboy）和发条机器人（Bender）。后来由于涉及版权问题，从 2009 年 5 月开始，Android 操作系统改用甜食（个别除外）来为版本命名，这些版本按照大写首字母的顺序排列分别是纸杯蛋糕（Cupcake）、甜甜圈（Donut）、闪电泡芙（Eclair）、冻酸奶（Froyo）、姜饼（Gingerbread）、蜂巢（Honeycomb）（不是以甜食命名）、冰激凌三明治（Ice Cream Sandwich）、果冻豆（Jelly Bean）、奇巧（KitKat）、棒棒糖（Lollipop）、棉花糖（Marshmallow）、牛轧糖（Nougat）、奥利奥（Oreo）、果馅派（Pie），Android 10（Q）首次不用甜食来命名。

（2）Android 定制系统

随着 Android 系统的流行，许多手机厂商在其引入国内后，开始对 Android 系统进行"深度定制"。发展至今，国内 Android 手机搭载的基本上都是手机厂商在原生 Android 系统基础上，根据使用习惯设计、改进的定制款操作系统，常见的有：

- 小米手机的 MIUI；
- OPPO 手机的 ColorOS；
- vivo 手机的 OriginOS。

（3）Android 体系架构

Android 的体系架构和其操作系统一样，采用了分层的架构。从图 2-2 所示架构来看，Android 分为 4 层，从高层到低层分别是应用程序层、应用程序框架层、系统运行库层和 Linux 内核层。

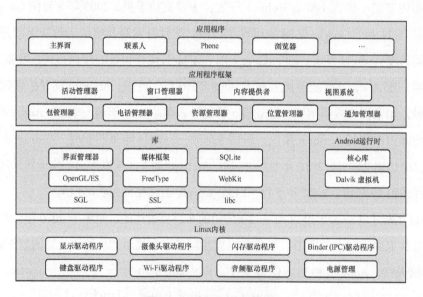

图 2-2　Android 体系架构

- 应用程序层。

Android 会同一系列核心应用程序包一起发布，该应用程序包包括桌面、SMS 短消息、日历、地图、通话、浏览器、联系人管理程序等应用程序，都是使用 Java 语言编写的。

- 应用程序框架层。

开发人员可以完全调用核心应用程序所使用的应用程序框架。该应用程序的架构设计简化了组件的重用，任何一个应用程序都可以发布它的功能块并且任何其他的应用程序都可以使用其发布的功能块（不过得遵循框架的安全性）。同样，该应用程序重用机制也使用户可以方便地替换程序组件。

- 系统运行库层。

Android 包含一些 C 和 C++ 库，这些库能被 Android 系统中不同的组件使用，并通过 Android 应用程序框架为开发者提供服务。

- Linux 内核层。

Android 运行于 Linux 内核（kernel）之上，但并不是 GNU/Linux。因为一般 GNU/Linux 支持的功能，Android 大多都不支持，甚至 Cairo、X11、Alsa、FFmpeg、GTK、Pango 及 Glibc 等都被移除掉了。Android 以 Bionic 取代 Glibc、以 Skia 取代 Cairo、又以 OpenCore 取代 FFmpeg 等。Android 为了实现商业应用，必须移除被 GNU 通用公共许可证（GNU General Public License, GNU GPL）约束的部分，例如 Android 将驱动程序移到 Userspace，使得 Linux 驱动程序（driver）与 Linux kernel 彻底分开。

Android 的 Linux kernel 控制包括安全（Security）、内存管理（Memory Management）、过程管理（Process Management）、网络堆栈（Network Stack）、驱动程序模型（Driver Model）等。

（4）Android 开发四大组件

Android 开发四大组件分别是活动（Activity），用于表现功能；服务（Service），在后台运行，不提供界面呈现；广播接收器（Broadcast Receiver），用于接收广播；内容提供商（Content Provider），支持在多个应用程序中存储和读取数据，相当于数据库。

- Activity。

在 Android 中，Activity 是所有应用程序的根本，所有应用程序的流程都运行在 Activity 之中，Activity 可以算是开发者遇到的最频繁，也是 Android 中最基本的模块之一。在 Android 的应用程序当中，Activity 一般代表手机屏幕的一屏。如果把手机比作一个浏览器，那么 Activity 就相当于一个网页。在 Activity 当中可以添加一些 Button、CheckBox 等控件。Activity 的概念和网页的概念相当类似。

一般一个 Android 应用程序是由多个 Activity 组成的。这些 Activity 之间可以相互跳转，例如，按一个 Button 按钮后，可能会跳转到其他的 Activity。和网页跳转稍微有些不同的是，Activity 之间的跳转有可能有返回值，例如，从 Activity A 跳转到 Activity B，那么当 Activity B 运行结束的时候，有可能会给 Activity A 一个返回值。这样做在很多时候是相当方便的。

当打开一个新的 Activity 时，之前一个 Activity 会被置为暂停状态，并且压入历史堆栈中。用户可以通过回退操作返回到以前打开过的 Activity。当然，我们也可以选择性地移除一些没有必要保留的 Activity，因为 Android 会把每个应用程序从开始到当前的每个 Activity 保存在堆栈中。

Activity 页面布局包括以下几种。FrameLayout 是最简单的布局之一。所有放在该布局里的控件，都按照层次堆叠在屏幕的左上角，后加进来的控件会覆盖前面的控件。LinearLayout 会按照垂直或者水平的方向依次排列元素，每一个元素都位于前一个元素之后。如果是垂直排列，那么布局将是多行单列的结构，每一行只会有一个元素，而不论这个元素的宽度为多少；如果是水平排列，那么布局将是单行多列的结构。如果搭建的布局是两行两列的结构，通常的方式是先垂直排列两个元素，每一个元素里再包含一个 LinearLayout 进行水平排列。RelativeLayout 是相对布局，允许元素指定它们相对于其父元素或兄弟元素的位置，这是实际布局中最常用的布局方式之一。AbsoluteLayout 是绝对布局，在此布局中的元素的 android:layout_x 和 android:layout_y 属性将生效，用于描述该元素的坐标位置。屏幕左上角为坐标原点 (0,0)。第一个 0 代表横坐标，元素向右移动会使此值增大；第二个 0 代表纵坐标，元素向下移动会使此值增大。在此布局中的元素可以相互重叠。在实际开发中，通常不采用此布局。TableLayout 为表格布局，适用于多行多列的结构。一个 TableLayout 由许多 TableRow 组成，一个 TableRow 就代表 TableLayout 中的一行。TextView 通常用于显示文字。ImageView 通常用于显示图片。

- Service。

Service 是 Android 系统中的一种组件，它跟 Activity 的级别差不多，但是它不能自己运行，只能在后台运行，并且可以和其他组件进行交互。Service 是没有界面的长生命周期组件。这么说有点枯燥，来看个例子：打开一个音乐播放器程序并播放音乐，若想上网，那么打开 Android 浏览器，这个时候虽然已经进入了浏览器这个程序，但是音乐播放并没有停止，而是在后台继续一首接着一首地播放。其实这里的播放就是由播放音乐的 Service 控制的。当然负责播放音乐的 Service 也可以停止，例如，当播放列表里的音乐都播放完毕，或者用户按了停止音乐播放的快捷按钮等。Service 可以在多场合的应用中使用，比如播放多媒体的时候用户启动 Activity，这个时候多媒体要在后台继续播放，或者检测 SD 卡（Secure Digital MeMory Card，安全数码存储卡）上文件的变化，再或者在后台记录地理信息位置的改变等，总之，服务总是藏在后台。

- Broadcast Receiver。

在 Android 中，Broadcast 是一种广泛应用的、用于在应用程序之间传输信息的机制，而 Broadcast Receiver 是对发送出来的 Broadcast 进行过滤、接收并响应的一类组件。可以使用 Broadcast Receiver 来让应用程序对外部事件做出响应，这是非常有意思的。例如：当电话呼入这个外部事件到来的时候，可以利用 Broadcast Receiver 进行处理；当下载一个程序成功的时候，仍然可以利用 Broadcast Receiver 进行处理。Broadcast Receiver 不能生成 UI，也就是说，它对于用户来说是看不到的。Broadcast Receiver 通过 Notification Manager 来通知用户这些事情发生了。Broadcast Receiver 既可以在 AndroidManifest.xml 中注册，也可以在运行代码中使用 Context.registerReceiver 进行注册。只要注册了，当事件来临的时候，即使程序没有启动，系统也会在需要的时候启动程序。各种应用程序还可以通过 Context.sendBroadcast 将它们自己的 Intent Broadcast 广播给其他应用程序。

- Content Provider。

Content Provider 是 Android 提供的第三方应用数据的访问方案。Android 对数据的保护是很严密的，除了放在 SD 卡中的数据，一个应用程序所持有的数据库、文件等，都是不允许其他应用程序直接访问的。Android 当然不会真的把每个应用程序都设计成一座孤岛，它为所有应用程序都准备了一扇窗，这就是 Content Provider。应用程序想对外提供的数据，可以通过派生 Content Provider 类，封装成一个 Content Provider，每个 Content Provider 都用一个统一资源标识符（Uniform Resource Identifier，URI）作为独立的标识，形如 content://com.×××××。Content Provider 看着像描述性状态迁移（Representational State Transfer，REST）的样子，但实际上，Content Provider 比 REST 更为灵活。

（5）Android 平台优势

- 开放性。

首先，Android 平台是具有开放性的，所谓开放性是指允许任何移动终端厂商加入 Android 联盟。开放性使其拥有更多的开发者，随着用户和应用程序的日益丰富，一个崭新的平台将很快走向成熟。开放性对于 Android 而言，有利于积累人气，这里的人气包括消费者和厂商，而对于消费者来讲，最大的受益之一正是丰富的软件资源。具有开放性的平台会带来更大的竞争，如此一来，消费者将可以用更低的价格购得心仪的手机，同时也可以通过刷机安装一些第三方优化过的系统来实现更好的用户体验。

- 丰富的硬件。

丰富的硬件是与 Android 平台的开放性相关的，由于 Android 的开放性，众多的厂商会推出千奇百怪、功能特色各异的产品。这些产品功能上的差异和特色，不会影响到数据同步，甚至软件的兼容。

- 自由的开发环境。

Android 平台提供给第三方开发商一个十分宽泛、自由的环境，使他们不会受到各种条条框框的阻挠，可想而知，会有多少新颖别致的软件诞生。但这种环境也有其两面性，血腥、暴力、色情等方面的应用程序和游戏如何控制是留给 Android 的难题之一。

2.1.2 iOS

iOS 是由 Apple 公司开发的移动操作系统。Apple 公司在 2007 年 1 月 9 日的 Macworld 大会上公布了这个系统，其最初是设计给 iPhone 使用的，后来陆续套用到 iPod touch、iPad 和 Apple TV 等产品上。iOS 与 Apple 公司的 macOS 操作系统一样，属于类 Unix 的商业操作系统。iOS 作为软件应用程序与硬件设备的桥梁，应用程序首先与操作系统的接口通信，系统收到信息后再与底层硬件实现交互，从而完成应用程序要完成的任务。iOS 架构分为 4 层，从下到上依次为 Core OS 层、Core Services 层、Media 层和 Cocoa Touch 层。

注意：因为本书主要介绍 Android 的自动化测试，所以不过多介绍 iOS 的相关内容。

2.2　App 的类型与区别

从"是否原生"的角度来说，App 分为原生 App（Native App）、Web App 和混合 App（Hybrid App），针对不同类型的 App，自动化测试的手段不同。本节我们先来了解这 3 类 App 分别是什么，以及它们的优缺点。

（1）Native App

Native App 依托于操作系统，有很强的交互性，可拓展性强，需要用户下载并安装方可使用，是一个"完整"的 App。

Native App 是某个操作系统（比如 Android 或 iOS）所特有的（你不能将 iOS App 安装到 Android 手机上），使用相应平台支持的开发工具和语言（比如 Android 的 Android Studio 和 Kotlin，iOS 的 Xcode 和 Swift）开发而成。Native App 看起来（外观）和运行起来的速度（性能）是最佳的。

Native App 的优点如下：

- 速度快，性能高，用户体验好；
- 可以调用手机终端硬件设备（摄像头、麦克风等）；
- 可访问本地资源；
- 由于App下载到本地（安装到手机端），App运行时可节省带宽成本（本地资源不需要再从网络端请求）。

Native App 的缺点如下：

- 开发成本高，需针对不同平台开发不同的版本；
- 需要维护多个版本；

- 开发方盈利需要与应用商店分成；
- 获取新版本需重新下载App（不断提示用户下载App并更新，体验差）；
- 发布新版本需通过应用商店审核确认，而且时间长（应用商店审核周期长），且Android平台Native App通常会选择在不同的应用商店（华为应用商店、小米应用商店、OPPO应用商店、应用宝等）上线，而不同应用商店审核的周期不同。虽然iOS App只需要在Apple的应用商店上线，但审核时间一般也需要1~3个工作日。

（2）Web App

Web App是基于Web的系统和应用程序，运行于网络和浏览器之上，目前多采用HTML5标准开发，无须下载和安装。

Web App使用标准的Web技术开发，通常是使用HTML5、JavaScript和CSS开发。其运行依赖于Web环境，因此具有只编写一次即可到处运行的优点（采用移动开发方法构建的跨平台移动应用程序可以在多种操作系统和设备上运行）。

Web App的优点如下：

- 跨平台开发，基于浏览器；
- 开发成本低，整体量级轻；
- 无须安装，节约内存空间；
- 可随时上线，不需要等待审核；
- 更新无须通知用户，可自动更新；
- 维护比较简单。

Web App的缺点如下：

- 需要依赖网络，用户体验相对较差；
- 功能受限，无法获取系统级别的通知、提醒、动效等；
- 入口强依赖于第三方浏览器，导致用户留存率低；
- 页面跳转费力，不稳定感强；
- 安全性相对较低，数据容易泄露或被劫持。

（3）Hybird App

Hybird App指的是Native App中包含部分Web页面的混合类App。Hybird App需要下载并安装，看上去是Native App，但App中部分页面展示的是通过UI Web View访问并得到的HTML5内容。Hybird App使开发人员可以把HTML5应用程序嵌入原生容器里，集Native App和HTML5应用程序的优点（缺点）于一体。

Hybird App的优点如下：

- Hybird App比例"自由",比如Web App占90%,Native App占10%,或者各占50%;
- 便于调试,开发时可以通过浏览器调试,调试工具丰富;
- 可顺利调用手机的各种功能;
- 应用商店中可下载(Web App套用Native App的外壳);
- Hybrid App需要在应用商店发布,但用户能自主更新,而Native App的更新必须通过应用商店;
- 对搜索引擎友好,可与在线营销无缝整合;
- 兼容多平台,可离线使用;
- 页面可存放于本地和服务器;
- 省去了跳转浏览器的麻烦;
- 只有Hybrid App和Native App支持消息推送,能提高用户忠诚度;
- App安装包体积较小。

Hybrid App 的缺点如下:

- 不确定上线时间;
- 性能稍低(需要连接网络);
- 用户体验上不如Native App;
- Hybrid App可以通过JavaScript API调用移动设备的照相机、定位功能等,而Native App可以通过原生编程语言访问设备的所有功能。

Native App、Web App、Hybrid App 技术特性总结如表 2-1 所示。

表 2-1 Native App、Web App、Hybrid App 技术特性总结

技术特性	Native App	Web App	Hybrid App
图像渲染	本地 API 渲染	HTML、Canvas、CSS	混合
性能	高	低	低
原生页面	原生	模仿	模仿
发布	应用商店	Web	应用商店
照相机	支持	不支持	支持
系统通知	支持	不支持	支持
定位	支持	支持	支持
网络要求	支持离线	依赖网络	部分依赖网络

知识扩展:普通 Android App 和手游 App。

普通 Android App 一般使用 Android 软件开发工具包(Software Development Kit,SDK)开发,使用 Java 或 Kotlin 语言编写。通过 Android 提供的服务,我们可以获取 App 当前窗口的视图信息,进而查找和操作 UI 层控件,以完成功能自动化测试。这个过程是标准化的,从技术上来说没

有任何难度,因此各个公司 App 自动化测试的方法大同小异,这也是本书后续将要讲解的内容。

手游 App 一般使用引擎开发,比较著名的开发引擎有 Cocos2d 和 Unity 3D。虽然在开发过程中也用到了按钮等控件的概念,但当运行手游 App 时 App 内的所有控件就会由引擎渲染成简单的图片。针对此类 App 的自动化测试不在本书的讲解范围内。

2.3 Android App 测试框架概览

当前 Android App 自动化测试领域有众多测试框架,我们来了解一下。

(1)Instrumentation

Instrumentation 是 Android 自带的一个测试框架,是很多测试框架的基础,可以在同一个进程中加载被测组件。它有很多丰富的高层封装,你可以使用基于 Instrumentation 的其他框架,避免过多二次开发。但 Instrumentation 不支持跨 App 使用,基于 Instrumentation 开发的框架都"继承"了这个缺点。

(2)Robotium

Robotium 是基于 Instrumentation 框架开发的一个更强的框架。该框架对常用的操作进行了封装。

优点:容易让使用者在短时间内编写出测试脚本,易用性高;支持自动跟随当前 Activity;由于运行时会绑定到图形用户界面(Graphical User Interface,GUI)组件,所以相比 Appium,它测试时执行速度更快,功能更强大;即使用户不访问代码或不了解 App 实现,也可以使用;支持 Activity、Dialog、Toast、Menu、ContextMenu 和其他 Android SDK 控件。

缺点:不能测试 Web 组件;在旧设备上测试执行速度会变得很慢;不支持 iOS 设备;没有内置的记录和回放功能。

(3)UIAutomator

UIAutomator 是由 Google 提供的测试框架,它提供了 Android Native App 和手游 App 的高级 UI 测试。这是一个包含 API 的 Java 库,可以用来创建功能性 UI 测试,还有运行测试的执行引擎。该库自带 Android SDK。

优点:在访问不同的进程时,会给 JUnit 测试案例特权;测试库由 Google 社区支持和维护。

缺点:仅支持 Android 4.1(API level—16)及以上版本;不支持脚本记录,不支持 Web 视图,仅支持使用 Java,因此很难和使用 Ruby 的 Cucumber 结合,如想支持行为驱动开发(Behavior Driven Development,BDD)框架,建议使用 Java 自己的 BDD 框架,例如 JBehave。

(4)Espresso

Espresso 是 Google 的开源自动化测试框架。相对于 Robotium 和 UIAutomator,它的特点是

规模更小、更简洁，API 更加精确，使用者编写测试代码更简单，容易快速上手。因为它是基于 Instrumentation 的，所以不能跨 App 使用。

（5）Calabash

Calabash 是一个适用于 iOS 和 Android 设备的跨平台 App 测试框架，可用来测试屏幕截图、手势和实际功能代码。Calabash 开源并支持 Cucumber，Cucumber 能让用户用自然的英语表述 App 的行为，实现 BDD。Cucumber 中的所有语句都是使用 Ruby 定义的。

优点：有大型社区支持；列表项简单，有类似英语表述的测试语句，支持在屏幕上能够实现的所有动作，如滑动、缩放、旋转、敲击等；支持跨平台开发（同样的代码在 Android 和 iOS 设备中都适用）。

缺点：某一步骤测试失败后，将跳过所有的后续步骤，这可能会导致错过更严重的产品问题；测试耗费时间，因为它总是默认从安装 App 开始；需要将 Calabash 框架安装在 iOS 的 .ipa 文件中，因此测试人员必须要有 iOS App 的源码；除了 Ruby，对其他语言不友好。

（6）Appium

Appium 是一个开源、跨平台的自动化测试工具，支持 iOS、Android 和 Firefox OS 平台。通过 Appium，开发者无须重新编译 App 或者做任何调整，就可以测试 App，可以通过测试代码访问后端 API 和数据库等。它是通过驱动 iOS 的 UIAutomation 和 Android 的 UIAutomator 框架来实现跨平台支持的，同时绑定了 Selenium WebDriver 用于支持对早期 Android 平台的测试。开发者可以使用 Selenium WebDriver 兼容的任何语言编写测试脚本，如 Java、Objective-C、JavaScript、PHP、Python、Ruby、C#、Clojure 和 Perl 语言等。

（7）其他

其他测试框架还有用于压力测试的 Monkey，用于兼容性测试的 CTS。

继承关系决定了有些框架的先天优势或先天不足，各个测试框架的继承关系如下。基于 Instrumentation 的测试框架，比如 Espresso、Robotium、Selendroid 等，都不支持跨 App 使用。若自动化测试中有跨 App 操作，可以通过二次开发或者结合 UIAutomator 实现。支持 BDD 的自动化测试框架比较少，可以在 Calabash、RoboSpock 及 JBehave 中选择。若想同时支持 Android 和 iOS，可选框架有 Appium、Calabash 或 Athrun。

笔者在选择框架时更看重以下 3 点：

- 支持多种开发语言，尤其是支持Python，方便测试人员上手；
- 支持跨平台开发，需要同时支持Android和iOS，方便覆盖两类终端；
- 支持跨App使用，方便开展跨App测试。

因此，本书将选择 Appium 框架作为 Android App 自动化测试工具进行后续讲解。

第3章
搭建Android环境

搭建 Android 环境是开展自动化测试的前提。Android 环境部署是一个相对烦琐的过程，请务必参照本章内容，完成环境部署，以便后续在该环境下学习自动化测试相关知识。

本章以 Windows 10 为演示平台，演示以下环境的部署过程：

- Java环境；
- Android SDK；
- Android模拟器；
- Python环境；
- PyCharm环境。

3.1 准备 Java 环境

Android 是基于 Java 开发的，其运行需要基于 Java 环境。因此，我们首先来准备 Java 环境。

（1）下载、安装 Java

在浏览器中搜索"Java 官网"，进入官网后，打开下载页，如图 3-1 所示。

图 3-1　Java 下载页

向下滑动滚动条，找到 Java 8，选择与个人计算机（Personal Computer，PC）操作系统对应的安装包，下载即可。这里选择的是 Windows 64 位操作系统对应的安装包，如图 3-2 所示。

图 3-2　Java 8 安装包下载

下载完成后，双击 .exe 文件安装，保持默认配置，根据提示信息单击"下一步"，直至最终完成。这里需要关注一下 Java 的安装目录（后面配置环境变量时会用）。

（2）配置"JAVA_HOME"

接下来，配置环境变量。右击"此电脑"，在弹出的菜单中选择"属性"，打开图 3-3 所示的窗口。

图 3-3 "系统"窗口

单击图 3-3 左侧"高级系统设置"，打开"系统属性"对话框，如图 3-4 所示。

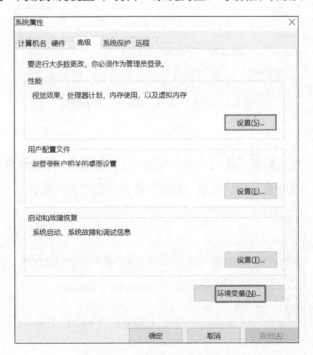

图 3-4 "系统属性"对话框

单击图3-4右下角"环境变量"按钮,打开"环境变量"对话框,如图3-5所示。

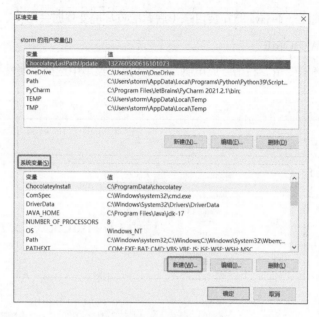

图3-5 "环境变量"对话框

单击图3-5"系统变量"区域的"新建"按钮,在打开的"编辑系统变量"对话框中输入变量名"JAVA_HOME"及对应的变量值[也就是安装Java时选择的Java开发工具包(Java Development Kit,JDK)路径],然后单击"确定"按钮,如图3-6所示。

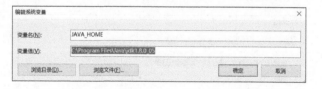

图3-6 新建"JAVA_HOME"系统变量

(3)配置"Path"

在"环境变量"对话框的"系统变量"区域单击"Path"(有的软件中会写为"PATH",为同一个意思),选中该变量,然后单击"编辑"按钮,如图3-7所示。

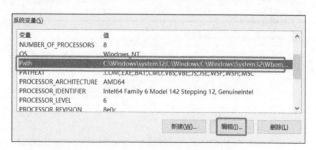

图3-7 编辑"Path"系统变量

接着，在打开的"编辑环境变量"对话框中，单击"新建"按钮，在文本框中输入"%JAVA_HOME%\bin"，再次单击"新建"按钮，在文本框中输入"%JAVA_HOME%\jre\bin"，如图 3-8 所示。

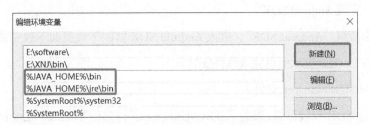

图 3-8　Path 中新增 Java 环境变量

最后，依次单击界面的"确定"按钮，保存对环境变量的修改。

（4）Java 安装确认

打开命令行界面（命令行接口），执行"java -version"命令，如果能显示 Java 的版本信息，就意味着 Java 安装成功，如下所示。

```
C:\Users\storm>java -version
java version "1.8.0_05"
Java(TM) SE Runtime Environment (build 1.8.0_05-b13)
Java HotSpot(TM) 64-Bit Server VM (build 25.5-b02, mixed mode)
```

注意：

- 上述操作中，我们将Java的环境变量配置到系统变量"Path"中。用户变量和系统变量的区别其实很好理解，用户变量只对某一用户（比如Storm）生效，而系统变量对所有系统用户都生效（无论是Storm，还是其他系统用户）。
- 请不要安装最新的Java版本，Android SDK暂时不支持高于8的Java版本，建议使用Java 8。
- 若已打开命令行界面，则修改环境变量后，需要重新打开命令行界面，以便系统读取修改后的环境变量。

3.2　准备 Android SDK 环境

SDK（Software Development Kit，软件开发工具包）是软件开发工程师用于为特定的软件包、软件框架、硬件平台、操作系统等建立应用软件的开发工具的集合。Android SDK 指的是 Android 专属的软件开发工具包。

3.2.1 Android SDK 下载、安装

首先，下载并安装 Android SDK。

（1）下载、安装 Android SDK

在浏览器中搜索"Android SDK"，进入 Android SDK 官网下载页面下载安装包，然后双击"Android_sdk.exe"，根据提示信息完成软件安装。

（2）Android SDK Manager 安装

进入 Android SDK 安装目录，双击"SDK Manager.exe"，打开"Android SDK Manager"窗口，如图 3-9 所示。

图 3-9 "Android SDK Manager"窗口

接下来，我们要展开"Android SDK Manager"窗口里的部分目录，勾选必要选项并进行安装。首先，单击展开"Tools"目录，可以看到类似图 3-10 的界面，已经安装好的工具会显示"Installed"。

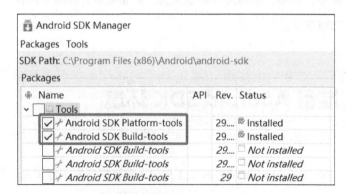

图 3-10 展开"Tools"目录

以下是界面中 2 个已勾选选项的说明。

- Android SDK Platform-tools（必选）：存放公用开发工具，比如adb、SQLite3等。
- Android SDK Build-tools（必选，可以安装多个版本）：Android项目构建工具，首次安装选择最新版本即可。

接着，勾选 Android 版本并下载。

Android ×××（API ××）目录（可选）：表示需要下载对应 Android 版本的开发工具，下载速度非常慢，建议在空闲的时候选择 1 个较新的版本下载即可，如图 3-11 所示。

最后，展开 Extras 目录，选择部分插件。

Extras 目录（可选的扩展）：可以在其中选择需要的插件一起下载，首次安装勾选"Google USB Driver"即可，如图 3-12 所示。

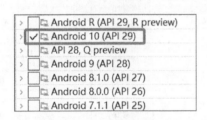

图 3-11　Android 版本

图 3-12　勾选"Google USB Driver"

接下来，单击"Android SDK Manager"窗口右下角的"Install one or more packages"按钮，等待安装完毕即可。

3.2.2　Android SDK 环境变量设置

为了后续更方便地使用 Android SDK 的相关工具或命令，接下来要设置 Android SDK 的环境变量。首先，打开 Android SDK 的安装目录，如图 3-13 所示。

图 3-13　Android SDK 安装目录

（1）环境变量设置

打开"新建系统变量"对话框，添加变量"ANDROID_SDK_HOME"，变量值为 Android SDK 的安装目录，如图 3-14 所示。

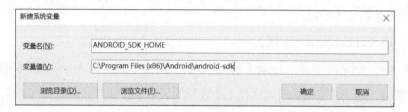

图 3-14　添加"ANDROID_SDK_HOME"变量

然后，编辑"Path"变量（Path 是环境变量中的一个），添加"%ANDROID_SDK_HOME%\platform-tools"和"%ANDROID_SDK_HOME%\tools"，如图 3-15 所示。

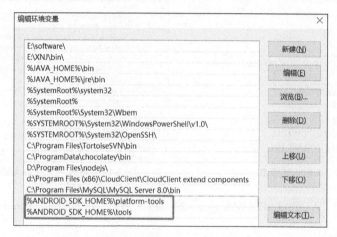

图 3-15　编辑"Path"变量

（2）设置检测

打开命令行界面，执行"adb version"命令，若看到如下类似内容，说明环境设置成功。

```
C:\Users\storm>adb version
Android Debug Bridge version 1.0.41
Version 29.0.6-6198805
Installed as C:\Program Files (x86)\Android\android-sdk\platform-tools\adb.exe
```

3.3　安装 Android 模拟器

Android 模拟器是指在 PC 平台模拟 Android 手机系统的模拟器软件，Android 模拟器让用户在 PC 上也能体验 Android App。

Android 模拟器主要分为两大类：Google 官方提供的模拟器 Android SDK Emulator；各游戏厂商等第三方公司提供的模拟器，比如夜神模拟器、逍遥模拟器、网易 MuMu 模拟器、雷电模拟器等。

因为 Google 官方提供的模拟器和 Windows 硬件存在兼容性问题，易用性较差，所以本节重点介绍一款第三方模拟器——逍遥模拟器。本书后续内容也将基于该模拟器进行讲解。

（1）模拟器的安装

请在浏览器中搜索"逍遥模拟器"，进入其官网并下载安装包。然后双击安装包运行即可，如图 3-16 所示。

安装完成后，即可在桌面上双击该模拟器的图标，启动逍遥模拟器。

（2）模拟器的设置

模拟器首次启动时处于"平板"模式，需要将其调整为"手机"模式，操作方法如下。启动模拟器后，单击右上角"设置"图标，打开"系统设置"对话框，单击"显示"，将模拟器设置为"手机"模式，并将其分辨率调整为目标分辨率 [此处为 720*1280（240dpi）]，如图 3-17 所示。

图 3-16　逍遥模拟器安装进度

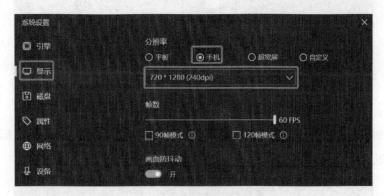

图 3-17　"系统设置"对话框

设置完成后，重启模拟器即可。

（3）模拟器安装 App

将 Android 的 App 文件（.apk 文件）直接拖曳到模拟器中，即可完成安装。

此外，夜神模拟器也是一款非常不错的模拟器，在附录 B 中，笔者会提供夜神模拟器的安装及基础设置方法供大家参考。关于夜神模拟器，笔者在实际工作中遇到过以下问题：

- 开启夜神模拟器后,在锁屏后重新解锁,会出现CPU占用过高的情况;
- 通过Appium的锁屏和唤醒方法操作夜神模拟器时,会出现唤醒错误。

因此,本书选用逍遥模拟器作为自动化测试模拟器进行后续讲解。

注意:为何不使用真机,而使用模拟器?

由于本书读者手机的型号、系统版本不尽相同,因此后续知识点将统一借助模拟器来讲解。至于在实际测试时,到底是使用模拟器还是真机,则要权衡利弊,这一点我们将在本书第16章探讨。

3.4 准备 Python 环境

本书将使用 Python 语言作为自动化测试的脚本语言。接下来我们部署 Python 环境。

(1)安装 Python

访问 Python 官网,如图 3-18 所示。

图 3-18　Python 官网

将鼠标指针停留在"Downloads"上,在弹出的页面中单击"Python 3.11.0"即可开始下载,如图 3-19 所示。

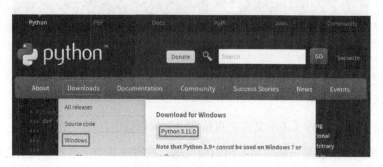

图 3-19　下载 Python

双击下载的安装包，进行安装。安装时，注意勾选"Add python.exe to PATH"，将 Python 添加到环境变量，并单击"Customize installation"，开始自定义安装，如图 3-20 所示。

图 3-20　将 Python 添加到环境变量

在安装过程中单击"Next"，直到进入"Advanced Options"界面。在该界面中，除了默认勾选的外，勾选"Install Python 3.11 for all users"，自定义 Python 的安装路径（注意，不要有中文），然后单击"Install"按钮，开始安装，如图 3-21 所示。

图 3-21　自定义安装路径

窗口中显示"Setup was successful"，表示安装成功，如图 3-22 所示。

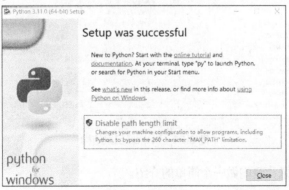

图 3-22　安装成功

使用"Win+R"快捷键打开"运行"对话框,输入"cmd",按"Enter"键,打开命令行界面,输入命令"python --version",按"Enter"键,查看Python版本,如图3-23所示。

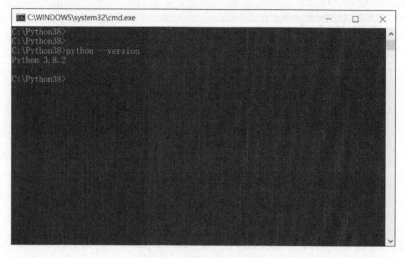

图 3-23　查看 Python 版本

安装期间需注意以下事项。

- 下载安装包时,注意对照当前操作系统版本和位数(目前Python官网会自动判断用户的操作系统版本和位数)。
- 注意安装路径不要有中文。

(2)Python 目录结构解析

访问 Python 的安装目录,可以看到图 3-24 所示的结构。

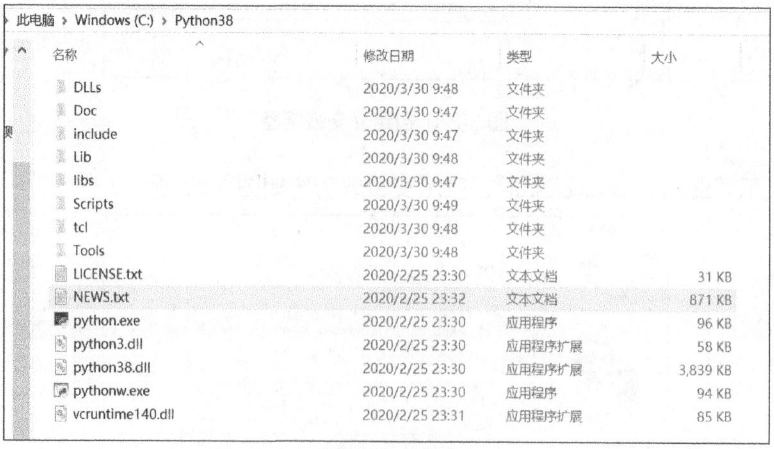

图 3-24　Python 目录结构

对于 Python 的目录,我们做一个简单的介绍。

- Doc:存放Python帮助文档的目录。

- Lib：将来安装的第三方库都会存放在该目录下。
- libs：存放一些内建库（可以直接引用的模块，比如time、os等）。
- Scripts：存放可执行的文件，比如.pip文件。

（3）IDLE

IDLE 是 Python 内置的开发与学习环境。我们可以在 Windows 的"开始"菜单中找到它，如图 3-25 所示。

IDLE 具有以下特性：

- 是一款纯正的Python GUI工具；
- 支持跨平台，在Windows、Unix和macOS上工作方式类似；
- 支持输入输出高亮和错误信息提示；
- 支持多次撤销操作、Python 语法高亮、智能缩进、函数调用提示、自动补全等；
- 支持持久保存的断点调试、单步调试，支持查看本地和全局命名空间。

图 3-25　IDLE

在 Python 的 IDLE 中，我们可以使用 print 语句输出一个字符串"Hello World!"，如图 3-26 所示。

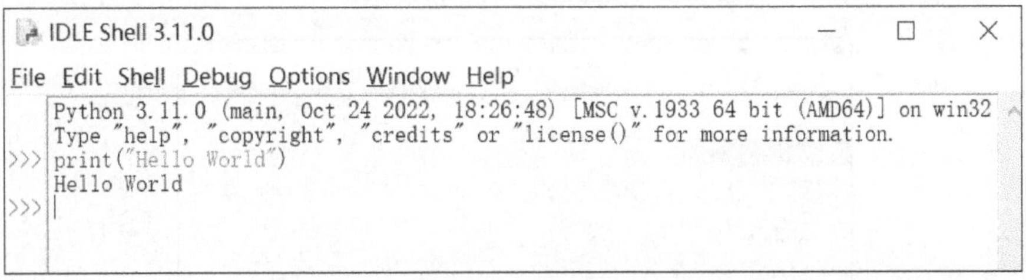

图 3-26　试用 IDLE

3.5　安装 PyCharm

PyCharm 是由 JetBrains 公司打造的一款 Python 集成开发环境（Integrated Development Environment，IDE），带有一整套可以帮助用户在使用 Python 语言开发时提高效率的工具，提供如调试、语法高亮、项目管理、代码跳转、智能提示、自动补全、单元测试、版本控制等功能。PyCharm 有两个版本，分别是 Professional（专业）版和 Commumity（社区）版，前者支持更多的功能，后者是免费的。本书将以 Professional 版的 PyCharm 作为演示工具。

大家可以自行搜索 PyCharm，进入其官网。

（1）安装 PyCharm

进入官网的下载页，选择对应的 PyCharm 版本，单击"下载"按钮，如图 3-27 所示。

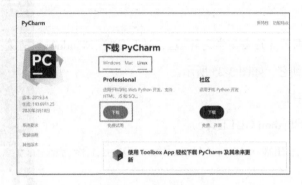

图 3-27　下载 PyCharm

下载完成后，双击下载好的 .exe 文件，根据提示信息逐一单击"Next"按钮，完成安装。

（2）设置 PyCharm

①创建新项目。

首次打开 PyCharm 时，它会提醒用户选择页面风格，选择后，即可开始创建新项目。用户可以单击" New Project"来创建一个新项目，如图 3-28 所示。

图 3-28　新建项目

在图 3-29 所示对话框的"Location："文本框中输入项目路径，并单击"Python Interpreter: New Virtualenv environment"（新的 Virtualenv 环境），展开该目录后，勾选"Inherit global site-packages"（继承全部站点包）和"Make available to all projects"（使所有项目都可用）。

注意：这里建议选择非 C 盘目录，因为部分操作系统的 C 盘写保护级别很高，可能会给自动化测试学习带来一些不必要的麻烦。

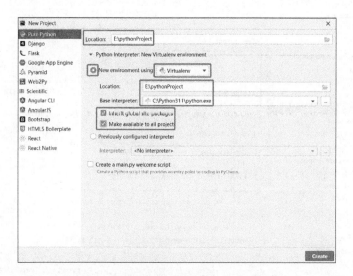

图 3-29 设置项目路径及 Virtualenv 环境

②设置 PyCharm 的默认编码格式。

在 PyCharm 的工具栏中单击"File → Settings → Editor → File Encodings",将"Global Encoding"和"Project Encoding"设置为"UTF-8",如图 3-30 所示。

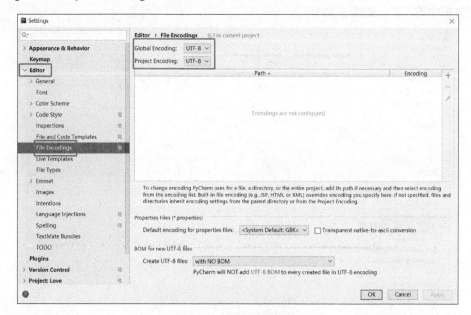

图 3-30 设置默认编码格式

③设置字体、文字大小和行间距。

打开"Font"设置页面,根据自己的需要,设置"Font""Size""Line spacing",如图 3-31 所示。

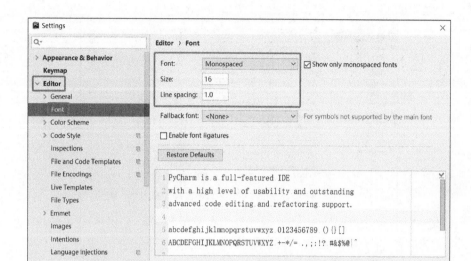

图 3-31　设置字体、文字大小和行间距

④安装第三方库。

我们可以通过 PyCharm 来安装第三方库。进入"Project Interpreter"设置页面，单击页面右上角方框中的"+"，如图 3-32 所示。

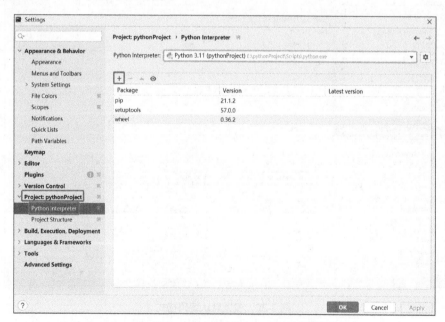

图 3-32　"Project Interpreter"设置页面

在新打开的"Available Packages"窗口中，在搜索框中输入关键词，比如"xlrd"，下方会显示包名中包含该关键词的包，选中要安装的包，单击左下角的"Install Package"按钮，如图 3-33 所示，即可开始安装。

第3章 搭建Android环境

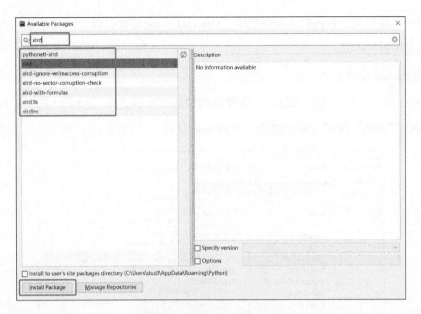

图 3-33 搜索和安装第三方库

⑤创建 Python 包。

接下来，我们通过 PyCharm 创建一个 Python 包。如图 3-34 所示，右击项目"Love"，在弹出的快捷菜单中选择"New → Python Package"，在弹出的对话框中输入包名，即可完成创建。

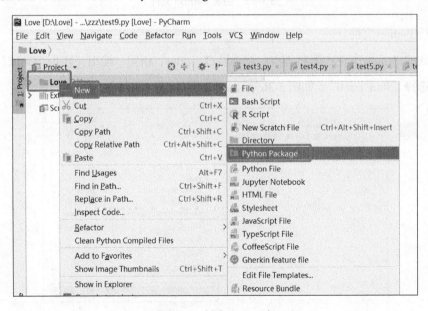

图 3-34 创建 Python 包

注意：

- "Package"的中文是"包"。读者可以这样简单理解，我们需要将一组功能相似的 Python 文件放置到一个包中。

- 包并不是目录，在PyCharm中使用"Directory"来创建目录，两者创建的方法不同，应用场景也不同。

⑥创建 Python 文件。

如图 3-35 所示，右击项目或包名，在弹出的快捷菜单中选择"New → Python File"，输入文件名，单击"确定"按钮，即可创建一个 Python 文件。

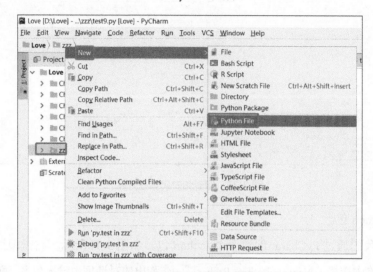

图 3-35　创建 Python 文件

⑦运行 Python 文件。

在新建的 Python 文件中编写脚本。这里通过"print"语句，输出"Hello World!"，在空白处右击，选择"Run 'test 0'"，如图 3-36 所示，即可运行该 Python 文件。

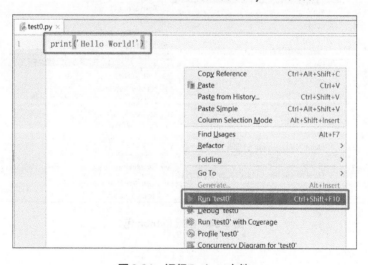

图 3-36　运行 Python 文件

注意：读者也可以通过快捷键"Ctrl+Shift+F10"运行当前脚本。

⑧查看运行结果。

在 PyCharm 主界面下方可以查看运行结果，如图 3-37 所示。

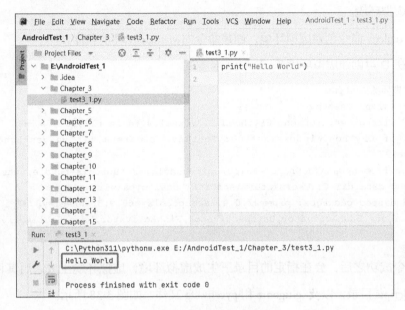

图 3-37　查看运行结果

3.6　Python 虚拟环境

虽然部署 Python 虚拟环境并不是必要环节，但还是强烈建议大家学习和了解本节内容，避免在后续学习中遇到环境冲突问题。

（1）什么是虚拟环境

Python 的虚拟环境类似于虚拟机，创建一个 Python 虚拟环境，就相当于创建一个独立的 Python 运行环境，在该环境中安装的第三方包和全局环境中的包相互独立。虚拟环境的优点是：

- 使不同应用程序的开发环境相互独立；
- 环境升级不影响其他应用程序，也不影响全局的 Python 环境；
- 能有效防止包管理混乱和版本冲突。

（2）利用命令行创建、使用虚拟环境

首先，来看一下如何利用命令行创建和使用虚拟环境。

①安装虚拟环境模块。

Virtualenv 是 Python 的虚拟环境模块，安装命令为 pip3 install virtualenv。

```
# 安装虚拟环境模块
pip3 install virtualenv
```

②创建虚拟环境。

使用 virtualenv 命令创建虚拟环境，创建命令为 virtualenv 环境名称。

例如，在 D 盘创建虚拟环境 TestEnv：

```
# 创建虚拟环境 TestEnv
D:\>virtualenv TestEnv
created virtual environment CPython3.9.2.final.0-64 in 6175ms
  creator CPython3Windows(dest=D:\TestEnv, clear=False, no_vcs_ignore=False, global=False)
  seeder FromAppData(download=False, pip=bundle, setuptools=bundle, wheel=bundle, via=copy, app_data_dir=C:\Users\storm\AppData\Local\pypa\virtualenv)
    added seed packages: pip==22.0.4, setuptools==60.9.3, wheel==0.37.1
  activators BashActivator,BatchActivator,FishActivator,PowerShellActivator,PythonActivator
```

执行命令成功之后，会在指定的目录下生成虚拟环境，虚拟环境生成之后其目录中包含 Lib 目录和 Scripts 目录，以及 .gitignore 和 pyvenv.cfg 文件，如图 3-38 所示。

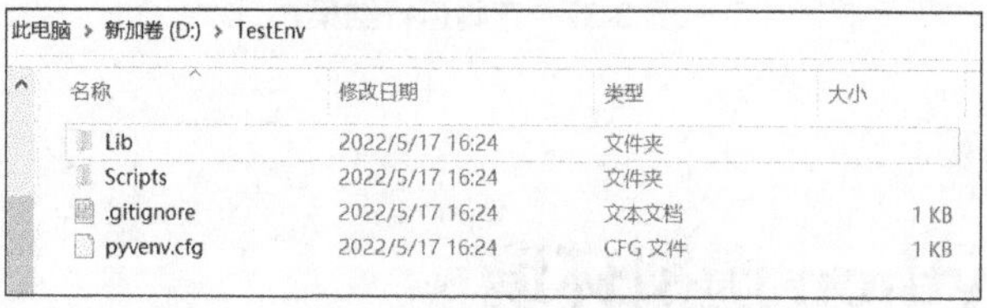

图 3-38　虚拟环境目录

③激活虚拟环境。

虚拟环境安装好之后需要激活才能使用。虚拟环境需要在该环境的绝对路径（必须是 Scripts 目录）下激活，使用 activate 命令。若要取消激活则使用 deactivate 命令。

```
# 首先进入 Script 目录
D:\TestEnv>cd Scripts
# 使用 activate 激活当前虚拟环境
D:\TestEnv\Scripts>activate
# 激活虚拟环境后，路径前方圆括号中显示当前虚拟环境名称
(TestEnv) D:\TestEnv\Scripts>
# 使用 deactivate 取消激活
(TestEnv) D:\TestEnv\Scripts>deactivate
D:\TestEnv\Scripts>
```

注意：

- 使用命令行创建Python虚拟环境后，可以将其导入PyCharm；
- 还可以通过PyCharm直接创建虚拟环境和项目，如图3-38所示的操作结果。

第4章
Android adb介绍

在开展 Android App 自动化测试工作的时候，为了让 Appium 连接到移动终端的 App，需要获取并设置一些 App 包本身的信息，这时候就要用到与 adb 命令相关的知识，因此本章介绍 adb 工具。

adb（Android Debug Bridge，Android 调试桥）是一个针对 Android 的调试桥，是一个命令行工具，可以与模拟器或者真机进行通信，方便开发者、测试人员与设备进行交互。

注意：在 Android SDK 安装路径中，进入"android-sdk\platform-tools\"路径下可以找到 adb 工具。在 3.2 节中，我们已经将该路径配置到环境变量中，因此可以随时打开命令行界面使用 adb 命令。

4.1 adb 的工作原理

当启动一个 adb 客户端时，此客户端会首先检查是否有已运行的 adb 服务器进程。如果没有，adb 客户端会自动启动一个 adb 服务器进程。当服务器启动时，adb 客户端默认与本地传输控制协议（Transmission Control Protocol，TCP）端口 5037 绑定，并且侦听从 adb 客户端（命令行界面或者脚本）发送的命令。所有 adb 客户端均使用端口 5037 与 adb 服务器进行通信。

打开逍遥模拟器，再打开命令行界面，输入并执行如下命令。

```
adb devices
```

观察输出信息，具体如下。

```
C:\Users\storm>adb devices
* daemon not running; starting now at tcp:5037
* daemon started successfully
List of devices attached
```

输出信息说明：

- 第二行，服务器进程没有运行，将在5037端口启动；
- 第三行，守护进程启动成功；
- 第四行，绑定设备清单；
- 第五行，此处第五行为空，如果有设备，会列出设备信息（我们明明已经开启了逍遥模拟器，为什么无法显示设备信息呢？后续解释）。

这几行信息也印证了上面的介绍——当启动一个 adb 客户端时，此客户端会首先检查是否有已运行的 adb 服务器进程。如果没有，adb 客户端会自动启动一个 adb 服务器进程。当服务器启动时，adb 客户端默认与本地传输控制协议（Transmission Control Protocol，TCP）端口 5037 绑定。

再次执行"adb devices"命令，看一下输出结果。

```
C:\Users\duzil>adb devices
List of devices attached
```

可以看到，因为 adb 服务器进程已经启动并绑定 5037 端口，所以这里没有再次启动，也没有再次输出其他信息。

知识扩展：以下是 adb 连接原理和 adbd 作用的介绍。

（1）adb 连接原理

我们可以通过图 4-1 来了解 adb 的连接逻辑。

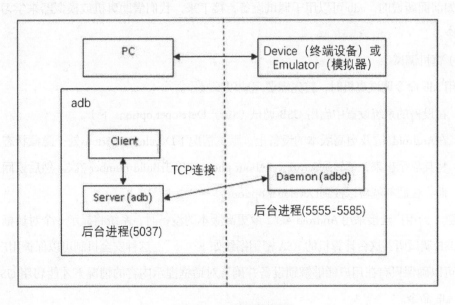

图 4-1　adb 的连接逻辑

Client：计算机上的一个终端窗口，进程名为 adb。

Server（adb）：计算机上的一个服务进程，进程名也为 adb。

Daemon（adbd）：Android 手机上的一个服务进程，进程名为 adbd。

命令通过 adb client 交给 adb server，由 adb server 和 adb daemon 进行通信。因此，这里建立的连接实际上是 adb server 和 adb daemon 之间的连接。

（2）adbd（adb daemon）

adbd 是运行于 Device（终端设备）或 Emulator（模拟器）的守护进程，其作用如下：

- 用来连接Device或Emulator和adb server，Device通过通用串行总线（Universal Serial Bus，

USB）连接，Emulator通过TCP连接；
- 为Device或Emulator提供服务；
- 在Device或Emulator端，adbd创建local socket和remote socket，前者通过Java调试线协议（Java Debug Wire Protocol，JDWP）与dalvik虚拟机（Virtual Machine，VM）进行通信，后者通过TCP或USB与adb server通信。

4.2 启动设备或模拟器调试

正如前面所说的，adb 可以用于调试设备，接下来，我们借助真机或模拟器来学习 adb 的相关命令。

（1）真机调试

使用 adb 命令调试真机时，首先需要完成以下操作。
- 在设备的系统设置中启用 USB 调试（位于 Developer options 下）。
- 在Android 4.2及更高版本的设备上，默认情况下Developer options处于隐藏状态。如需将其显示出来，请转到Settings→About phone并单击Build number 7次。然后返回上一页面，在底部就可以找到Developer options。

注意：当用户连接采用 Android 4.3.2 或更高版本的设备时，系统将显示一个对话框，询问"允许 USB 调试吗？这台计算机的 RSA 密钥指纹如下……"。这种安全机制可以保护用户设备，因为它可以确保只有在用户能够解锁设备并确认对话框提示内容的情况下才能启用 USB 调试和执行 adb 命令。

（2）模拟器调试

启动在 3.3 节安装的逍遥模拟器，通过 adb 命令绑定模拟器的相应端口，即可连接设备。绑定端口的命令参考 4.3.2 小节内容。

强烈建议大家通过模拟器来学习 adb 命令的使用，避免误操作影响真机的正常运行。

4.3 adb 常用命令

adb 是一个非常强大的命令，你可以直接在命令行界面中执行"adb"命令，它会显示 adb

命令的相关信息。下方展示的是执行"adb"命令后输出的部分内容，供大家初步了解。

```
C:\Users\storm>adb
Android Debug Bridge version 1.0.41
Version 29.0.6-6198805
Installed as C:\Program Files (x86)\Android\android-sdk\platform-tools\adb.exe

global options:
 -a           listen on all network interfaces, not just localhost
 -d           use USB device (error if multiple devices connected)
 -e           use TCP/IP device (error if multiple TCP/IP devices available)
 -s SERIAL    use device with given serial (overrides $ANDROID_SERIAL)
 -t ID        use device with given transport id
 -H           name of adb server host [default=localhost]
 -P           port of adb server [default=5037]
 -L SOCKET    listen on given socket for adb server [default=tcp:localhost:5037]

general commands:
 devices [-l]              list connected devices (-l for long output)
 help                      show this help message
 version                   show version num
 ……
```

通过上述信息，我们可以了解 adb 命令的选项、参数及其意义。接下来，我们学习一些常用的 adb 命令。

4.3.1　查看 adb 的版本

我们可以使用"adb version"命令来查看 adb 的版本，具体如下。

```
C:\Users\storm>adb version
Android Debug Bridge version 1.0.41
Version 29.0.6-6198805
Installed as C:\Program Files (x86)\Android\android-sdk\platform-tools\adb.exe
```

从上述输出结果可以看到 adb 的版本为"1.0.41"，pip 命令的版本是"29.0.6-6198805"，adb 的安装路径为"C:\Program Files (X86)\Android\android-sdk\platform-tools\adb.exe"。

4.3.2　连接或断开设备

我们可以使用如下命令连接或断开设备。

```
adb connect IP:端口
adb disconnect IP:端口
```

启动模拟器后，使用"adb devices"命令尝试查看模拟器设备，却无任何显示。这是为什么呢？让我们回忆一下前面学过的知识，前面讲过，adb启动后默认监听5037端口，而逍遥模拟器默认启动端口为21503。没错，因为端口不一致，所以执行"adb devices"命令时无法找到模拟器。因此我们需要借助"adb connect IP:Port"命令设定adb监听的IP地址及对应端口，示例如下。

```
C:\Users\storm>adb connect 127.0.0.1:21503
connected to 127.0.0.1:21503
```

从输出信息可以看到，adb已经连接到指定IP和端口。我们还可以使用"adb disconnect"命令断开设备连接，示例如下。

```
C:\Users\storm>adb disconnect 127.0.0.1:21503
disconnected 127.0.0.1:21503
```

注意：
- 由于模拟器在本地启动，因此可以使用"127.0.0.1"来代替本地IP。
- 不同模拟器默认使用的端口不同，例如，逍遥模拟器的默认启动端口为21503，夜神模拟器的默认启动端口为62001，网易MuMu模拟器的默认启动端口为7555。

4.3.3　查看连接设备的信息

在4.3.2小节中，我们曾使用过"adb devices"命令。该命令用来输出监听端口的设备的信息，示例如下。

```
C:\Users\storm>adb devices
List of devices attached
127.0.0.1:21503 device
```

当我们使用"adb connect"命令绑定指定IP和端口后，使用"adb devices"命令就可以看到逍遥模拟器的信息。简单解释一下。
- 127.0.0.1:21503是连接设备的IP地址和端口号；
- device是设备名称，如果连接设备为真机，会显示具体设备名。

4.3.4　adb shell

shell是Linux系统的用户界面，提供了用户与内核交互操作的接口。Android是基于Linux内核开发的，所以在Android中也可以使用shell命令。通过"adb shell"命令我们就可以进入

Android 的设备底层系统，示例如下。

```
d:\StormTest>adb shell
PCRT00:/ # pwd
/
```

可以看到，输入"adb shell"并按"Enter"键后，打开了 Linux 命令行界面，# 代表 root 权限。然后执行 Linux 命令"pwd"，用来输出当前所在目录，输出的是"/"，代表根目录。

如果 PC 同时连接了多台设备，例如，本地再启动一个 MuMa 模拟器，使用"adb connect"命令监听 MuMu 模拟器后，再使用"adb devices"命令查看连接的设备信息，可以看到如下内容。

```
C:\Users\storm>adb connect 127.0.0.1:7555
connected to 127.0.0.1:7555

C:\Users\storm>adb devices
List of devices attached
127.0.0.1:21503 device
127.0.0.1:7555  device
```

从输出信息中，可以看到目前 adb 连接了两台设备。此时，如果直接使用"adb shell"命令就会报错，如下所示。

```
C:\Users\storm>adb shell
error: more than one device/emulator
```

因为 adb 监听的设备不止 1 台，所以需要在使用"adb shell"命令时加"-s"选项，指定要连接的设备，如下所示。

```
C:\Users\storm>adb -s 127.0.0.1:21503  shell
PCRT00:/ #
```

注意：

- -s 选项应该在 adb 和 shell 的中间。
- 使用 -s 选项，加上 IP 地址和端口，就可以进入指定设备。
- 后续章节中，我们会使用一些 Linux 命令，例如 ls，查看目录文件；pwd，显示当前所在目录等。建议读者了解一些基本的 Linux 命令。
- 如果想退出 shell，可以使用"exit"命令，如下所示。

```
C:\Users\storm>adb -s 127.0.0.1:21503  shell
PCRT00:/ # exit
```

或直接按"Ctrl + D"快捷键。

```
C:\Users\storm>adb -s 127.0.0.1:21503  shell
PCRT00:/ # ^D
```

进入 shell 后有两种状态显示：# 代表有 root 权限，$ 代表没有 root 权限。

```
root@android:/ #
shell@mx4:/ $
```

知识扩展：

"To err is human, but to really foul up everything, you need root password."
"人非圣贤孰能无过，但是拥有 root 密码就真的万劫不复了。"

root 用户是系统中唯一的超级管理员，它具有等同于操作系统的权限。一些操作，譬如阻挡广告、卸载系统预装 App 是需要 root 权限的。可问题在于 root 用户的权限比 Windows 的系统管理员的权限更大，大到足以把整个系统的大部分文件删掉，导致系统完全毁坏，不能再次使用。所以，root 用户进行不当的操作是相当危险的，轻则造成系统出现故障，重则导致不能开机。所以，在 Unix、Linux 及 Android 中，除非确实需要，一般情况下都不推荐使用 root 用户进行操作。

4.3.5 安装 App

APK（Android Application Package，Android 应用程序包）是 Android 系统使用的一种应用程序包文件格式，用于分发和安装 App 及中间件。一个 Android 应用程序的代码想要在 Android 设备上运行，必须先编译，然后打包成一个 Android 系统所能识别的文件才可以，而这种能被 Android 系统识别并运行的文件的格式便是 APK。一个 APK 文件内包含被编译的代码文件（.dex 文件）、文件资源（Resource）、原生资源文件（Asset）、证书（Certificate）和清单文件（Manifest File）。

使用"adb install"命令，可以在设备中安装 App。这里准备了一个计算器的 APK 文件，放在 D 盘 AAA 目录下，接下来，使用"adb install"命令安装该 App。

```
C:\Users\storm>adb install d:\AAA\com.miui.calculator.apk
Performing Streamed Install
Success
```

安装成功后，就可以在模拟器中看到该 App，如图 4-2 所示。

图 4-2　计算器安装成功

如果 App 已经安装在设备中，再次安装就会失败。

```
C:\Users\storm>adb install d:\AAA\com.miui.calculator.apk
Performing Streamed Install
adb: failed to install d:\AAA\com.miui.calculator.apk: Failure [INSTALL_FAILED_ALREADY_EXISTS: Attempt to re-install com.miui.calculator without first uninstalling.]
```

上面的提示信息，大致意思为：安装 App 失败，请尝试先卸载 App 再安装。

那如果我们想覆盖安装（不卸载直接安装），可以使用 -r 选项。

```
C:\Users\storm>adb install -r d:\AAA\com.miui.calculator.apk
Performing Streamed Install
Success
```

使用以下 3 种方法都可以安装 App。

```
# 默认安装
adb install    d:\AAA\com.miui.calculator.apk
# 覆盖安装
adb install -r  d:\AAA\com.miui.calculator.apk
# 安装到指定设备
adb  -s 127.0.0.1:21503 install  d:\AAA\com.miui.calculator.apk
```

4.3.6 卸载 App

介绍完如何安装 App，再来介绍如何卸载 App。安装 App 的时候可以直接使用 APK 文件。但是卸载有所不同，需要使用包名。那如何查看包名呢？

先使用"adb shell"命令进入 shell。

再通过"cd"命令切换到"/data/app/"目录下。

然后通过"ls"命令查看当前目录有哪些包名，如下所示。

```
C:\Users\storm>adb shell
PCRT00:/ # cd /data/app
app-asec/         app-ephemeral/      app-lib/         app-private/       app/
PCRT00:/ # cd /data/app
PCRT00:/data/app # ls
com.miui.calculator-1
PCRT00:/data/app #
```

上述输出信息中"com.miui.calculator-1"就是包名。接下来，我们使用"exit"命令退出 shell。然后使用"adb uninstall"命令卸载应用。这里需要注意的是，卸载的时候需要去掉包名末尾的"-1"，"-1"是 Android 添加的标识符，具体意义不用关心。

```
C:\Users\storm>adb uninstall com.miui.calculator
Success
```

最后查看模拟器桌面，发现计算器 App 卸载成功。另外，我们还可以使用"-k"选项卸载软件，但是保留配置和缓存文件。

知识扩展：应用商店按照符合 Android 标准的原则进行设计，使用包名作为 App 的唯一标识，即包名必须唯一，一个包名代表一个 App，不允许两个 App 使用同样的包名。包名主要用来让系统识别 App，几乎不会被最终用户看到。

包名一般由 com.+ 公司名 + 项目名 + 模块名组成。

- 比如微信包名com.tencent.mm。
- 比如QQ包名com.tencent.mobileqq。

4.3.7 推送文件

有时候，我们需要将 PC 中的文件推送到模拟器或真机中，这时候就要用到"adb push"这条命令。命令格式如下。

```
adb push 本地文件地址 远端目录
```

示例如下。

```
C:\Users\storm>adb push d:\AAA\com.miui.calculator.apk   /sdcard
d:\AAA\com.miui.calculator.apk: 1 f... 7.2 MB/s (6654465 bytes in 0.876s)
```

从提示信息看，1 个文件推送成功，传输速率为 7.2 Mbit/s。现在我们通过"adb shell"命令，进入 /sdcard 目录，借助"ll"命令查看目录中是否有该文件。

```
C:\Users\storm>adb shell
PCRT00:/ # cd /sdcard/
PCRT00:/sdcard # ll com.miui.calculator.apk
-rw-rw---- 1 root sdcard_rw 6654465 2021-10-18 11:27 com.miui.calculator.apk
```

从上方的输出结果可知，"com.miui.calculator.apk"文件确实已经从本地（PC）推送到了远端（模拟器）。

4.3.8 下载文件

与 4.3.7 小节相反，有时候我们需要将真机或模拟器中的文件拖曳到本地，也就是下载文件，此时，就需要用到"adb pull"命令。

首先，在 /sdcard 目录下通过"touch"命令创建一个文本文件"a.txt"，具体如下。

```
PCRT00:/sdcard # touch a.txt
PCRT00:/sdcard # ls
Alarms   Android  Apps  DCIM  Download  Movies  Music  Notifications  Pictures
Podcasts  Ringtones  a.txt
```

接下来，使用"pull"命令，将该文件拖曳到本地的"d:\AAA\"目录，具体如下。

```
C:\Users\storm>adb pull /sdcard/a.txt    d:\AAA\
/sdcard/a.txt: 1 file pulled, 0 skipped.
```

进入本地目录查看，发现确实多了一个名为"a.txt"的文件，如图 4-3 所示。

注意：由于权限问题，远端文件不能直接拖曳到本地磁盘根目录，否则会报错。例如，当尝试将远端文件下载到本地的 D 盘根目录时程序报错，具体如下。

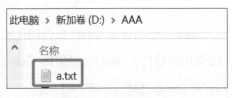

图 4-3 下载 a.txt 文件

```
C:\Users\storm>adb pull /sdcard/a.txt d:\
adb: error: cannot create file/directory 'd:\': No such file or directory
```

4.3.9 查看包名

每个 App 都有唯一的包名，就像你的公民身份证号码一样。在开展自动化测试的时候，我们需要获取 App 包名，以指定要对哪个 App 进行自动化测试。在 4.3.6 小节中，我们通过进入"/data/app/"目录的方式查看过包名。实际上，我们还可以借助"adb shell pm list packages"命令更方便地查看设备中所有的包名，用法示例如下。

```
C:\Users\storm>adb shell pm list packages
package:com.android.cts.priv.ctsshim
package:com.android.providers.telephony
package:com.android.providers.calendar
……
```

上面只展示了部分输出结果。Android 的所有 App 都有对应的一个包，因此，设备或模拟器中安装的 App 越多，执行该命令就会输出越多结果。

如果我们只想查看第三方 App（非手机本身的 App，可以简单理解为"不是手机本身自带的不可卸载的 App，而是我们手动安装的 App"）的包名，就可以使用"-3"选项，来看一下实际效果。

```
C:\Users\storm>adb shell pm list packages -3
package:com.miui.calculator
```

可以看到，借助该选项，我们可以方便地找到手动安装的 App。这里安装的"小米计算器"App 对应的包名为"com.miui.calculator"。

提醒：App 包名和 App 安装包 APK 文件名是不同的概念。

4.3.10 查看 Activity

Activity 信息也是我们在做自动化测试时必不可少的，它指的是处于当前活跃状态的 App（没有切到后台）。我们可以借助"adb shell dumpsys window|findstr CurrentFocus"命令来获取 App 的 Activity 信息，示例如下。

```
# 当模拟器中未打开任何 App 时，执行命令
C:\Users\storm>adb shell dumpsys window|findstr CurrentFocus
    mCurrentFocus=Window{56f5a7d u0 com.vphone.launcher/com.vphone.launcher.launcher3.Launcher}

# 当模拟器中打开计算器 App 时，执行命令
C:\Users\storm>adb shell dumpsys window|findstr CurrentFocus
    mCurrentFocus=Window{a6cc318 u0 com.miui.calculator/com.miui.calculator.cal.CalculatorActivity}
```

上述结果中：

- com.miui.calculator 为 App 的包名；
- com.miui.calculator.cal.CalculatorActivity 为 App 的 Activity。

另外，我们还可以通过 aapt 工具查看 Activity 信息。

aapt（Android Asset Packaging Tool，Android 资源编译和打包工具）在 SDK 的 build-tools 目录下。使用该工具可以查看、创建、更新 ZIP 格式的文档附件（ZIP、JAR、APK 格式），也可以将资源文件编译成二进制文件。

借助 aapt 获取 Activity 的命令如下。

```
C:\Users\storm>aapt dump badging D:\AAA\com.miui.calculator.apk | find "launchable-activity"
    launchable-activity: name='com.miui.calculator.cal.CalculatorActivity'  label='Mi Calculator' icon=''
```

注意：可以把 appt 配置到环境变量（系统变量中的 Path）中，这样运行时会便捷一些。

4.3.11 启动、关闭 adb 服务

部分情况下（原因不详），模拟器在运行一段时间后，adb 服务有可能（在 Windows 进程中可找到这个服务，该服务用来为模拟器或通过 USB 数据线连接的真机服务）会出现异常。这时需要关闭和启动 adb 服务。

```
# 关闭 adb 服务
C:\Users\storm>adb kill-server

# 启动 adb 服务
C:\Users\storm>adb start-server
* daemon not running; starting now at tcp:5037
* daemon started successfully
```

4.3.12 屏幕截图

借助"adb"命令，还可以实现屏幕截图，命令如下。

```
$ adb shell screencap /sdcard/screen.png
```

上述命令实现的是对终端屏幕进行截图，并将截图保存到"/sdcard"目录中，文件名为"screen.png"。另外，我们还可以借助 4.3.8 小节学到的"pull"命令，将文件拉取到本地，命令如下。

```
adb pull /sdcard/screen.png  C:\Users\storm\Desktop
```

知识扩展：

- adb 是自动化测试中非常重要的一个工具，目前很多PC客户端手机助手也是基于adb连接原理进行封装的。
- 可以将常用的adb命令封装成bat命令（将命令写入一个TXT文档中，然后将文件的扩展名改为.bat即可），使运行更方便快捷。具体操作如下。
    - 封装文件adbdevices.bat，实现查看设备效果。
        ```
        adb devices
        pause
        ```
    - 封装文件adbconnect.bat，实现快速连接特定端口效果。
        ```
        adb connect 127.0.0.1:21503
        adb devices
        pause
        ```

第5章
monkey和monkeyrunner

在第 4 章中，我们学习了与 adb 命令相关的知识。本章，我们将借助 adb 命令学习两种 Android 经典工具的使用，这有助于我们后面学习 Appium 和认识到 Appium 的优越性。

5.1 monkey

Android SDK 提供的一种非常著名的命令行工具叫"monkey"，它是一个运行在 Android 模拟器或设备上的程序，它会生成用户事件流，即单击、触摸或手势，以及许多系统级事件等的伪随机流。monkey 可以用随机但可重复的方式对应用程序进行压力测试。

注意：Android 的官网用"stress-test"来描述 monkey，为了保持一致性，上文将其翻译为"压力测试"。不过，笔者想提醒读者的是，这里的压力测试和性能测试中的压力测试在概念上有本质的不同。性能测试中的压力测试是并发测试，是多人同时进行测试，而这里的压力测试只是单用户按顺序执行命令，虽然速度很快，但都是单人在测试，并不符合并发的概念。

至于为什么将其命名为"monkey"，据说是因为其会像猴子一样对着屏幕乱点、乱划，以随机在屏幕上执行各种各样的操作，而没有明确的目标。

5.1.1 monkey 简介

monkey 是一种命令行工具，可以在任何 Android 模拟器或设备上运行。它向系统发送伪随机的用户事件流，以对用户正在开发的应用程序软件做压力测试。

monkey 包含许多参数，主要分为 4 个类别：常规参数，例如要尝试的事件数量；约束参数，例如通过包名限制哪些 App 可以被测试；事件参数；调试参数。

当 monkey 运行时，它会生成事件流并将它们发送给系统。它还会观察被测试的系统，并寻找以下 3 种特殊情况。

- 如果用户将 monkey 限制在一个或多个特定的包中运行，它将监视并阻止任何导航到其他包的尝试。
- 如果应用程序崩溃或接收到任何未处理的异常，monkey 将停止并报告错误。
- 如果应用程序未响应（Application Not Responding）错误，monkey 将停止并报告该错误。根据自己选择的日志详细级别，用户还将看到关于 monkey 的进度和生成的事件的报告。

（1）monkey 的基本用法

因为 monkey 命令作用于模拟器或设备的 shell 环境，所以请首先确保 monkey 已连接一个终端。

monkey 的基本语法如下。

```
$ adb shell monkey [options] <event-count>
```

- adb shell monkey为固定语句。
- [options]指monkey可传入的参数，是可选项，如果不指定，monkey将以静默（非详细）模式启动，并把事件任意发送到安装在目标环境中的全部包。
- <event-count> 是指随机发送的事件数，如输入100就是指执行100个伪随机事件，为必选项。

下面是一个典型的命令，它将随机启动终端上的应用程序，并向系统发送 50 个伪随机事件。

```
$ adb shell monkey -v 50
```

另外，用户还可以通过"adb shell"进入终端的 shell 环境，并直接输入 monkey 命令来执行相关操作，如下所示。

```
C:\Users\storm>adb shell
PCRT00:/ # monkey -v 10
:Monkey: seed=1645170620212 count=10
```

（2）monkey 的路径

Monkey 工具是 Android 系统自带的，其启动脚本位于 Android 系统的 /system/bin 目录的 monkey 文件，其 JAR 包是位于 Android 系统的 /system/framework 目录的 monkey.jar 文件。

5.1.2　monkey 的参数

本小节，我们先来看看 monkey 的常见参数及其含义。官方将 monkey 参数划分为以下 4 类。

- 常规参数，用以设置事件的数量、查看帮助信息等。
- 事件参数，用以设置事件的类型和频率，如单击事件的数量或者占比、触摸事件的占比，以及事件之间的间隔时间等。
- 约束参数，用以设置操作的约束，如通过包名限制哪些App可以被测试。
- 调试参数，用以调试选项，如是否忽略crashes、系统崩溃等。

monkey 的参数及描述如表 5-1 所示。

表 5-1 monkey 的参数及描述

类别	参数	描述
常规参数	-help（或 -h）	输出 monkey 命令的简单使用指南
	-v	命令行中每增加一个 -v 将提升一级信息的详细级别。级别 0（默认 -v）只提供较少的信息，包括启动通知、测试完成通知和最终结果。级别 1（-v -v）提供测试运行时的更多细节，例如每个发送到 Activity 的事件。级别 2（-v -v -v）提供更详细的安装信息，如测试中选中或未被选中的 Activity
事件参数	-f <script name>	执行测试脚本
	--throttle <milliseconds>	在事件之间插入固定的延迟（单位：毫秒）。可以使用这个选项来减慢 monkey 的执行速度。默认没有延迟，monkey 会以最快速度将事件执行完
	--pct-touch <percent>	指定触摸事件的百分比（触摸事件是屏幕上某处发生的 DOWN 事件）
	--pct-motion <percent>	调整手势事件的百分比（手势事件包括屏幕某处发生的 DOWN 事件、一系列伪随机动作和 UP 事件）
	--pct-trackball <percent>	调整轨迹球事件的百分比（轨迹球事件包括一个或多个随机的移动事件）
	--pct-nav <percent>	调整基本导航事件的百分比（导航事件由上、下、左、右组成，作为方向输入设备的输入）
	--pct-majornav <percent>	调整主要导航事件的百分比（这些导航事件通常会触发对 UI 的操作，如 5-way pad 中的中心按钮、退格键或菜单键）
	--pct-syskeys <percent>	调整系统关键事件的百分比（有些键通常是保留给系统使用的，如"Home"键、"Back space"键、音量调节键）
	--pct-appswitch <percent>	调整应用启动事件的百分比。monkey 会随机发出一个 startActivity() 调用，以最大限度覆盖包中的所有活动
	--pct-anyevent <percent>	调整其他类型事件的百分比。例如设备上其他很少使用的按钮等
约束参数	-p <allowed-package-name>	如果用户使用 -P 参数指定一个或多个包，monkey 将只允许系统访问这些包中的 Activity。如果不指定任何包，monkey 将允许系统启动所有包中的 Activity。要指定多个包，请多次使用 -p 参数，即每个包使用一次 -p 参数
	-c <main-category>	如果用户使用 -c 参数指定一个或多个类别，monkey 将只允许系统访问这些类别。如果用户没有指定任何类别，monkey 会选择在 category Intent 中列出的 Activity。要指定多个类别，请多次使用 -c 参数，每个类别使用一次 -c 参数

续表

类别	参数	描述
调试参数	--dbg-no-events	使用该参数后，monkey 将在测试活动之初开始启动，这提供了一个环境，用户可以在其中监视应用程序间的调用转换
	--hprof	如果设置了该参数，该参数将在 monkey 事件序列之前和之后生成分析报告，报告将包含大约 5MB 的数据或杂项文件，因此请谨慎使用
	--ignore-crashes	通常，当应用程序崩溃或遇到任何类型的未处理异常时，monkey 会停止。如果指定了这个参数，monkey 将继续向系统发送事件，直到计数完成
	--ignore-timeouts	通常，当应用程序遇到任何类型的超时错误（比如"Application Not Responding"对话框）时，monkey 就会停止。如果指定了这个参数，monkey 将继续向系统发送事件，直到计数完成
	--ignore-security-exceptions	通常，当应用程序遇到任何类型的权限错误时，例如，它试图启动一个需要特定权限的 Activity，monkey 会停止。如果指定了这个参数，monkey 将继续向系统发送事件，直到计数完成
	--kill-process-after-error	通常，当 monkey 因遇到错误而停止时，应用程序将继续运行。设置此参数时，monkey 将向系统发出信号，要求停止发生错误的进程。注意，monkey 命令正常（成功）执行的情况下，启动的 monkey 进程不会停止，设备只是在最后一个事件后留在一个执行成功预付的状态
	--monitor-native-crashes	观察并报告发生在 Android 系统原生代码中的崩溃。如果设置了该参数，出现 kill-process-after-error 时系统将停止
	--wait-dbg	在附加调试器之前，停止 monkey 命令的执行

注意：表 5-1 中的参数并不需要死记硬背，我们只要了解其大致意思，在使用的时候通过"-help"来查看具体的命令即可。另外，实际工作中，更多的时候我们会提前将 monkey 命令保存到文档中，需要的时候，直接调用文档执行命令即可，这点在后续的章节中会讲到。

5.1.3　monkey 命令示例

下面我们将通过测试示例对表 5-1 中的常用命令进行详细讲解。

1. 常规参数

首先我们来学习两个常规参数，如图 5-1 所示。

图 5-1 monkey 的常规参数

（1）-help

借助 -help 或 -h，可以查看 monkey 命令帮助信息，示例如下。

```
C:\Users\storm>adb shell monkey --help
** Error: Unknown option: --help
usage: monkey [-p ALLOWED_PACKAGE [-p ALLOWED_PACKAGE] ...]
              [-c MAIN_CATEGORY [-c MAIN_CATEGORY] ...]
              [--ignore-crashes] [--ignore-timeouts]
              [--ignore-security-exceptions]
              [--monitor-native-crashes] [--ignore-native-crashes]
              [--kill-process-after-error] [--hprof]
              [--pct-touch PERCENT] [--pct-motion PERCENT]
              [--pct-trackball PERCENT] [--pct-syskeys PERCENT]
              [--pct-nav PERCENT] [--pct-majornav PERCENT]
              [--pct-appswitch PERCENT] [--pct-flip PERCENT]
              [--pct-anyevent PERCENT] [--pct-pinchzoom PERCENT]
              [--pct-permission PERCENT]
              [--pkg-blacklist-file PACKAGE_BLACKLIST_FILE]
              [--pkg-whitelist-file PACKAGE_WHITELIST_FILE]
              [--wait-dbg] [--dbg-no-events]
              [--setup scriptfile] [-f scriptfile [-f scriptfile] ...]
              [--port port]
              [-s SEED] [-v [-v] ...]
              [--throttle MILLISEC] [--randomize-throttle]
              [--profile-wait MILLISEC]
              [--device-sleep-time MILLISEC]
              [--randomize-script]
              [--script-log]
              [--bugreport]
              [--periodic-bugreport]
              [--permission-target-system]
              COUNT
```

通过 -help 可以得到详细的 monkey 参数，其中还包括一些高级命令，如通过脚本文件进行 monkey 测试等。

（2）-v

通过 -v 的数量指定日志级别。-v 是非必选项，-v 的数量越多，monkey 反馈的日志信息越详细，不过目前最多支持 3 个 -v。

- -v，提供启动提示、测试完成通知、最终结果等少量信息。
- -vv，提供较为详细的日志信息，包括每个发送到Activity的事件信息。
- -vvv，提供最详细的日志信息，包括测试中选中、未选中的Activity的信息。

注意：-v -v 的效果和 -vv 的效果相同，-v-v-v 的效果和 -vvv 的效果相同。

示例1：不使用 -v 参数，输出日志情况如下。

```
C:\Users\storm>adb shell monkey -s 8888 -p com.miui.calculator 10
Events injected: 10
## Network stats: elapsed time=77ms (0ms mobile, 0ms wifi, 77ms not connected)
```

示例2：使用一个 -v 参数，输出最基本的日志。

```
# 这里使用一个 -v 参数
C:\Users\storm>adb shell monkey -s 8888 -p com.miui.calculator -v 10
:Monkey: seed=8888 count=10
:AllowPackage: com.miui.calculator
:IncludeCategory: android.intent.category.LAUNCHER
:IncludeCategory: android.intent.category.MONKEY
// Event percentages:
//   0: 15.0%
//   1: 10.0%
//   2: 2.0%
//   3: 15.0%
//   4: -0.0%
//   5: -0.0%
//   6: 25.0%
//   7: 15.0%
//   8: 2.0%
//   9: 2.0%
//   10: 1.0%
//   11: 13.0%
:Switch: #Intent;action=android.intent.action.MAIN;category=android.intent.category.LAUNCHER;launchFlags=0x10200000;component=com.miui.calculator/.cal.CalculatorActivity;end
    // Allowing start of Intent { act=android.intent.action.MAIN cat=[android.intent.category.LAUNCHER] cmp=com.miui.calculator/.cal.CalculatorActivity } in package com.miui.calculator
    :Sending Touch (ACTION_DOWN): 0:(846.0,939.0)
    :Sending Touch (ACTION_UP): 0:(839.02344,920.9801)
    :Sending Touch (ACTION_DOWN): 0:(208.0,1403.0)
Events injected: 10
:Sending rotation degree=0, persist=false
:Dropped: keys=0 pointers=0 trackballs=0 flips=0 rotations=0
## Network stats: elapsed time=120ms (0ms mobile, 0ms wifi, 120ms not connected)
// Monkey finished
```

示例3：使用3个 -v，并将日志输入文件中，方便分析出现 bug 的原因。

```
C:\Users\storm>adb shell monkey -v -v -v 10 >a.txt
```

命令执行完成后，可以到日志保存目录查看日志文件。

注意：读者可以对比一下使用不同数量的 -v 时，输出日志的内容差异。在后续的 5.1.6 小节，我们将详细分析 monkey 日志。

2. 事件参数

接着，我们来学习常见的 monkey 事件参数，如图 5-2 所示。

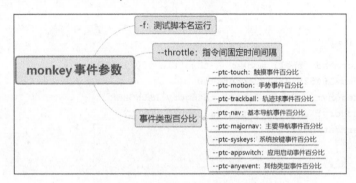

图 5-2 monkey 事件命令

事件参数的作用是对随机事件进行调控，如设置各种事件的百分比、设置事件生成所使用的种子值等，从而使其遵照设定运行。另外，频率参数主要限制事件执行的时间间隔。

（1）-s

该参数用于指定伪随机数生成器的种子值。如果用相同的种子值再次运行 monkey，将生成相同的事件序列（该种子值对于 bug 复现至关重要）。

注意：如果不指定种子值，系统会随机生成一个 13 位数字的种子值，在出现 bug 时该种子值会和 bug 信息一起被输出，以便于复现 bug。

示例代码如下，这里指定种子值为 8888。

```
C:\Users\storm>adb shell monkey -s 8888 -v -v -v 10
:Monkey: seed=8888 count=10
:IncludeCategory: android.intent.category.LAUNCHER
:IncludeCategory: android.intent.category.MONKEY
// Selecting main activities from category android.intent.category.LAUNCHER
//   + Using main activity com.android.browser.BrowserActivity (from package com.android.browser)
......
```

假如在执行 monkey 测试时出现了 bug，当开发人员修复完代码后，我们还需要进行回归测试，这时候，就可以使用出错时的那个种子值，重复执行之前的 monkey 测试，以验证开发人员是否成功修复 bug，示例如下。

```
#    -s 参数后接伪随机数生成器的种子值，以生成相同的事件序列
adb shell monkey -s <seed> <event-count>
```

（2）--throttle <milliseconds>

该参数用于在事件之间插入特定的延迟（单位毫秒），这样做可以减慢 monkey 事件的执行速度。默认没有延时，monkey 会以最快速度将指定的事件个数执行完。

注意：在执行 monkey 测试时，建议使用该参数，并将值设置为 300，用来模拟人工操作的时间间隔。

示例代码如下。

```
C:\Users\storm>adb shell monkey --throttle 300 -v 10
:Monkey: seed=1645254036173 count=10
:IncludeCategory: android.intent.category.LAUNCHER
:IncludeCategory: android.intent.category.MONKEY
// Event percentages:
//   0: 15.0%
//   1: 10.0%
……
## Network stats: elapsed time=1786ms (0ms mobile, 0ms wifi, 1786ms not connected)
// Monkey finished
```

（3）--pct-touch <percent>

该参数的作用是指定 touch（触摸）事件的百分比。touch 事件由一个 DOWN 事件和一个 UP 事件组成，触摸屏幕然后抬起手指即是一个 touch 事件。

注意：若不指定任何事件的百分比，系统将随机分配各种事件的百分比。

示例代码如下。

```
C:\Users\storm>adb shell monkey --pct-touch 50 -v 10
:Monkey: seed=1645022901416 count=10
:IncludeCategory: android.intent.category.LAUNCHER
:IncludeCategory: android.intent.category.MONKEY
// Event percentages:
//   0: 50.0%        ——# 0 代表 touch 事件，这里表示 touch 事件发生的概率为 50%，其他事件发生的
概率之和为 50%
//   1: 5.8823533%
//   2: 1.1764706%
//   3: 8.82353%
……
// Monkey finished
```

（4）--pct-motion <percent>

该参数的作用是指定手势事件的百分比。手势事件是由屏幕上某处发生的一个 DOWN 事件、一系列伪随机的移动事件和一个 UP 事件组成。

示例代码如下。

```
C:\Users\storm>adb shell monkey --pct-motion 100 -v 5
:Monkey: seed=1645255326704 count=5
:IncludeCategory: android.intent.category.LAUNCHER
:IncludeCategory: android.intent.category.MONKEY
// Event percentages:
//   0: 0.0%
//   1: 100.0%    ——# 1代表手势事件,显示该类事件发生的概率为100%,则其他事件发生的概率为0%
......
## Network stats: elapsed time=157ms (0ms mobile, 0ms wifi, 157ms not connected)
// Monkey finished
```

常见事件类型与日志中显示的数值的对应关系如表 5-2 所示。

表 5-2 事件类型与日志中显示的数值的对应关系

事件类型	日志中显示的数值
--pct-touch	0
--pct-motion	1
--pct-trackball	3
--pct-nav	6
--pct-majornav	7
--pct-syskeys	8
--pct-appswitch	9
--pct-anyevent	11

以上事件和"--pct-motion <percent>"使用方法相同,这里不赘述。

3. 约束参数

约束参数较少,这里我们学习 -p 和 -c 参数,如图 5-3 所示。

(1) -p <allowed-package-name>

命令使用方法如下。

```
adb shell monkey -p your.package.name 50
```

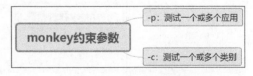

图 5-3 monkey 约束参数

-p 为约束命令之一,其作用是约束 monkey 只对某个 App 进行测试,your.package.name 是要进行测试的 App 名,如果要对多个 App 进行测试可以使用多个 -p 参数。

示例 1：对系统设置 App 进行 monkey 测试，发送 500 个随机事件。

```
adb shell monkey -p com.android.settings 500
```

示例 2：对系统设置 App 和计算器 App 进行 monkey 测试，共发送 500 个随机事件。

```
adb shell monkey -p com.android.settings -p com.android.calculator2 500
```

示例 3：如果不使用 -p 约束，那么 monkey 将会对手机中的所有 App 进行随机测试，共发送 500 个随机事件。

```
adb shell monkey 500
```

（2） -c <main-category>

如果指定一个或多个类别，monkey 将只允许系统访问指定类别之一列出的 Activity。借助 -c 参数可以实现将 monkey 限制在某个类别中，如果要指定多个类别需要使用多个 -c，命令如下。

```
adb shell monkey -c <main-category> <event-count>
```

注意：Android 定义了很多 category，标准的 category 作为常量被定义在 Intent.class 中。形如 "CATEGORY_name" 这样的名称中带有 "CATEGORY_" 的常量的值是以 "android.intent. category." 开头的。例如 CATEGORY_LAUNCHER 的值是 "android.intent.category.LAUNCHER"。

4. 调试参数

接着，我们来学习调试参数，如图 5-4 所示。

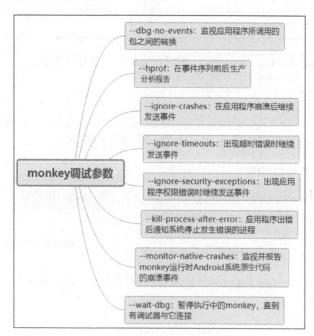

图 5-4　monkey 调试参数

(1) --ignore-crashes

通常，应用程序崩溃或出现异常时 monkey 会停止运行。但是如果设置此参数，monkey 将继续发送事件给系统，直到计数完成。

示例代码如下。

```
adb shell monkey --ignore-crashes -v 10
```

(2) --ignore-security-exceptions

如果你希望 monkey 在应用程序发生权限错误后继续发送事件，则需要用到 --ignore-security-exceptions 命令。

示例代码如下。

```
adb shell monkey --ignore-security-exceptions 10
```

在设置此选项后，当应用程序发生任何权限错误（如启动一个需要某些权限的 Activity）时，monkey 将继续运行直到计数完成。如果不设置此选项，monkey 在应用程序遇到此类权限错误时将停止运行。

参数 --ignore-timeouts、--kill-process-after-error 用法类似，这里不赘述。

知识扩展：强制关闭 monkey。

通过 "adb shell ps|findstr com.android.commands.monkey" 找到 monkey 的进程号。

```
C:\Users\storm>adb shell ps|findstr com.android.commands.monkey
root      3069  1452  1505760 90080           7f07617ac807 S com.android.commands.monkey
```

通过 "adb shell kill" "杀掉" monkey 进程。

```
C:\Users\storm>adb shell kill 3069
```

注意：上面的 3069 为当前 monkey 进程的进程号，大家需要查看并将其替换为自己的 monkey 进程号，才能 "杀掉" monkey 进程。

5.1.4　App 压力测试

本小节，我们将借助前面学到的知识，设计一个针对 App 的压力测试用例，供大家参考。

(1) 测试目标

针对"小米计算器"，测试人员希望通过 monkey 来模拟用户的随机操作，检查被测应用是否会出现崩溃、无响应等异常情况。

（2）需求分析

①测试对象为小米计算器 App，因此需要使用 -p 参数指定被测 App 的包名，即 com.miui.calculator。

②测试的目的是模拟用户操作，因此需要让 monkey 执行的事件尽可能地接近用户的常规操作，这样才可以最大限度地发现用户在使用过程中可能遇到的问题。因此需要对 monkey 执行的事件百分比做一些调整。

触摸事件是计算器用户的主要操作，所以通过 --pct-touch 将指定事件的占比调整到 60%。若目标 App 包含多个 Activity，为了覆盖大部分的 Activity，通过 --pct-appswitch 将 Activity 切换的事件占比调整到 10%。被测 App 在人工测试中出现过不少横竖屏切换的问题，这个场景也必须关注，因此通过 --pct-rotation 把横竖屏切换事件的占比调整到 10%。

③使用 -s 参数来指定命令执行的种子值，以便在出现问题时，开发和测试人员能复现、定位和修复 bug，并对程序进行回归测试。

④使用 --throttle 参数来控制 monkey 每个操作之间的时间间隔，一方面是希望能模拟出更接近用户的操作；另一方面是不希望过于频繁的操作而导致系统崩溃，尤其是在配置较低的手机上执行测试时。因此这里通过 --throttle 设置 monkey 每个操作间的固定延迟为 0.3 秒。

⑤monkey 在执行测试时，会因为 App 的崩溃或没有响应而意外终止，所以需要在命令中增加限制参数 --ignore-crashes 和 --ignore-timeouts，让 monkey 在应用崩溃或没有响应的时候，能在日志中记录相关信息，并继续执行后续的测试。

⑥使用 -v 指定日志的详细级别，为了方便定位问题，这里将级别设为 -v -v –v。另外，为了方便查看日志信息，我们将日志信息保存到文件中。

（3）测试命令

根据需求分析，我们编写如下测试命令。

```
adb shell monkey -p com.miui.calculator --pct-touch 60 --pct-appswitch 10 --pct-rotation 10 -s 7788 --throttle 300 --ignore-crashes --ignore-timeouts -v -v -v 20000 > d:\AAA\monkey.log
```

（4）执行测试

连接真机或模拟器，打开命令行界面，执行步骤（3）中的命令，或者将该命令封装成 .bat 文件，双击运行该文件即可。另外，用户还可以将该命令配置到 Jenkins 流水线中，实现定时执行的效果。

（5）查看测试结果

在测试执行完毕后，请注意：

- 查看终端状态，看是否有错误信息或提示框；

- 尝试操作终端，看是否能正常操作；
- 打开日志文件，搜索错误信息（具体如何搜索，见5.1.6小节）。

如果以上都无问题，则表示本次压力测试通过；如果出现异常，则提交bug，附上压力测试脚本及日志文件给开发人员。

注意：App的压力测试是多轮次、大批量的，建议利用非工作时间开展，以期发现偶现问题。

5.1.5 特定场景压力测试

常规monkey测试执行的是随机的事件流，但如果想让monkey针对某个特定场景进行测试，则需要用到自定义脚本。monkey支持用自定义脚本的测试，用户只需要按照monkey脚本的规范编写好脚本，存放到手机上，启动monkey并通过-f参数调用脚本即可。

来看一下monkey脚本API。

- LaunchActivity(pkg_name, cl_name)：启动App的Activity，参数分别表示包名和要启动的Activity的名称。
- Tap(x, y, tapDuration)：模拟一次手指单击事件，参数中，x和y为控件坐标，tapDuration为单击的持续时间，此参数可省略。
- UserWait(sleepTime)：休眠一段时间。
- DispatchPress(keyName)：按键，参数为键码（keycode）。
- RotateScreen(rotationDegree, persist)：旋转屏幕，参数中，rotationDegree为旋转角度，1代表旋转90°，persist表示旋转之后是否固定，0表示旋转后恢复，非0则表示旋转后固定。
- DispatchString(input)：输入字符串。
- DispatchFlip(true/false)：打开/关闭软键盘。
- PressAndHold(x, y, pressDuration)：模拟长按事件。
- Drag(xStart, yStart, xEnd, yEnd, stepCount)：用于模拟拖曳操作。
- PinchZoom(x1Start, y1Start, x1End, y1End, x2Start, y2Start, x2End, y2End, stepCount)：模拟缩放手势。
- LongPress()：长按2秒。
- DeviceWakeUp()：唤醒屏幕。
- PowerLog(power_log_type, test_case_status)：获取电池电量信息。
- WriteLog()：将电池信息写入SD卡。

- RunCmd(cmd)：运行shell命令。
- DispatchPointer(downtime,eventTime,action,x,yxpressure,size,metastate,xPrecision, yPrecision,device,edgeFlags)：向指定位置发送单个手势事件。
- DispatchPointer(downtime,eventTime,action,x,yxpressure,size,metastate,xPrecision, yPrecision,device,edgeFilags)：发送按键消息。
- LaunchInstrumentation(test_name,runner_name)：运行一个instrumentation测试用例。
- DispatchTrackball()：模拟发送轨迹球事件。
- ProfileWait()：等待5秒。
- StartCaptureFramerate()：开始获取帧率。
- EndCaptureFramerate(input)：结束获取帧率。

知识扩展：如何执行指定的脚本文件。

```
adb shell monkey -f <scriptfile> <count>
```

-f 后接测试脚本名，表示要使用 monkey 执行指定的 monkey 脚本，如 adb shell monkey -f/mnt/sdcard/test 10。

需要注意的是，脚本末尾的数字 10 为循环次数，而不是事件数。

接下来，我们看一个测试案例。

（1）测试目标

启动计算器 App，测试加法运算，如 8+6=14。

（2）需求分析

monkey 脚本只能通过坐标来定位元素，然后执行单击等相关事件。获取坐标信息的方法很多，如果要获取真机中某个点的坐标，最简单的方法就是在手机"设置"中，搜索"开发人员选项"，找到并打开"指针位置"选项，如图 5-5 所示。之后，每次在屏幕上操作时，都会在导航栏上显示手指触摸屏幕点的坐标信息，如图 5-6 所示。

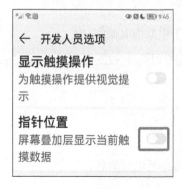

图 5-5 "指针位置"选项

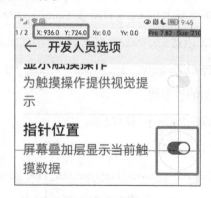

图 5-6 获取坐标

注意：逍遥模拟器等并未提供"指针位置"的功能，无法获取坐标值。因此这里笔者使用华为真机演示。

（3）编写 monkey 脚本

monkey 脚本主要包含两部分，一部分是头文件信息，另一部分是具体的 monkey 命令。头文件信息有固定格式，其中 count 代表循环次数，speed 代表每条命令的执行时间，如下所示。

```
type = raw events
count = 1  # 循环次数
speed = 1.0  # 每条命令的执行时间
start data >>
# 后面是具体的 monkey 脚本内容
```

编写测试脚本 cal.txt。

```
# 头文件信息
type = raw events
count = 1
speed = 1.0
# 启动测试
start data >>
LaunchActivity(com.huawei.calculator,com.huawei.calculator.Calculator)
UserWait(2000)
Tap(436,1450,1000)  # 单击数字 8
UserWait(2000)
Tap(881,1725,1000)  # 单击"+"
UserWait(2000)
Tap(649,1687,1000)  # 单击数字 6
UserWait(2000)
Tap(899,2084,1000)  # 单击"="
UserWait(2000)
```

（4）执行测试

脚本编写完成后，上传至手机，然后执行，如下所示。

```
# 将脚本上传至手机
adb push C:\Users\storm\Desktop\cal.txt /sdcard
# 通过命令行调用脚本，执行 monkey 测试
adb shell monkey -f /sdcard/cal.txt -v 1
```

执行结果如下。

```
C:\Users\storm>adb shell monkey -f /sdcard/cal.txt -v 1
  bash arg: -f
  bash arg: /sdcard/cal.txt
  bash arg: -v
  bash arg: 1
args: [-f, /sdcard/cal.txt, -v, 1]
 arg: "-f"
 arg: "/sdcard/cal.txt"
```

```
    arg: "-v"
    arg: "1"
data="/sdcard/cal.txt"
:Monkey: seed=1646277805140 count=1
:IncludeCategory: android.intent.category.LAUNCHER
:IncludeCategory: android.intent.category.MONKEY
Replaying 0 events with speed 1.0
:Switch: #Intent;action=android.intent.action.MAIN;category=android.intent.category.LAUNCHER;launchFlags=0x10200000;component=com.huawei.calculator/.Calculator;end
    // Allowing start of Intent { act=android.intent.action.MAIN cat=[android.intent.category.LAUNCHER] cmp=com.huawei.calculator/.Calculator } in package com.huawei.calculator
    :Sending Touch (ACTION_DOWN): 0:(436.0,1450.0)
    :Sending Touch (ACTION_UP): 0:(436.0,1450.0)
    :Sending Touch (ACTION_DOWN): 0:(881.0,1725.0)
    :Sending Touch (ACTION_UP): 0:(881.0,1725.0)
    :Sending Touch (ACTION_DOWN): 0:(649.0,1687.0)
    :Sending Touch (ACTION_UP): 0:(649.0,1687.0)
    :Sending Touch (ACTION_DOWN): 0:(899.0,2084.0)
    :Sending Touch (ACTION_UP): 0:(899.0,2084.0)
Events injected: 18
:Sending rotation degree=0, persist=false
:Dropped: keys=0 pointers=0 trackballs=0 flips=0 rotations=0
## Network stats: elapsed time=14082ms (0ms mobile, 0ms wifi, 14082ms not connected)
    // Monkey finished
```

注意：头文件代码书写时应注意"="两边预留空格，否则会出现如下错误。

```
java.lang.NumberFormatException: Invalid int: ""
```

5.1.6 日志管理

monkey 的日志管理是 monkey 测试中非常重要的一个环节，通过分析日志管理，可以知道当前测试对象在测试过程中是否会报错，以及发生异常，同时还可以获取对应的错误信息，以帮助开发人员定位和解决问题。

monkey 日志保存在 PC 中或手机上。另外，还可以将标准流和错误流分开保存。

（1）将日志保存在 PC 中

将日志文件保存在 PC 本地目录。

```
C:\Users\storm>adb shell monkey -v -v 100 >d:\monkeylog.txt
```

（2）将日志保存在手机上

先进入手机 shell 环境，然后将日志保存在手机目录。

```
C:\Users\storm>adb shell
PCRT00:/ # monkey -v 100>/sdcard/monkeylog.txt
```

注意：如不进入 shell 环境，直接使用"C:\Users\storm>adb shell monkey -f /sdcard/kyb.txt -v 1 > /mnt/sdcard/monkey.log"命令，则会报错"系统找不到指定的路径"。

知识扩展：日志追加保存。

在 Linux 中，我们使用">"实现输出信息的重定向，输出信息会覆盖原来文件里的内容；使用">>"实现追加重定向，输出信息不覆盖原来文件里的内容，但会追加到原来文件的末尾。

```
# 在下面命令中使用">>"
# 执行命令产生的日志不会覆盖 monkeylog.txt 文件内容，而是在文件内容后追加
C:\Users\storm>adb shell monkey -v -v 100 >>d:\monkeylog.txt
```

（3）将日志标准流和错误流分开保存

Linux 系统预留了 3 个文件描述符，即 0、1 和 2，它们的意义如下。

- 0——标准输入（stdin）。
- 1——标准输出（stdout）。
- 2——标准错误（stderr）。

假设在当前目录下，有且只有一个文件名称为 a.txt 的文件，这时我们运行命令"ls a.txt"，就会获得一个标准输出：a.txt。

```
PCRT00:/sdcard/storm # ls a.txt
a.txt
```

按照上面的假设，我们运行另一条命令"ls b.txt"，这样就会获得一个标准错误：ls: b.txt: No such file or directory。

```
PCRT00:/sdcard/storm # ls b.txt
ls: b.txt: No such file or directory
```

在实际测试中，我们期望 monkey 执行大量的测试事件，这势必会产生海量的日志信息。为了方便分析日志，一般来说，我们希望将标准日志和错误日志分开保存，示例代码如下。

```
monkey [option]  <count>  1>/sdcard/monkey.txt 2>/sdcard/error.txt
```

或

```
C:\Users\storm>adb shell monkey [option]  <count>  1>d:\monkey.log  2>d:\error.log
```

执行以上命令，monkey 的运行日志和异常日志将被分开保存。此时 monkey 的运行日志将被保存在 monkey.txt 文件中，而异常日志将被保存在 error.txt 中。

（4）日志分析

当执行 monkey 测试出错时，该如何排查错误呢？

①找到 monkey 是在日志中哪个地方出错的。

查找 monkey 执行的是哪一个 Activity，可以在 Switch 关键字后面找，假如两个 Swtich 之间出现了崩溃或其他异常，可以在两个 Switch 中间的 Activity 中查找问题的所在，如图 5-7 所示。

```
:Switch: #Intent;action=android.intent.action.MAIN;category=android.intent.categ
ory.LAUNCHER;launchFlags=0x10200000;component=com.kankan.lxbt/.login.activity.Sp
lashActivity end
    // Allowing start of Intent { act=android.intent.action.MAIN cat=[android.in
tent.category.LAUNCHER] cmp=com.kankan.lxbt/.login.activity.SplashActivity } in
package com.kankan.lxbt
```

图 5-7　monkey 日志

②查看 monkey 里面出错前的一些事件，手动执行这些事件。

Sleeping for XX milliseconds 是执行 monkey 测试时，使用 throttle 设定的间隔时间，每出现一次，就代表执行完一个事件，Sending ×× 就代表一个操作，图 5-8 所示的两个操作应该是一个单击事件。

```
Sleeping for 0 milliseconds
:Sending Key (ACTION_DOWN): 19    // KEYCODE_DPAD_UP
:Sending Key (ACTION_UP): 19    // KEYCODE_DPAD_UP
Sleeping for 0 milliseconds
```

图 5-8　monkey 事件日志

③若以上步骤还不能找出 Activity，则可以使用之前发生错误中使用的种子值，再执行 monkey 命令，以便复现问题。

注意：常见的错误与关键词搜索。

- 程序无响应或ANR问题：在日志中搜索“ANR”。
- 崩溃问题：在日志中搜索“CRASH”。
- 其他问题：在日志中搜索“Exception”。

5.2 monkeyrunner

monkeyrunner 工具使用了 Jython，Jython 是一种使用 Java 编程语言的 Python 实现。Jython 使 monkeyrunner API 能与 Android 框架轻松交互。借助 Jython，大家可以使用 Python 语法访问 API 的常量、类和方法。

5.2.1 monkeyrunner 简介

monkeyrunner 工具提供了一套 API，用于编写可从 Android 代码外部控制 Android 设备或模拟器的程序。使用 monkeyrunner，你可以编写 Python 程序来安装 Android 应用或测试软件包，运行该应用或软件包，向其发送模拟按键，获取界面的屏幕截图，并将屏幕截图存储到工作站中。monkeyrunner 工具主要用于功能级或框架级测试应用和设备，以及运行单元测试套件，但你也可以将其用于其他目的。

注意：monkeyrunner API 已经不再维护，这里学习它的主要目的是让大家了解 Android 自动化测试工具的演进过程。

（1）monkeyrunner 的功能

monkeyrunner 工具为 Android 测试提供了以下独特功能。

- 多设备控制：API可以跨多个设备一次启动全部模拟器来实施测试。
- 功能测试：为App自动执行一次功能测试，然后用户便可以观察输出结果的截图。
- 回归测试：monkeyrunner可通过以下方法进行回归测试，即运行某个App，然后将它的输出屏幕截图与一组已知正确的屏幕截图进行比较。
- 可扩展的自动化测试：由于monkeyrunner是一套API，因此用户可以开发一整套系统（包括基于Python的模块和用于控制Android设备的程序）。除了使用monkeyrunner API，还可以使用标准Python的OS和subprocess模块来调用Android工具。

此外，也可以将自己的类添加到 monkeyrunner API 中。

（2）monkeyrunner 与 monkey 的区别

monkeyrunner 和 monkey 没有任何关系，monkey 是通过在设备直接运行 adb shell 命令生成随机事件来进行测试的，而 monkeyrunner 则是通过 API 发送特定的命令和事件来控制设备的。

（3）monkeyrunner 环境搭建

要想使用 monkeyrunner 工具，需要准备以下环境：

- 安装并配置好Java环境（3.1节已完成）；
- 安装Android SDK环境（3.2节已完成）；
- 安装Python环境（3.4节已完成）；
- 配置monkeyrunner环境变量，monkeyrunner的安装路径为{Path}\Android_SDK\tools，我们只需将该目录配置到环境变量中即可。

（4）monkeyrunner 安装确认

在控制台执行命令"monkeyrunner"，出现如下内容说明安装成功。

```
C:\Users\storm>monkeyrunner
Jython 2.5.3 (2.5:c56500f08d34+, Aug 13 2012, 14:54:35)
[Java HotSpot(TM) 64-Bit Server VM (Oracle Corporation)] on java1.8.0_05
```

注意：退出 monkeyrunner 可以使用快捷键"Ctrl+D"。

5.2.2 monkeyrunner API

monkeyrunner API 包含在 com.android.monkeyrunner 软件包的如下 3 个模块中。

- MonkeyRunner：一个包含 monkeyrunner 的实用方法的类。此类提供了将 monkeyrunner 连接到设备或模拟器的方法，它还提供了为 monkeyrunner 程序创建界面和显示内置帮助的方法。
- MonkeyDevice：包含操作设备或模拟器方法的类。此类提供了用于安装和卸载软件包、启动 Activity 以及向 App 发送键盘或轻触事件的方法。用户可以使用这个类来运行测试软件包。
- MonkeyImage：包含操作屏幕截图等相关方法的类。此类提供了用于截图、将位图转换为各种格式、比较两个 MonkeyImage 对象和将图片写入文件的方法。

在 Python 程序中，你可以将类作为 Python 模块来使用。monkeyrunner 工具不会自动导入模块，要导入模块，请使用 Python 的 from 语句。

```
from com.android.monkeyrunner import <module>
```

其中 <module> 是要导入的模块名称。你可以在同一个 from 语句中导入多个模块，只需用英文逗号分隔各模块名称即可。

接下来，我们通过示例来学习 monkeyrunner 的 3 个模块的基本用法。

（1）MonkeyRunner 类

MonkeyRunner 类提供连接设备或模拟器，以及实现输入、等待、弹出警告框等的方法，如图 5-9 所示。

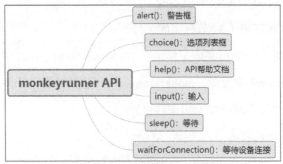

图 5-9　monkeyrunner API

通过以下代码，可以创建设备或模拟器对象。

```
from com.android.monkeyrunner import MonkeyRunner as mr
device=mr.waitForConnection(5,'127.0.0.1:21503')
```

注意：

- 方法waitForConnection可以传递两个参数，分别是等待时间和模拟器的IP地址及端口（或真机的设备ID）。其中等待时间为float类型，模拟器IP地址及端口或设备ID为string类型默认单位为s。
- 两个参数为可选参数。

（2）MonkeyDevice 类

MonkeyDevice 类提供实现安装和卸载软件包、启动 Activity、向 App 发送按键和轻触事件、运行测试软件包等的方法，如图 5-10 所示。

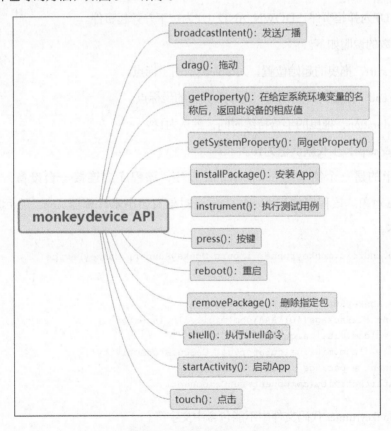

图 5-10　MonkeyDevice API

MonkeyDevice 提供的常用方法如下。

```
# 安装包
installPackage (string path)
# 卸载包
```

```
removePackage (string package)
# 启动Activity
startActivity (string uri, string action, string data, string mimetype, iterable
categories dictionary extras, component component, flags)
# 轻触操作
touch (integer x, integer y, integer type)
# 拖曳操作
drag (tuple start, tuple end, float duration, integer steps)
```

这里,我们重点讲解touch()和drag()两个方法的参数。

touch()参数的说明如下。

- integer x,表示横坐标的值。
- integer y,表示纵坐标的值。
- integer type,按键事件类型(如DOWN、UP、DOWN_AND_UP)。DOWN为按下事件,UP为弹起事件,DOWN_AND_UP为按下并弹起事件。

drag()参数的说明如下。

- tuple start,拖曳的起始位置,为tuple类型的坐标点。
- tuple end,拖曳的终点位置,为tuple类型的坐标点。
- float duration,拖曳的手势持续时间,默认为1秒。
- integer steps,步长默认值为10。

下面展示的是一个简单的monkeyrunner程序,该程序会连接一台设备,并创建一个MonkeyDevice对象。该程序使用MonkeyDevice对象安装小米计算器App,然后启动该App,代码实现如下。

```
from com.android.monkeyrunner import MonkeyRunner, MonkeyDevice


device = MonkeyRunner.waitForConnection()
device.installPackage('D:\AAA\com.miui.calculator.apk')
package = 'com.miui.calculator'
activity = 'com.miui.calculator.cal.CalculatorActivity'
runComponent = package + '/' + activity
device.startActivity(component=runComponent)
```

注意:monkeyrunner代码文件中不能包含中文字符。

接下来,我们运行代码文件。

```
E:\AndroidTest_1\Chapter_5>monkeyrunner e:\AndroidTest_1\Chapter_5\mktest1.py
```

注意:这里运行文件必须使用绝对路径。

（3）MonkeyImage 类

MonkeyImage 类在测试过程中用来保存各种格式的测试截图，并进行图像对比，其提供的 API 如图 5-11 所示。

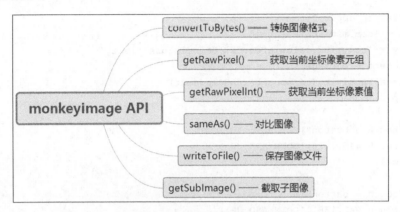

图 5-11　MonkeyImage API

MonkeyImage 提供的常用方法如下。

- takeSnapshot()用于进行屏幕截图是device的类方法。
- writeToFile()用于保存图像文件到指定的文件路径。

用法示例：

```
from com.android.monkeyrunner import MonkeyImage as mi
print("takeSnapshot")
screenshot=device.takeSnapshot()
screenshot.writeToFile(r'D:\AAA\test.png','png')
```

注意：如果想对 monkeyrunner 进行更深入的研究，建议参考其官方 API 文档。

5.2.3　综合案例

最后，我们通过一个综合案例来看看 monkeyrunner 的用法。

测试场景：连接设备，自动安装并启动小米计算器 App；启动 App 后触摸数字，实现计算 5+3 的效果，然后截图并将其保存到指定文件位置。

脚本（图书配套文件 mktest2.py）实现如下。

```
from com.android.monkeyrunner import MonkeyRunner as mr
from com.android.monkeyrunner import MonkeyDevice
from com.android.monkeyrunner import MonkeyImage

print("connect devices...")
```

```
device=mr.waitForConnection()

print(" install app")
device.installPackage('D:\AAA\com.miui.calculator.apk')

print("launch app...")
package = 'com.miui.calculator'
activity = 'com.miui.calculator.cal.CalculatorActivity'
runComponent = package + '/' + activity
device.startActivity(component=runComponent)
mr.sleep(3)

print("touch 5 button")
device.touch(445,1416,'DOWN_AND_UP')
mr.sleep(1)

print("touch + button")
device.touch(942,1381,'DOWN_AND_UP')
mr.sleep(2)

print("touch 3 button")
device.touch(671,1619,'DOWN_AND_UP')
mr.sleep(2)

print("touch = button")
device.touch(924,1784,'DOWN_AND_UP')
mr.sleep(2)

print("takeSnapshot")
# Takes a screenshot
result = device.takeSnapshot()

# Writes the screenshot to a file
result.writeToFile('D:\AAA\shot.png','png')
```

常见错误解析如下。

（1）AttributeError

AttributeError: type object 'com.android.monkeyrunner.XXXXX' has no attribute XXXXXX

若出现上述错误，代表方法调用错误，请检查调用的方法名是否写错，特别是方法名大小写是否写错。

（2）SyntaxError

SyntaxError: Non-ASCII character in file 'E:\monkeyrunner_script\kyb.py', but no encoding declared;

若出现上述错误，则代表字符编码错误，需要在代码顶部补充 # -- coding: utf-8 -- 或者去掉代码中的中文字符。

（3）Unsupported protocol:2

```
Screenshot: Unsupported protocol: 2
```

如出现上述错误，则代表 Android 版本不兼容。注意，Android 8.0 以上版本无法正常执行图像保存方法。

我们花了一章的篇幅介绍 monkey 和 monkeyrunner。其中 monkey 工具的应用仍比较广泛，而 monkeyrunner 基本已不再使用。从本章介绍的内容中，大家可以看到两种工具的缺点如下：

- 元素定位依赖于坐标点，稳定性差；
- 不支持跨平台使用（iOS平台无法使用）；
- 没有成熟、系统的管理框架；
- 多适用于冒烟测试，用以检测App的稳定性。

第6章
Appium基础知识

经过前面章节的铺垫，本章我们正式开始学习 Appium。我们首先介绍 Appium 的一些基本概念，然后笔者将带领大家搭建好 Appium 测试环境，最后介绍一些有关终端基本操作的 API。

6.1 Appium 简介

Appium 是一个开源的、适用于原生应用（Native App）或混合应用（Hybrid App）的自动化测试工具，Appium 应用 "WebDriver: JSON Wire Protocol" 驱动 Android 和 iOS App。

（1）Appium 的理念及设计

Appium 旨在满足移动端自动化测试的需求，其设计理念可以概括为以下 4 个原则。

- 不应该为了自动化而重新编译被测 App 或以任何方式修改被测 App。

Appium 使用系统自带的自动化框架。这样，就不需要把 Appium 特定的或者第三方的代码编译进 App，这意味着测试使用的 App 与最终发布的 App 完全一致。

- 不应该限制使用特定的语言或框架来编写或运行测试脚本。

Appium 把系统本身提供的框架包装进一套名为 WebDriver 的 API 中。WebDriver 制定了一份客户端 / 服务器协议，基于该协议，我们可以使用任何语言编写的客户端向服务器发送适当的 HTTP 请求。目前已经有多种流行编程语言编写的客户端，这意味着用户可以根据自己的喜好选择对应语言编写的客户端来开发自动化测试用例。换句话说，Appium & WebDriver 客户端从技术上来说不是测试框架，而是自动化程序库。

- 移动端自动化框架不应该在自动化测试接口方面"重造轮子"。

WebDriver 已经成为 Web 浏览器自动化测试事实上的标准，并且是万维网联盟（World Wide Web Consortium，W3C）的工作草案。因此 Appium 作者认为不必在移动端进行完全不同的尝试，只需要通过附加额外的 API 方法来扩展协议即可。

- 移动端自动化框架应该开源，在精神、实践和名义上都应该如此。

（2）Appium 的基本概念

下面我们来了解一些后续学习中经常遇到的基本概念，以便进行深入讨论。

- Client/Server（客户端/服务器）

Appium 的核心一个是暴露 REST API 的 Web 服务器，它接受来自客户端的连接，监听命令并在移动设备上执行命令，通过答复 HTTP 响应来描述执行结果。实际上客户端 / 服务器架构给予我们许多可能性：我们可以使用任何有 HTTP 客户端 API 的语言编写测试代码，不过 Appium 客户端程序库用起来更为容易。我们可以把服务器放在另一台机器上，而不是执行测试的机器上。

- Session（会话）

自动化始终在一个会话的上下文（context）中执行，Appium 客户端程序库以各自的方式发起与服务器的会话，但最终都会发给服务器一个 POST/Session 请求，请求中包含一个被称作预期能力（Desired Capabilities）的 JSON 对象。这时服务器就会开启这个自动化会话，并返回一个用于发送后续命令的会话 ID。

- Desired Capabilities（预期能力）

Desired Capabilities（预期能力）是一些发送给 Appium 服务器的键值对集合，它告诉服务器我们想要启动什么类型的自动化会话。有部分 Desired Capabilities 可以修改服务器在自动化过程中的行为。例如，我们可以将 platformName 能力设置为 Android，以告诉 Appium 我们想要启动 Android 会话，而不是 iOS 或者 Windows 会话；也可以设置 safariAllowPopups 能力为 true，确保我们在 Safari 自动化会话期间可以使用 JavaScript 打开新窗口。在 6.5 节将会对 Appium 的 Desired Capabilities 进行更详细的介绍。

（3）Appium 的优缺点

Appium 发展至今已 10 多年，被广泛应用，其在移动端测试领域有很多优点，但它也存在一些不足的地方，概括如下。

- Appium 的优点如下：
    - 可以跨平台，同时支持Android、iOS；
    - 支持对Native App、Web App和混合App进行测试；
    - 由于封装了UIautomator框架，所以支持跨App操作；
    - 可以同时控制多台设备，同时执行多个脚本，提高运行效率；
    - 不依赖源码，使自动化测试可以同App开发分开，提高测试效率；
    - 可以准确定位控件元素，而不是根据坐标定位元素，即便App界面有调整或修改，也能快速准确地定位元素；
    - 易于调试，方便定位问题；
    - 支持多种语言，比如Java、Python、PHP、Ruby等；
    - 环境部署相对简单；
    - 如果用户有使用Selenium的经验，则能够快速上手Appium。
- Appium 的缺点如下：

- 执行速度稍慢；
- 对被测终端有一定配置要求；
- 用户需要有一定的代码语言基础。

6.2 Appium 的组件及运行原理

先来看看 Appium 包含哪些组件。

6.2.1 Appium 的组件

Appium 由两部分组成：Appium Server、Appium Client。

- Appium Server：是基于底层Node.js实现，基于RESTful框架，即遵循统一接口原则的描述性状态迁移（Representational State Transfer）的一种架构、规则，也是Appium的服务端，可用Node.js提供的npm命令安装，提供统一的接口，连接客户端与测试脚本。
- Appium Client：是可以使用多种编程语言实现的Appium客户端，它通过给Appium Server发送请求会话，来执行脚本以完成自动化任务，如Python、Ruby、Java等。

（1）Appium Server

Appium Server 是 Appium 框架的核心。它是一个基于 Node.js 实现的 HTTP 服务器。Appium Server 的主要功能是接受从 Appium Client 发起的连接，监听从客户端发送来的命令，将命令发送给 bootstrap.jar（iOS 手机中为 bootstrap.js）并执行，然后将命令的执行结果通过 HTTP 应答反馈给 Appium Client。

（2）Appium Client

因为 Appium 是 C/S（Client/Server）结构的，有了服务端肯定还要有客户端，Appium Client 就是客户端，它会通过给 Appium Server 发送请求会话来执行自动化任务。就像我们使用浏览器访问网页时那样，浏览器是客户端，用户的操作会通过浏览器，以 HTTP 请求的方式发送至服务器来获取数据。我们可以使用不同的客户端浏览器（如 IE、Firefox、Chrome）访问同一个网站。目前，有多种语言实现的 Appium Client，如 Python、Java、Ruby 等。用户需要用这些语言对应的 Appium Client 代替常规的 WebDriver 客户端，Appium 的测试脚本是在这些库的基础上开发的。读者可以在 GitHub 网站搜索"appium",找到不同语言实现的 Appium 客户端。

注意:Appium Desktop、Appium Server GUI。

前面我们说 Appium 由 Appium Server 和 Appium Client 两部分组成,那 Appium Desktop、Appium Server GUI 又是什么呢?实际上,二者概念类似,不用过于纠结,只需要了解以下几点即可。

- 无论是 Appium Desktop 还是 Appium Server GUI 都包含 Appium Server 的功能。
- 它们都位于图形前端,是可视化界面系统,有分别针对 macOS 和 Windows 的安装软件,为脚本编写人员提供便捷的操作。
- Appium Server GUI 以自己的节奏发布,并拥有自己的版本控制系统。简单说就是 Appium Server GUI 的版本和 Appium 的版本是两个概念。就像国内很多定制的 Android 系统有自己的版本号,并且都是基于某一个 Android 系统版本封装的。定制系统的版本号不一定与 Android 原生系统版本号一致,如魅族的 Flyme 6.0 系统的内核是 Android 5.1。
- Appium Desktop 曾经包含页面元素检查器(Inspector),但是现在该功能已经从 Appium Desktop 中独立出来,成为一个叫"Appium Inspector"的应用程序。

6.2.2 Appium Android 的运行原理

Android 系统自带了自动化测试框架 UIautomator。Appium 框架并不是全新技术,而是封装了底层的 UIautomator,并且通过"侵入"Android 系统的驱动程序 Bootstrap.jar 调用 UIautomator 命令来进行自动化测试,具体运行原理如图 6-1 所示。

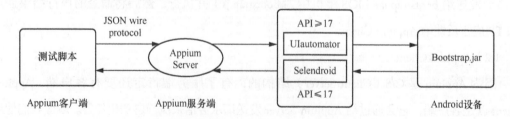

图 6-1 Appium 在 Android 中的运行原理

从图 6-1 中可以看出,当客户端执行自动化测试脚本时,Appium 客户端会把测试脚本命令以 JSON 格式发送给 Appium 服务端,Appium 服务端会通过判断被测平台的 Android API 版本调用不同的测试组件,当 API 版本低于 17 时,调用 Selendroid 框架与 Bootstrap.jar 通信,否则调用 UIautomator 框架与 Bootstrap.jar 通信。Bootstrap.jar 相当于是 Android 设备中的一个应用程序，它在手机上扮演 TCP 服务器的角色，具有传递消息和调度测试组件的作用，通过与 Selendroid 或者 UIautomator 进行通信，可以确保客户端传入的命令能在 Android 设备上正确执行。

6.3 Appium 环境搭建

Appium 环境搭建相对简单，但是网络中各种杂乱的文章和混乱的概念，让人摸不着头脑。本节笔者将带大家厘清思路，搭建 Appium 环境。

先来大致了解一下本节要安装或部署的环境。

（1）依赖环境

- Java 环境（3.1 节已完成配置）；
- Android SDK 环境（3.2 节已完成配置）；
- Python 环境（3.4 节已完成配置）；
- Node.js 环境（6.3.2 小节介绍）。

（2）Appium

- Appium Server（6.3.1 小节介绍通过 GUI 部署，6.3.2 小节介绍通过命令行部署）；
- Appium Client（6.3.3 小节介绍）。

（3）测试工具

Appium-doctor（6.3.4 小节介绍）。

为了能讲解清楚，笔者打算分两小节来介绍 Appium Server 的部署。虽然两种方式都能部署好 Appium Server 环境，但按照 6.3.1 小节所述方法部署完成后，可以使用 GUI，方便初学者学习；而按照 6.3.2 小节所述方法部署完成后，没有 GUI，但是启动方便，占用 PC 资源更少。这两种部署方式在本书后续内容中都会用到，所以读者都需要掌握。

6.3.1 通过 GUI 部署 Appium Server

先来看相对简单的 GUI 部署方式。在 6.2.1 小节中，我们说过 Appium Desktop 包含 Appium Server 的功能并且是可视化界面系统，这样会比较适合初学者安装和使用。我们只需在 Appium 官网下载对应 PC 操作系统的安装包，然后安装即可。

图 6-2 所示的是官网提供的下载列表，包括支持 macOS、Linux、Windows 等的各种版本的 Appium。我们选择适合自己的版本，下载即可。

这里笔者下载的是"Appium-Server-GUI-windows-1.22.2.exe"，下载完成后，即可进行安装。安装完成后，双击桌面上的 Appium 图标，打开 Appium GUI，如图 6-3 所示。

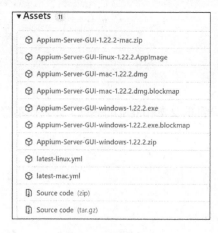

图 6-2　下载列表　　　　　　　　图 6-3　Appium GUI 启动界面（1）

注意：很多初学者对上面这个界面应该不陌生，这个就是 Windows 版本的 Appium GUI 界面。网络上很多 Appium 自动化测试的教程都是基于这个界面来讲解的，所以在很多人的概念里，Appium GUI 就是 Appium，实际上这种认识并不完全正确。在本书后续内容中会借助该界面给大家讲解 Appium 的基本用法，但最后会过渡到非 GUI 模式。

来简单看一下图 6-4，Appium GUI 中各区域的功能如下。

图 6-4 中①为菜单栏，在"File"中主要包括"Open"（打开）、"Check for updates"（检查版本更新）、"About Appium"（关于 Appium）、"Close"（关闭），共 4 个命令，命令的作用可以从其名称中清晰地看出来，这里不赘述。

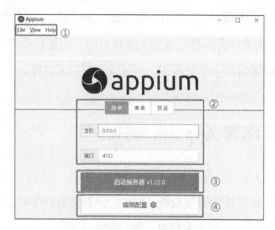

图 6-4　Appium GUI 启动界面（2）

图 6-4 中②为标签栏，包括简单、高级、预设共 3 个标签。默认显示简单标签的内容，你可以单击标签进行切换。

- 简单：在简单标签下，可以设置主机及端口。本地调试可以将主机IP地址修改为127.0.0.1或实际IP地址，端口号默认为4723不用修改。
- 高级：在高级标签下，有常规、iOS、Android这3个设置区域。其中常规区域可以设置服务器地址、服务器端口、日志文件路径、日志级别等；iOS区域可以设置WebDriver代理端口、执行异步回调主机、执行异步回调主机端口；Android区域可以设置启动端口、Chromedriver二进制路径等，如图6-5所示。

图 6-5　高级标签

- 预设：预设标签中展示的是曾经保存的配置信息，如图6-6所示。

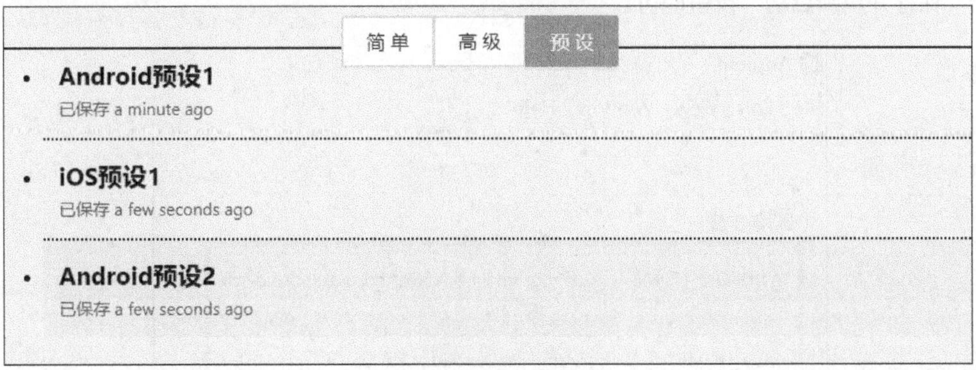

图 6-6　预设标签

图 6-4 中③为启动服务器按钮，如果配置正确，单击该按钮后就会打开图 6-7 所示的控制台，将来会在这个控制台中输出 Appium 操作终端的日志信息。

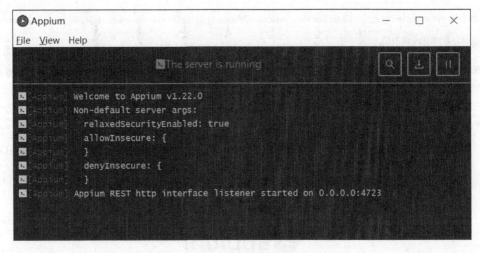

图 6-7 控制台

启动 Appium 后控制台提示如下信息，表示 Appium 启动成功。

```
[HTTP] Waiting until the server is closed
[HTTP] Received server close event
[Appium] Welcome to Appium v1.22.0
[Appium] Non-default server args:
[Appium]   relaxedSecurityEnabled: true
[Appium]   allowInsecure: {
[Appium]   }
[Appium]   denyInsecure: {
[Appium]   }
[Appium] Appium REST http interface listener started on 0.0.0.0:4723
```

图 6-4 中④为"编辑配置"按钮，单击该按钮可进入 Appium 配置界面，如图 6-8 所示。在该界面需要修改"ANDROID_HOME"和"JAVA_HOME"两个环境变量的值，修改完成后，单击"保存并重新启动"按钮即可。

图 6-8 Appium 配置界面

至此，我们完成了通过 GUI 对 Appium 的部署，并且简单介绍了 GUI 的界面功能和使用方法。关于 GUI 的详细功能，我们后续将结合具体场景学习。

注意：

- Appium GUI工具封装了Appium Server和Node.js依赖，因此不安装Node.js环境也可以安装GUI工具；
- 新版本GUI不再提供Inspector工具，Inspector需要单独下载，详情将在7.2节介绍。Inspector信息如图6-9所示。

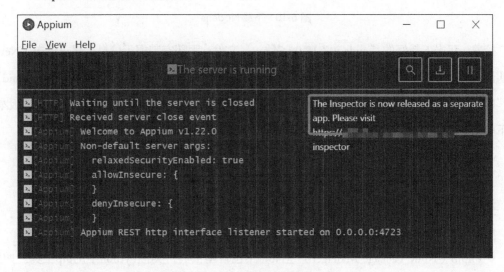

图 6-9　Inspector 信息

6.3.2　通过命令行部署 Appium Server

把最重要的事情放到开头来说："一定要使用管理员身份打开命令行界面"。

通过命令行部署 Appium Server，需要解决软件依赖的问题，这成了许多学习者的"噩梦"，很多学习者的学习劲头都消磨在了环境搭建上。本小节我们来厘清思路，轻松上手。

先来看一下本小节我们要安装的内容：

- Node.js；
- Appium Server。

（1）安装 Node.js

在浏览器中搜索"Node.js"，进入 Node.js 官网，单击下载对应 PC 操作系统的安装包，笔者使用的是 Windows 操作系统，因此下载的是 Windows 14.18.0 LTS 版本（LTS 代表 Long Term Support，长期支持版本），如图 6-10 所示。

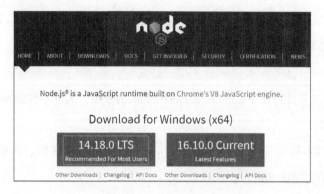

图 6-10　下载 Node.js

接着，双击下载好的"node-v14.18.0-x64.msi"文件，跟随安装提示信息，逐一单击"Next"按钮进行安装。安装完成后，按"Win+R"快捷键，在弹出的"运行"对话框中输入"cmd"，按"Enter"键，打开 Windows 命令行界面，在其中执行"node -v"，查看安装的 Node.js 的版本，如下所示。

```
C:\Users\storm>node -v
v14.18.0
```

注意：

- -v 中 v 是 version 的缩写；
- npm（Node Package Manager）是 Node.js 包管理工具，类似 Python 中的 pip 工具。如果 Windows 命令行界面显示"npm"不是内部命令提示，请尝试以管理员身份运行 cmd，如果仍然执行失败，则需要检查一下 Node.js 环境变量是否配置正确；
- Node.js 的版本要与 Appium 兼容，本书中，Appium 版本是 1.7.2，则选择的 Node.js 的版本为 14.18.0。

（2）安装 Appium Server

Appium Server 其实可以通过命令"npm install -g appium"来安装。不过由于网络原因，直接使用该命令安装会非常慢，甚至会出现安装失败的情况。建议大家使用国内镜像来安装。我们选用淘宝的 npm 镜像。

首先，使用下方的命令设置镜像。

```
npm install -g cnpm --registry=https://registry.npm.taobao.org
```

看到如下提示则表示设置完成。

```
C:\Users\storm>npm install -g cnpm --registry=https://registry.npm.taobao.org
  npm WARN deprecated request@2.88.2: request has been deprecated, see https://github.com/request/request/issues/3142
  npm WARN deprecated har-validator@5.1.5: this library is no longer supported
```

```
C:\Users\storm\AppData\Roaming\npm\cnpm -> C:\Users\storm\AppData\Roaming\npm\
node_modules\cnpm\bin\cnpm
+ cnpm@7.1.0
added 713 packages from 970 contributors in 51.37s
```

接下来，我们使用如下命令来安装 Appium。

```
# 安装最新版本，-g 选项为全局安装
cnpm install -g appium
```

如果你想安装指定版本的 Appium，可以使用下方的命令。

```
# 安装指定版本
cnpm install -g appium@1.22.3
```

注意：

- npm 的模块安装分为本地安装（local）、全局安装（global）两种，前者将模块下载到当前命令行所在目录；后者将模块下载并安装到全局目录中，即 Node.js 的安装目录下的 node_modules 下，此内容大家了解即可。推荐大家使用-g，指定进行全局安装。
- Appium 的 beta 版本可以通过 npm 使用"npm install -g appium@beta"命令进行安装。它是开发版本，所以可能存在破坏性的变更。在安装新版本前请卸载 appium@beta（npm uninstall -g appium@beta）以获得一组干净的依赖。开发版本可以"尝鲜"，但不建议作为实际工作环境。

（3）运行 Appium

在控制台执行命令"appium-v"，可以查看版本。

```
C:\Users\storm>appium -v
1.22.3
```

可以使用如下命令启动 Appium 服务。

```
C:\Users\storm>appium
[Appium] Welcome to Appium v1.22.3
[Appium] Appium REST http interface listener started on 0.0.0.0:4723
```

如果想要退出 Appium 服务，则使用"Ctrl+C"快捷键，然后按"Y"键，即可。

如果执行"appium"后显示："Appium 不是内部或外部命令，也不是可运行的程序或批处理文件"，可以将 Appium 安装的路径，如"C:\Users\storm\AppData\Roaming\npm"配置到系统环境变量 Path 中。

注意：查看 Appium 安装路径。

可以使用如下命令查看 Appium 的安装路径。

```
C:\Users\storm>where appium
```

```
C:\Users\storm\AppData\Roaming\npm\appium
C:\Users\storm\AppData\Roaming\npm\appium.cmd
```

6.3.3 安装 Appium-Python-Client

因为本书使用 Python 语言作为自动化测试脚本语言，所以要安装 Python 版本的 Appium Client，即"Appium-Python-Client"，其安装方式如下。

（1）方式一：通过命令行，在本地 Python 环境中安装 Appium-Python-Client

安装命令如下。

```
pip install Appium-Python-Client
```

安装后可以通过如下命令来检测是否安装成功，执行命令"from appium import webdriver"，如果控制台没有报错，则说明安装成功。

```
C:\Users\storm>python
Python 3.9.2 (tags/v3.9.2:1a79785, Feb 19 2021, 13:44:55) [MSC v.1928 64 bit (AMD64)] on win32
Type "help", "copyright", "credits" or "license" for more information.
>>> from appium import webdriver
```

如果控制台出现如下错误信息，则说明安装失败。

```
>>> from appium import webdriver
Traceback (most recent call last):
  File "<stdin>", line 1, in <module>
ModuleNotFoundError: No module named 'appium'
```

说明：Appium-Python-Client 的安装路径一般为 {Python 安装路径}\Lib\site-packages\appium。

（2）方式二：通过 PyCharm 安装 Appium-Python-Client

在 3.6 节中，我们介绍了 Python 虚拟环境的相关知识。一般来说，在新建项目时，选择 Python 环境或某虚拟环境作为项目的 Python 环境，如果被选择的环境已经安装了 Appium-Python-Client，那么新建项目时不需要再安装 Appium-Python-Client。

如果新建的项目使用的是全新的虚拟环境，那么可以通过以下方式安装 Appium-Python-Client。

①打开 PyCharm，依次单击"File → Settings"，如图 6-11 所示，打开"Settings"对话框。

②依次单击左侧"Project：pythonProject → Python Interpreter"，然后单击右侧"+"按钮，如图 6-12 所示。

第6章 Appium基础知识

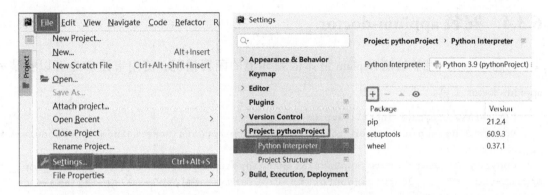

图 6-11 PyCharm "File" 菜单　　　　图 6-12 PyCharm "Settings" 对话框

③在打开的"Available Packages"对话框的搜索框中输入关键词"appium-python-client"。在搜索结果列表中选中"Appium-Python-Client",然后单击"Install Package"按钮,等待安装完成即可,如图 6-13 所示。

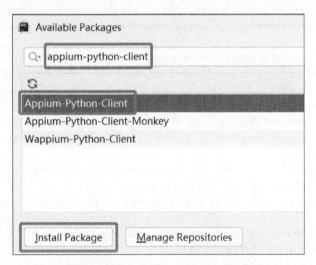

图 6-13 "Available Packages" 对话框

安装完成后,即可在该项目中使用 Appium。我们可以新建一个 Python 文件,然后输入一行代码并尝试运行,运行结果为 code 0 代表运行成功,如图 6-14 所示。

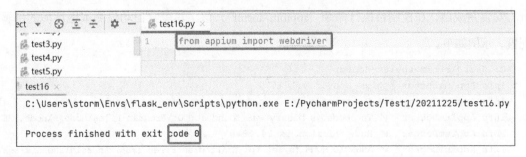

图 6-14 运行成功

6.3.4 安装 appium-doctor

appium-doctor 用于检测 Appium 整体依赖环境的配置情况。使用下述命令可以安装 appium-doctor 工具。

```
C:\Users\storm>cnpm install appium-doctor -g
Downloading appium-doctor to C:\Users\storm\AppData\Roaming\npm\node_modules\appium-doctor_tmp
Copying C:\Users\storm\AppData\Roaming\npm\node_modules\appium-doctor_tmp\_appium-doctor@1.16.0@appium-doctor to C:\Users\storm\AppData\Roaming\npm\node_modules\appium-doctor
Installing appium-doctor's dependencies to C:\Users\storm\AppData\Roaming\npm\node_modules\appium-doctor/node_modules
[1/11] colors@^1.1.2 installed at node_modules\_colors@1.4.0@colors
[2/11] bluebird@^3.5.1 installed at node_modules\_bluebird@3.7.2@bluebird
[3/11] source-map-support@^0.5.6 installed at node_modules\_source-map-support@0.5.21@source-map-support
[4/11] yargs@^16.0.0 installed at node_modules\_yargs@16.2.0@yargs
[5/11] @babel/runtime@^7.0.0 installed at node_modules\_@babel_runtime@7.17.8@@babel\runtime
[6/11] lodash@^4.17.10 installed at node_modules\_lodash@4.17.21@lodash
[7/11] appium-support@^2.5.0 installed at node_modules\_appium-support@2.55.0@appium-support
[8/11] teen_process@^1.3.1 installed at node_modules\_teen_process@1.16.0@teen_process
[9/11] appium-adb@^8.4.0 installed at node_modules\_appium-adb@8.18.0@appium-adb
[10/11] authorize-ios@^1.0.3 installed at node_modules\_authorize-ios@1.2.1@authorize-ios
[11/11] inquirer@^7.0.0 installed at node_modules\_inquirer@7.3.3@inquirer
deprecate authorize-ios@^1.0.3 Moved into appium
deprecate appium-adb@8.18.0 › adbkit-apkreader@3.2.0 › debug@~4.1.1 Debug versions >=3.2.0 <3.2.7 || >=4 <4.3.1 have a low-severity ReDos regression when used in a Node.js environment. It is recommended you upgrade to 3.2.7 or 4.3.1. (https://github.com/visionmedia/debug/issues/797)
All packages installed (238 packages installed from npm registry, used 10s(network 9s), speed 2.13MB/s, json 225(1.76MB), tarball 18.12MB, manifests cache hit 0, etag hit 0 / miss 0)
[appium-doctor@1.16.0] link C:\Users\storm\AppData\Roaming\npm\appium-doctor@ -> C:\Users\storm\AppData\Roaming\npm\node_modules\appium-doctor\appium-doctor.js
```

安装完成后，在控制台执行命令"appium-doctor"，该工具就会自动检测本地环境的部署配置，示例如下。

```
C:\Users\storm>appium-doctor
info AppiumDoctor Appium Doctor v.1.16.0
info AppiumDoctor ### Diagnostic for necessary dependencies starting ###
info AppiumDoctor  ✔ The Node.js binary was found at: D:\Program Files\nodejs\node.EXE
info AppiumDoctor  ✔ Node version is 14.18.0
info AppiumDoctor  ✔ ANDROID_HOME is set to: C:\Program Files (x86)\Android\android-sdk
info AppiumDoctor  ✔ JAVA_HOME is set to: C:\Program Files\Java\jdk1.8.0_05
```

```
……
info AppiumDoctor Bye! Run appium-doctor again when all manual fixes have been
applied!
info AppiumDoctor
```

如果上面某一项显示为"×",则说明相关环境没有配置好,需要根据提示信息进行补充安装或配置。

6.4 Desired Capability 简介

Desired Capability(字面意思为"预期能力")的用途是配置 Appium Session,以告诉 Appium 服务器所需操作的平台和应用程序,比如设置要连接的终端操作系统、设备序列号、终端操作系统版本等。

Desired Capabilities 是一组设置的"键值对"集合,其中"键"对应设置的名称,而"值"对应设置的值,如 `"platformName":"Android"`(严格区分大小写)。Desired Capabilities 主要用于通知 Appium 服务器建立需要的 Session。Appium 的客户端和服务端之间的通信必须在一个 Session 的上下文中进行。客户端在发起通信的时候首先会发送一个叫作"Desired Capabilities"的 JSON 对象给服务器。服务器收到该对象后会创建一个 Session 并将 Session 的 id 返回给客户端。之后客户端可以用该 Session 的 id 发送后续的命令。

在自动化测试中,常用的 Capability 配置如下(每项配置的作用请参考注释信息)。

```
# 定义空字典,用来存放预期能力
desired_caps={}
# 设置测试的平台是 Android
desired_caps['platformName']='Android'

# 设置设备的 IP 地址及端口
desired_caps['deviceName']='127.0.0.1:21503'

# 设置测试的 Android 系统的版本
desired_caps['platformVersion']='7.1.2'

# 设置 APK 文件对应的包名
desired_caps['appPackage']='com.miui.calculator'

# 启动 Activity
desired_caps['appActivity']='com.miui.calculator.cal.CalculatorActivity'

# 请勿重置应用程序状态
```

```
desired_caps['noReset']=True

# 使用 Unicode 输入法，以支持中文输入
desired_caps['unicodeKeyboard']=True
```

以上内容还可以直接写成字典的形式，如下所示。

```
desired_caps = {
    "platformName": "Android",
    "deviceName": "127.0.0.1:21503",
    "platformVersion": "7.1.2",
    "appPackage": "com.miui.calculator",
    "appActivity": "com.miui.calculator.cal.CalculatorActivity",
    "noReset": True,
    "unicodeKeyboard": True
}
```

这里，我们只介绍了少量 Android 常用的 Capability，其实 Capability 还有很多类型，可以大致划分为公共的 Capabilities、Android 独有的 Capabilities 和 iOS 独有的 Capabilities，本书在附录 D 中介绍公共的 Capabilities 和 Android 独有的 Capabilities，至于 iOS 独有的 Capabilities，将在下一本书中介绍。

6.5 第一个 Appium 脚本

在第 5 章中，我们借助 monkey 操作过计算器 App。本节我们来看看 Appium 是如何操作 App 的。下面我们编写第一个 Appium 脚本。

（1）测试环境

本书后续讲解的内容，如果没有特殊说明，都使用以下环境演示。

- 测试操作系统：Windows 10 64 位。
- Python 版本：Python 3.11。
- Appium 版本：Appium 1.22.0。
- Android 模拟器：逍遥模拟器。
- Android 版本：Android 7.1.2。

（2）测试场景

自动安装小米计算器 App（com.miui.calculator.apk），然后启动 App，等待 3 秒，退出 App。

（3）新建项目工程和目录

- 新建项目工程：AndroidTest_1。
- 新建目录：Chapter6\1_first_script.py。

（4）测试步骤

- 获取待测试App的包名和Activity。

```
C:\Users\storm>adb devices
List of devices attached
127.0.0.1:21503 device
C:\Users\storm>adb shell dumpsys window|findstr CurrentFocus
    mCurrentFocus=Window{7aff332 u0 com.miui.calculator/com.miui.calculator.cal.
CalculatorActivity}
```

- 启动Appium Server GUI。

双击 Appium Server GUI 图标，启动运行程序。

- 测试脚本。

这里，我们编写并运行如下脚本（1_first_script.py）。

```
from appium import webdriver
from time import sleep

desired_caps={}
desired_caps['platformName']='Android'
# 模拟器设备
desired_caps['platformVersion']='7.1.2'
desired_caps['deviceName']='127.0.0.1:21503'
# App 的存放路径
desired_caps['app']=r'E:\com.miui.calculator.apk'
# App 的包名和 Activity
desired_caps['appPackage']='com.miui.calculator'
desired_caps['appActivity']='com.miui.calculator.cal.CalculatorActivity'
# 安装并启动 App
driver = webdriver.Remote('http://127.0.0.1:4723/wd/hub', desired_caps)
# 等待 3 秒
sleep(3)
driver.quit()
```

请读者关注逍遥模拟器，其上会安装并启动计算器 App，3 秒后，会退出 App。同时，读者可关注 Appium Server GUI 中输出的日志。

首次启动 Appium，设备上会自动安装一个守护 App——Appium Settings，请不要卸载该 App。另外，需要说明以下内容。

- Appium首次调用真机启动的时候，部分手机还会因为安全性的问题，要求用户确认后才能安装Appium Settings。

- 终端除了会安装 Appium settings 应用程序外，还会自动安装"io.appium.uiautomator2.server""io.appium.uiautomator2.server.test"两个应用程序（可以通过设置中的应用程序来查看）。
- "from appium import webdriver"中的 webdriver 模块和 Selenium 中的 webdriver 模块不一样；
- Appium webdriver 模块源码路径：{Python安装路径}\Lib\site-packages\appium\webdriver。

知识扩展：PyCharm 常用快捷键。

- 复制并粘贴当前行：Ctrl+D。
- 注释：Ctrl+/。
- 运行当前脚本：Ctrl+Shift+F10。
- 折叠展开代码：Ctrl + Numpad + / - 。
- 方法定义跳转：Ctrl+B。

6.6 Appium 报错和解决方案

在学习 Appium 的过程中，我们经常会遇到一些错误，这可能会给一些初学者带来麻烦。因此，笔者设计了本节供大家参考。

（1）Appium 服务未启动

现象：运行脚本时，出现"urllib.error.URLError: <urlopen error [WinError 10061] 由于目标计算机积极拒绝，无法连接的错误"。

报错分析：Appium 服务未正确启动。

解决方案：启动 Appium Server，出现 [Appium] Welcome to Appium v1.22.0 提示后再运行脚本。

（2）会话冲突

现象：出现"error: Failed to start an Appium session, err was: Error: Requested a new session but one was in progress."。

报错分析：之前的会话没有关闭，然后用户又运行了测试实例，也没有设置覆盖。

解决方案：停止 Appium 服务，再重新开启 Appium 服务，在高级标签中勾选"允许会话覆盖"，重启 Appium，测试结束在 AfterClass 加 driver.quit()。

(3) 未安装或配置 Java 环境

现象：selenium.common.exceptions.WebDriverException: Message: A new session could not be created. (Original error: 'java-version' failed. Error: Command failed: C:\WINDOWS\system32\cmd.exe /s /c "java-version"。

报错分析：未正确安装或配置 Java 环境。

解决方案：请参考前面的章节，安装并正确配置 Java 环境变量。

(4) 设备未连接

现象：selenium.common.exceptions.WebDriverException: Message: An unknown server-side error occurred while processing the command. Original error: Could not find a connected Android device.

报错分析：设备未正确连接。

解决方案：由于设备未连接，或者连接后未开启 USB debugging，请重新连接设备。

(5) 设备不存在

现象：Activity used to start app doesn't exist or cannot be launched! Make sure it exists and is a launchable activity。

报错分析：可能是更换被测设备后未更新设备的属性信息。

解决方案：更换被测设备后，更新设备对应属性信息。

(6) 系统权限问题

现象：Failure [INSTALL_FAILED_USER_RESTRICTED]。

报错分析：USB 安装管理权限受到限制。

解决方案：开启"允许安装未知来源 App"选项。

(7) 服务异常

现象：An unknown server-side error occurred while processing the command while opening the App。

报错分析：在打开 App 运行命令时，出现服务器端的未知错误。

解决方案：重新启动 Appium 服务。

提醒：自动化测试运行前需检查的内容。

- 设备是否连接。
- Appium Server是否启动。
- 代码中是否配置正确的Capability。
- PyCharm中脚本是否有错误或风险提示。

6.7 Appium 终端基本操作

本节我们学习 Appium 中用于实现终端基本操作的内置方法。

（1）安装 App

我们可以借助"install_app('APK 路径 ')"，实现安装 APK 的效果，示例代码（2_install_app.py）如下。

```
from appium import webdriver

# desired_caps 可以直接写成字典的格式，更易读
desired_caps = {
  "platformName": "Android",
  "deviceName": "127.0.0.1:21503"
}

driver = webdriver.Remote('http://127.0.0.1:4723/wd/hub', desired_caps)
# 安装 App
driver.install_app('E:\com.miui.calculator.apk')

driver.quit()
```

注意：对于 Android 来说，install_app() 有以下默认约束。

- 默认覆盖安装。
- 默认安装的超时时间为60秒。
- 默认不允许安装测试包（在manifest中标记为test的包）。
- 默认不安装在Sdcard中。
- 安装完成后默认不自动授予权限。

如果我们想实现定制化安装，则可参考如下代码（3_install_app_customized.py）。

```
from appium import webdriver

desired_caps = {
  "deviceName": "127.0.0.1:21503",
  "platformName": "Android",
}

driver = webdriver.Remote('http://127.0.0.1:4723/wd/hub', desired_caps)

# 安装 App
driver.install_app(app_path='E:\com.miui.calculator.apk',
```

```
        replace=True,  # 是否覆盖安装，默认为 True
        timeout=10000,  # 超时时间为 10 秒
        allowTestPackages=True,  # 允许安装测试包
        useSdcard=False,  # 不安装在 Sdcard
        grantPermissions=False)  # 授予权限

driver.quit()
```

（2）判断 App 是否安装

我们可以借助"is_app_installed('package')"来判断 App 是否安装，示例代码（4_is_app_installed.py）如下。

```
from appium import webdriver

desired_caps = {
  "deviceName": "127.0.0.1:21503",
  "platformName": "Android",
}

driver = webdriver.Remote('http://127.0.0.1:4723/wd/hub', desired_caps)

# 判断 App 是否安装，传递的参数为包名
res = driver.is_app_installed('com.miui.calculator')
# 输出结果是一个布尔值，即 True 或 False
print(res)
driver.quit()
```

代码运行完成后，输出结果为"True"。

（3）启动和关闭 App

接下来，我们来学习如何启动和关闭指定的 App。首先，需要在 Desired Capabilities 中指定 App，然后借助以下 API 实现启动和关闭 App。

- close_app()，关闭 desired_caps 中指定的 App。
- launch_app()，启动 desired_caps 中指定的 App。

示例代码（5_launch_close_app.py）如下。

```
from appium import webdriver
from time import sleep

desired_caps = {
  "deviceName": "127.0.0.1:21503",
  "appPackage": "com.miui.calculator",  # 包名
  "appActivity": "com.miui.calculator.cal.CalculatorActivity",  #Activity 信息
  "platformName": "Android",
}

# 因为前面加了 appPackage、appActivity 的信息，所以这里会自动启动计算器这个 App
```

```python
driver = webdriver.Remote('http://127.0.0.1:4723/wd/hub', desired_caps)
# 等待3秒
sleep(3)
# 借助close_app()，关闭App
driver.close_app()
sleep(3)
# 使用launch_app()，重新启动App
driver.launch_app()
sleep(3)
driver.quit()
```

上方的代码实现以下效果：先启动计算器App，等待3秒，关闭App，等待3秒，重新启动App，等待3秒，退出App。

（4）重启App

我们可以借助"reset()"来重启设备上的App，示例代码（6_reset_app.py）如下。

```python
from appium import webdriver
from time import sleep

desired_caps = {
    "deviceName": "127.0.0.1:21503",
    "appPackage": "com.miui.calculator",    # 包名
    "appActivity": "com.miui.calculator.cal.CalculatorActivity",    #Activity信息
    "platformName": "Android",
}

# 因为前面加了appPackage的信息，所以这里会自动启动计算器这个App
driver = webdriver.Remote('http://127.0.0.1:4723/wd/hub', desired_caps)
# 等待3秒
sleep(3)
# 重启App
driver.reset()
sleep(3)
driver.quit()
```

注意：重启App的方法主要用在以下场景。

- 在自动化测试过程中，出现未知错误，尝试重启App。
- 快速将App置为启动时的初始页面。

（5）将App切换到后台运行

接下来，我们学习如何借助"back_ground(seconds=int)"，实现将App切换到后台，示例代码（7_back_ground_app.py）如下。

```python
from appium import webdriver
from time import sleep

desired_caps = {
```

```
    "deviceName": "127.0.0.1:21503",
    "appPackage": "com.miui.calculator",    # 包名
    "appActivity": "com.miui.calculator.cal.CalculatorActivity",    #Activity 信息
    "platformName": "Android",
}

# 因为前面加了 appPackage 的信息，所以这里会自动启动计算器这个 App
driver = webdriver.Remote('http://127.0.0.1:4723/wd/hub', desired_caps)
# 等待 3 秒
sleep(3)
# 使用 background_app(seconds=3) 将 App 切换到后台运行
# 这里指定将 App 切换到后台运行的时间为 3 秒，3 秒后会自动切换回前台运行
driver.background_app(seconds=3)
# 在前台运行 3 秒，退出
sleep(3)
driver.quit()
```

（6）移除 App

接下来，我们演示如何借助"remove_app('app_package')"从设备上删除指定的 App，注意，在执行该代码前，请确保设备安装了指定的 App，示例代码（8_remove_app.py）如下。

```
from appium import webdriver

desired_caps = {
    "deviceName": "127.0.0.1:21503",
    "platformName": "Android",
}

driver = webdriver.Remote('http://127.0.0.1:4723/wd/hub', desired_caps)

# 卸载 App，参数为包名
driver.remove_app('com.miui.calculator')
driver.quit()
```

注意：

- 该方法默认不保存App数据；
- 该方法的默认超时时间为20000毫秒。

当然，我们还可以通过参数指定是否保存 App 数据和卸载 App 的超时时间，参考代码（9_remove_app_customized.py）如下。

```
from appium import webdriver

desired_caps = {
    "deviceName": "127.0.0.1:21503",
    "platformName": "Android",
}
```

```python
driver = webdriver.Remote('http://127.0.0.1:4723/wd/hub', desired_caps)

# 卸载 App，参数 keepData 用于指定是否保留数据，timeout 用于指定超时时间
driver.remove_app(app_id='com.miui.calculator',
                  keepData=True, # 卸载 App，保留数据
                  timeout=30000) # 指定卸载 App 的超时时间为 30 秒
driver.quit()
```

（7）激活 App（activate）

如果 App 没有运行或正在后台运行，该如何激活它呢？来看下方的示例代码（10_active_app.py）。

```python
from appium import webdriver
from time import sleep

desired_caps = {
    "deviceName": "127.0.0.1:21503",
    "platformName": "Android",
}

# 因为 desired_caps 中没有指定启动的 App 包名和 Activity 信息，所以不会启动任何 App
driver = webdriver.Remote('http://127.0.0.1:4723/wd/hub', desired_caps)
# 等待 3 秒
sleep(3)
# 这里我们借助 activate_app（包名），来启动计算器 App
driver.activate_app('com.miui.calculator')
sleep(3)
# 虽然会结束会话，但是并不会退出计算器 App
driver.quit()
```

注意：activate_app() 和 launch_app() 有什么区别呢？

- 前者不针对 Desired Capabilities，需要在括号中传递要启动的 App 包名；后者针对 Desired Capabilities 中指定的 App，不需要传递参数。
- 当使用 driver.quit() 退出时，使用 activate_app() 启动的 App 不会关闭，而使用 launch_app() 启动的 App 会关闭，原因在于启动会话的时候，会话包含 App，当使用 quit() 结束会话时，会同时结束会话包含的 App。

（8）终止运行 App

前面我们学过可以借助"activate_app(包名)"启动指定的 App，而使用"driver.quit()"不会结束掉该 App。这里我们就学习一个用于终止 App 运行的 API，示例代码（11_terminate_app.py）如下。

```python
from appium import webdriver
from time import sleep
```

```python
desired_caps = {
  "deviceName": "127.0.0.1:21503",
  "platformName": "Android",
}

driver = webdriver.Remote('http://127.0.0.1:4723/wd/hub', desired_caps)
# 等待 3 秒
sleep(3)
# 通过 activate_app()，启动计算器 App
driver.activate_app('com.miui.calculator')
sleep(3)
# 终止 App
driver.terminate_app('com.miui.calculator')
sleep(3)
driver.quit()
```

注意：默认超时时间为 500 毫秒。可以借助"timeout 参数"指定超时时间，单位为毫秒，如下所示。

```python
driver.terminate_app(app_id='com.miui.calculator', timeout=600)
```

（9）获取 App 状态

在实际测试过程中，如果我们想获得 App 的运行状态该怎么操作呢？Appium 提供了"query_app_state('app_package')"方法，示例代码（12_query_app_state.py）如下。

```python
from appium import webdriver
from time import sleep

desired_caps = {
  "deviceName": "127.0.0.1:21503",
  "platformName": "Android",
}

driver = webdriver.Remote('http://127.0.0.1:4723/wd/hub', desired_caps)
# 等待 3 秒
sleep(3)
# desired_caps 中没有 App 信息，因此不会启动，此时 state0=1
state0 = driver.query_app_state('com.miui.calculator')
print(state0)
# 激活计算器 App
driver.activate_app('com.miui.calculator')
sleep(3)
# 处于启动状态的 App，state1=4
state1 = driver.query_app_state('com.miui.calculator')
print(state1)
driver.terminate_app('com.miui.calculator')
# 处于关闭状态的 App，state2=1
state2 = driver.query_app_state('com.miui.calculator')
print(state2)
```

```
driver.quit()
```

注意：

- App未安装，state=0；
- App未启动，state=1；
- App在后台挂起，state=2；
- App在后台运行，state=3；
- App在前台运行，state=4。

（10）获取App字符串

我们可以借助"app strings()"API，从设备中获取指定语言的App字符串。该API较少使用，大家了解即可，示例代码（13_app_strings.py）如下。

```python
from appium import webdriver
from time import sleep

desired_caps = {
  "deviceName": "127.0.0.1:21503",
  "appPackage": "com.miui.calculator",
  "appActivity": "com.miui.calculator.cal.CalculatorActivity",
  "platformName": "Android",
}

# 这里会自动启动计算器这个App
driver = webdriver.Remote('http://127.0.0.1:4723/wd/hub', desired_caps)
en_res = driver.app_strings("en","/path/to/file")
print("en strings is {}".format(en_res))  # 输出的是字典

zh_res = driver.app_strings('zh')    # 输出为空
print("zh strings is {}".format(zh_res))

driver.quit()
```

返回结果如下。

```
driver.quit()
E:\AndroidTest_1\venv\Scripts\python.exe E:/AndroidTest_1/Chapter_6/13_app_strings.py
    en strings is {'abc_action_bar_home_description': 'Navigate home', 'abc_action_bar_home_description_format': '%1$s, %2$s', 'abc_action_bar_home_subtitle_description_format': …}
    zh strings is {}

Process finished with exit code 0
```

（11）获取终端屏幕分辨率

我们可以通过get_window_size()方法获取终端屏幕的分辨率，示例代码如下。

```
from appium import webdriver

'''
获取屏幕的分辨率
'''
desired_caps = {
  "deviceName": "127.0.0.1:21503",
  "platformName": "Android",
  "noReset": True     # 请勿重置应用程序状态
}

driver = webdriver.Remote('http://127.0.0.1:4723/wd/hub', desired_caps)
windows = driver.get_window_size()
print(windows)
driver.quit()
```

笔者所用模拟器设置屏幕的分辨率为 900×1600，如图 6-15 所示。

图 6-15　模拟器分辨率

因此上述代码的运行结果如下。

```
{'width': 900, 'height': 1600}
```

返回的结果是字典，因此我们可以利用字典的特性，通过键值单独取到宽和高的值，示例代码如下。

```
windows = driver.get_window_size()
print(windows["width"])
print(windows["height"])
```

注意：如果我们想按照屏幕宽和高的比例（坐标）来操作目标元素，该方法就非常重要。

（12）获取包和 activity

我们可以使用"driver.current_package"，获取当前包，仅支持 Android；还可以使用"driver.

current_activity"获取当前 activity，示例代码如下。

```python
from appium import webdriver
from appium.webdriver.common.appiumby import AppiumBy

'''
获取包和 activity
'''
desired_caps = {
  "deviceName": "127.0.0.1:21503",
  "appPackage": "com.dangdang.buy2",
  "appActivity": "com.dangdang.buy2.activity.ActivityMainTab",
  "platformName": "Android",
  "noReset": True      # 请勿重置应用程序状态
}

driver = webdriver.Remote('http://127.0.0.1:4723/wd/hub', desired_caps)
# 输出当前包和 activity
package = driver.current_package
print("package:{}".format(package))
activity = driver.current_activity
print("activity:{}".format(activity))
driver.quit()
```

运行结果如下。

```
package:com.dangdang.buy2
activity:.activity.ActivityMainTab
```

本章我们学习了 Appium 环境搭建、Capability 的应用等相关知识，以及如何借助 Appium 提供的 API 对 App 进行操作（这些操作仅限于 App 层面）。在第 7 章中，我们将学习 Appium 如何识别及定位页面元素。

第7章
Appium之元素识别与定位

通过对 6.7 节的学习，我们掌握了使用 Appium 的 API 操作 App 的基本方法。但自动化测试中的更多场景是通过模拟测试人员单击 App 中的控件元素，从而达到执行测试用例的效果的。这样看来，定位元素是自动化测试的前提，只有先定位元素，才能进行想要的操作。

在 Web UI 自动化测试中，我们使用浏览器中的开发者工具来查看页面元素信息，无论是 Chrome 还是 Firefox 的开发者工具都非常好用。那在 App 的自动化测试中，又有哪些好用的元素识别工具呢？本章，我们就以 Android App 为目标对象，来学习两种常用、高效的元素识别工具及元素定位方法。

7.1 UI Automator Viewer 工具

首先我们来看 UI Automator Viewer 工具，这是 Google 提供的 Android SDK 中自带的元素定位工具。

UI Automator Viewer 工具安装在 Android SDK 目录中的 tools 文件夹下，可执行文件为 uiautomatorviewer.bat。找到该 .bat 文件后，双击该文件即可打开图 7-1 所示的启动界面。

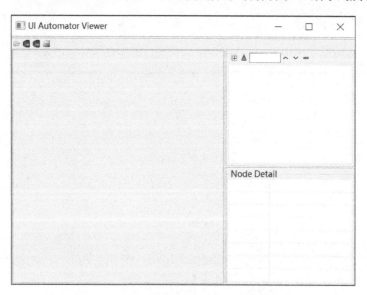

图 7-1　UI Automator Viewer 启动界面

接下来，我们打开逍遥模拟器，通过示例来介绍如何借助 UI Automator Viewer 工具查看终端上的元素。这里需要提醒的是，该工具只能获取手机当前界面的元素，无法实时显示手机界面元素，即当手机界面刷新后，必须手动获取新界面的元素。

笔者将"UI Automator Viewer"界面分为 4 个区域，如图 7-2 所示。

"UI Automator Viewer"界面功能区域简单概述如下。

- 区域①，菜单栏。
- 区域②，设备页面展示区域。
- 区域③，页面元素树状层级。
- 区域④，元素属性信息。

（1）菜单栏

从图 7-3 可以看到，"UI Automator Viewer"界面左上角有 4 个按钮，它们的含义如下。

①打开文件（Open）。

图 7-2 "UI Automator Viewer"界面区域划分

在图 7-3 中，左上角第一个按钮的功能是打开之前保存的文件，打开文件的类型我们后面再介绍。

②设备屏幕快照。

在图 7-3 中，左上角第二个按钮为"Device ScreenShot"（设备屏幕快照）。确定手机或模拟器已经连接后，打开计算器 App。然后单击"UI Automator Viewer"界面左上角的第二个按钮，可以看到图 7-4 所示的界面。

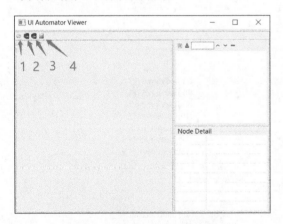

图 7-3　UI Automator Viewer 按钮

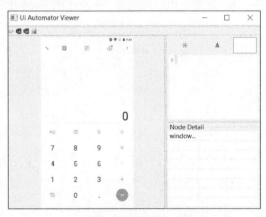

图 7-4　获取设备屏幕快照

此时，单击目标元素，即可查看元素的相关信息，如图 7-5 所示。左侧大方框中显示的是抓取到的应用程序页面。图 7-5 右侧上方显示的是整个页面的元素的 XML 结构和目标元素在 XML 结构中的位置，是一个树状结构，显示的是从最上层到目标元素的层级信息。图 7-5 右侧下方显示的是目标元素的详细属性。我们可以看到计算器 App 的数字"8"的属性有 index、 text，还可以看到 resource-id、class 和 package 等。界面元素并非所有属性都有值，比如图 7-5 中目标元素的 content-desc 的属性值就为空。

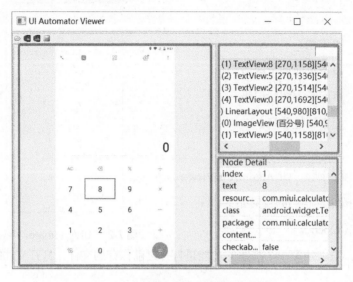

图 7-5　从快照查看元素的相关信息

③压缩层次结构的屏幕快照。

在图 7-3 中，左上角第三个按钮为 "Device ScreenShot With Compressed Hierarchy"（压缩层次结构的屏幕快照）。保持手机显示的是计算器 App 页面，单击左上角第三个按钮，再单击数字 "8" 元素，可以得到图 7-6 所示的屏幕快照。

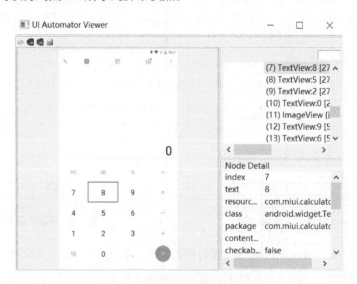

图 7-6　压缩层次结构的屏幕快照

请读者对比图 7-5 和图 7-6：设备屏幕快照和压缩层次结构的屏幕快照的功能相似，不同的点在于前者会在右上角区域展示元素完整的层级信息，后者不会展示完整的层级信息。

④保存。

获取页面元素的信息后，我们可以通过左上角的第四个按钮将页面信息保存到本地。保存的结果包括一个 .png 文件和一个 .uix 文件，如图 7-7 所示。

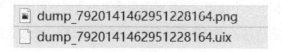

图 7-7　保存文件

然后，我们就可以使用前面介绍的"open"按钮，导入上面保存的两个文件。

注意：当屏幕分辨率为 1920×1080 像素时，单击"open"按钮，打开的"Open UI Dump Files"对话框的界面显示不完整，如图 7-8 所示。

这时手动修改屏幕分辨率为 1360×768 像素，重新启动 UI Automator Viewer，再次打开"Open UI Dump Files"对话框，对话框显示正常，如图 7-9 所示。

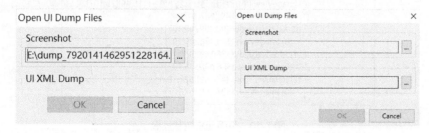

图 7-8　分辨率异常显示效果　　　图 7-9　分辨率正常显示效果

Google 设计"保存和导入页面元素信息"是为了方便用户将页面和元素保存到本地，用户根据需要加载即可，而不必每次都启动 App 去获取元素。但笔者在实际工作中很少用到该功能，因为保存文件、加载文件的效率很低，且存在屏幕分辨率兼容性问题。但是如果某些页面比较难以捕获，那么一旦捕获到，可不要忘记保存哦！

（2）设备页面展示区域

该区域展示的是抓取的终端页面快照，当鼠标指针在页面元素上停留（不单击）时，区域③和④会显示元素的对应信息，一旦鼠标指针移开，就不再显示该元素的信息。单击某元素时，区域③和④会固定展示该元素的对应信息。

（3）页面元素树状层级

接下来，我们看"UI Automator Viewer"界面中的区域③，如图 7-10 所示。

- 框①：Expand All 按钮，单击该按钮后会将整个页面的元素以树状结构展开。
- 框②：Toggle NAF Node 按钮，查看当前页面的哪些元素（组件）无法用 UI Automator Viewer 获取；这些元素只设置了有限的属性，所以会导致 UI Automator Viewer 无法获取到，这种情况下，建议开发者为这些元素添加必要的属性，比如，如果是ImageView或ImageButton应该添加"android:contentDescription"属性。

- 框③：搜索框，在这里输入文字，按"Enter"键可以搜索到页面元素对应信息。
- 框④：上一个和下一个按钮，当搜索结果多于一个时，可以单击这两个按钮切换。
- 框⑤：匹配元素信息，用来显示搜索的关键词匹配到几个搜索结果，以及当前展示的是第几个搜索结果。
- 框⑥：坐标信息，显示当前元素的坐标信息。

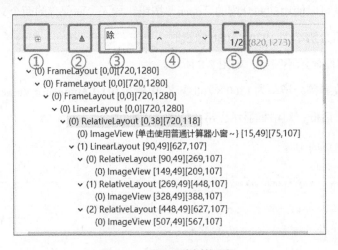

图 7-10　页面元素树状层级

（4）元素属性信息

该区域显示目标元素所有的属性信息，如图 7-11 所示。

Node Detail	
index	2
text	5
resource-id	com.miui.calculator:id/btn_5_s
class	android.widget.TextView
package	com.miui.calculator
content-desc	
checkable	false
checked	false
clickable	true
enabled	true
focusable	false
focused	false
scrollable	false
long-clickable	false
password	false
selected	false

图 7-11　元素属性信息

该区域显示当前元素的所有属性信息，从图 7-11 可以看到计算器页面中的元素"5"对应的属性信息包括 text（值为 5）、resource-id（值为 com.miui.calculator:id/btn_5_s）等。

（5）常见错误提示

错误提示 1："Error while parsing UI hierarchy XML file: Invalid ui automator hierarchy file"。

解答：一般 Android 4.× 系统容易出现该错误提示，换 5.× 及以上版本的系统即可。

错误提示 2："java.lang.ArrayIndexOutOfBoundsException"。

解答：一般是因为设备熄屏导致页面没有元素显示，获取时数组地址越界报错，激活设备重启 UI Automator Viewer 即可。

错误提示 3："Error while obtaining UI hierarchy XML file: com.android.ddmlib.SyncException: Remote object doesn't exist!"。

解答：出现该错误提示的原因是 dump 界面信息失败，uidump.xml 文件（/data/local/tmp 目录下）生成失败。解决方案为重启或者重新连接设备。

注意：在自动化运行过程中一定要运行 Appium。日常使用中发现 UI Automator Viewer 在获取设备截图时会与 Appium 发生冲突，经常会报错："Error obtaining UI hierarchy"。如果是在脚本调试阶段，停止运行 Appium 即可，调试完成后再开启 Appium 运行脚本。

7.2 Appium Inspector 工具

6.2 节介绍过 Appium Desktop 工具，如果用户单击过"Appium"窗口右上角的"放大镜"按钮，应该会看到图 7-12 右侧线框中的提示信息。

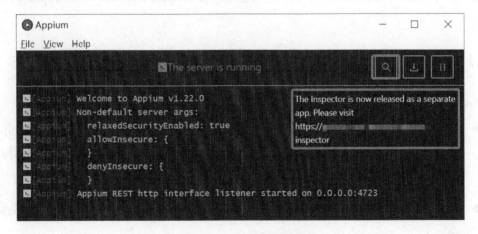

图 7-12 Inspector 的提示信息

线框中文字的意思是"Inspector 工具现在作为一个单独的应用程序发布，用户可以访问 GitHub 网站的相应页面来获取它"。虽然早期的 Inspector 工具集成在 Appium Desktop 工具中，但如今的 Appium Desktop 中已不再包含该工具。

Appium Inspector 是专门用于移动 App 的页面元素检查器，由 Appium Server 提供支持，当用户使用它来检查一个移动 App 时，会出现图 7-13 所示的界面。

图 7-13　使用 Appium Inspector 检查移动 App

Appium Inspector 基本上只是一个带有用户界面的 Appium 客户端（就像 WebdriverIO、Appium 的 Java 客户端、Appium 的 Python 客户端等）。有一个界面用于指定要使用哪个 Appium 服务器、要设置哪些功能，并在启动会话后与元素和其他 Appium 命令进行交互。

注意：当前版本的 Appium Inspector 默认使用 Appium 2.0。因此，如果大家正在使用 Appium 1.×，请升级 Appium 版本，或者直接使用旧版本 Appium Desktop 中的 Inspector。

7.2.1　Inspector 安装

Appium Inspector 提供了两种使用方式，分别对应 Inspector 的本地版和 Web 版。

- 第一种，作为macOS、Windows和Linux系统的桌面应用程序。读者可以在GitHub网站的Appium Inspector仓库中查看最新发布的版本，然后获取并安装适合自己的操作系统的版本。
- 第二种，直接使用Appium Pro提供的Web应用程序（目前，Web版本不能在Safari上运行）。

本地版和 Web 版的 Inspector 拥有完全相同的功能集。如果网络状况良好，读者可能会发现使用 Web 版 Inspector 更方便，因为使用 Web 版时可以同时打开多个浏览器标签。另外，使用 Web 版还省去了安装步骤，并节省磁盘空间。

（1）本地版

打开 GitHub 网站，进入 Appium Inspector 的下载页面，这里选择的是 Windows 系统的对应版本，单击下载图 7-14 所示线框中的 .exe 文件。

下载完成后，双击完成安装。双击"Appium Inspector"图标，打开 Appium Inspector 主界面如图 7-15 所示。

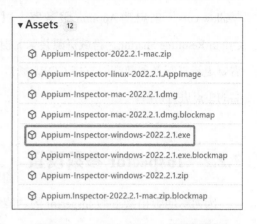

图 7-14　Appium Inspector 下载页面

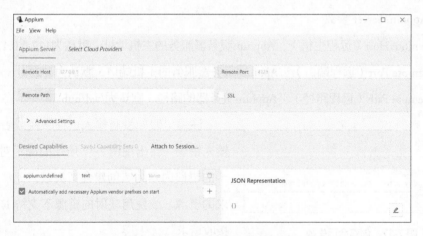

图 7-15　Appium Inspector 主界面

这里需要注意，启动 Appium Inspector 之前，需要先启动 Appium 服务器。如果没有启动 Appium 服务器，直接单击 Appium Inspector 主界面右下角的"Start Session"按钮，会提示图 7-16 所示的错误信息。

该错误信息的意思是："Inspector 无法连接到服务器，你确定服务器正在运行吗？

图 7-16　错误信息

如果你正在使用 Web 版 Inspector，请确保你的 Appium 服务器已使用 --allow-cors 启动"。

（2）Web 版

Web 浏览器通常具有防止跨域资源共享的安全功能。Web 版的 Inspector 需要直接在浏览器中通过 JavaScript 向 Appium 服务器发出请求，但这些请求通常不会向同一主机发出。在这种情况下，用户将无法启动会话，因为浏览器会阻止该操作。要解决此问题，用户可以使用参数"--allow-cors"来启动 Appium 服务器，以便 Appium 服务器知道发送适当的 CORS（Cross Origin Resource Sharing，跨域资源共享）相关标头。如果在云平台上遇到跨域问题，则云平台需要更新其服务器前端以支持 CORS 场景。由于存在各种限制，Web 版 Inspector 不会作为本书的重点进行讲解。

7.2.2 Inspector 参数设置

因为本地版和 Web 版 Inspector 的功能集相同，这里笔者以本地版 Inspector 为例，介绍其如何设置参数。

这里，我们先了解 Appium 服务器参数和 Desired Capabilities 参数。

（1）Appium Server 参数

- Remote Host（远程主机）：Appium服务器服务的主机地址，默认为127.0.0.1。
- Remote Port（远程端口）：Appium服务器服务的主机端口，默认为4723。
- Remote Path（远程路径）：Appium服务器的路径，默认为/wd/hub。

注意：假如没有输入远程路径或者远程路径输入错误，会出现图 7-17 所示的提示对话框，显示的错误内容为"创建会话失败，无法找到所请求的资源，或使用映射的资源不支持 HTTP 方法接收请求"。

图 7-17 创建会话失败

（2）Desired Capabilities 参数

在启动 Inspector 前，还需要设置必要的 Desired Capabilities 参数。这里我们暂时只设置 platformName、platformVersion，如图 7-18 所示。

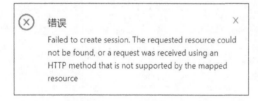

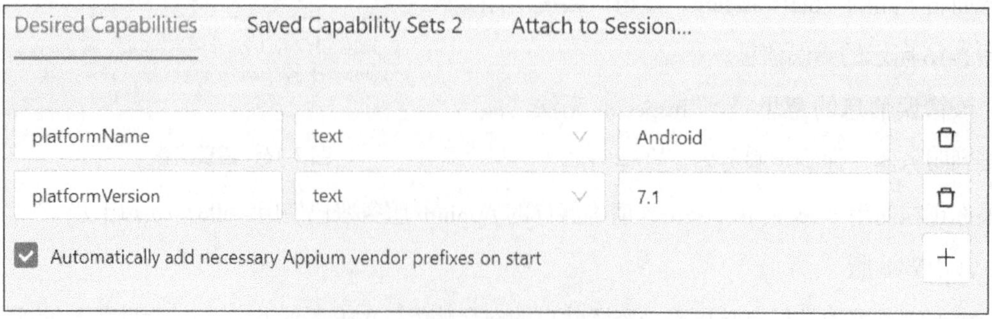

图 7-18 设置 Desired Capabilities

大家可以通过键值对的形式设置 Desired Capabilities 参数，也可以直接编辑 Desired Capabilities 参数右侧（图 7-15 的右侧内容）的 JSON 信息，如图 7-19 所示。

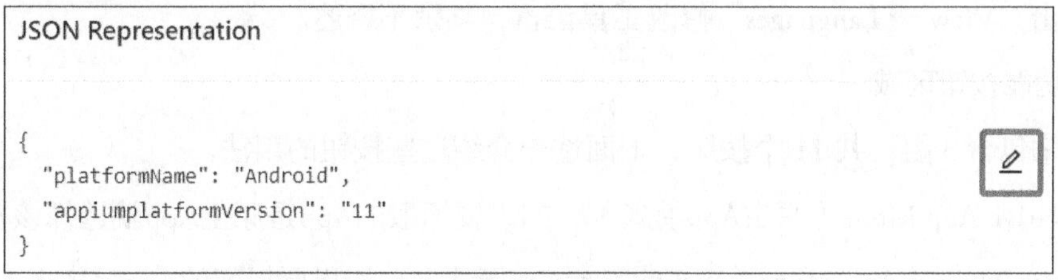

```
JSON Representation

{
  "platformName": "Android",
  "appiumplatformVersion": "11"
}
```

图 7-19　编辑 JSON 信息

Desired Capabilities 设置完毕后，即可单击页面右下角的"Start Session"按钮（图 7-15 的右下角），启动会话，进入"Inspector"工具页面。

7.2.3　Inspector 识别元素

根据 7.2.2 小节介绍的操作步骤，进入的"Inspector"工具页面如图 7-20 所示。

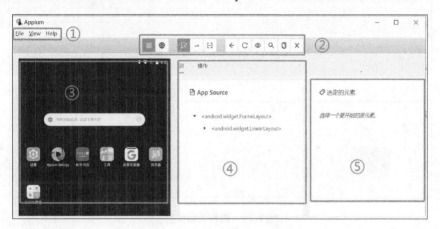

图 7-20　Inspector 工具页面

页面区域说明如下。

- 区域①，菜单栏。
- 区域②，功能按钮区域，后续内容中会详细说明。
- 区域③，页面展示区域，可以将设备的页面抓取过来。
- 区域④，App Source（App 源码）展示区域。
- 区域⑤，选定元素信息展示区域。

接下来逐一介绍各个区域。

（1）菜单栏

该区域为菜单栏，其功能和常见的应用程序菜单栏功能类似。这里只强调一点，我们可以通过单击"View → Languages"修改工具语言，其余不赘述。

（2）功能按钮区域

区域②包含3组，共11个按钮，下面逐一介绍这些按钮的用法。

- Native App Mode（原生App模式）：如果要抓取的App是原生App就选择该模式。
- Web/Hybrid App Mode（Web或混合App模式）：如果要抓取的App是Web App或混合App就选择该模式。
- Select Elements（选择元素）：当该按钮为蓝色时，代表该功能为激活状态，此时，单击元素，代表选择元素，即可在区域④和⑤中查看该元素的信息。这里选择的是数字"8"这个元素，中间区域是App源码，可以看到其树状结构，右侧区域是该元素的属性及对应的值，如图7-21所示。

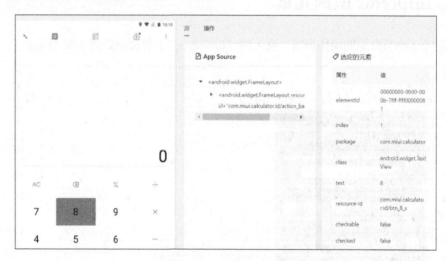

图 7-21　查看元素信息

- Swipe by coordinates（滑动坐标）：通过坐标来实现滑动的效果。当该功能被激活时（按钮为蓝色），如果在区域③单击两个坐标点，Inspector就会执行滑动操作（从第一个点滑动到第二个点），并且把该操作传递到模拟器或终端。图7-22展示的是在计算器页面模拟从上到下滑动的效果。
- Tap by coordinates（单击坐标点）：当该功能被激活时（按钮为蓝色），单击区域③可以将该单击动作传递到模拟器或终端。
- Back（返回）：单击该按钮，相当于在终端执行返回操作。

图 7-22　滑动坐标

- Refresh Source & Screenshot（刷新源和屏幕截图）：单击该按钮，相当于刷新连接，重新显示终端屏幕信息。
- Start Recording（开始录制）/Close Recorder（结束录制）：单击区域②中的第八个按钮，如图7-23所示，即可录制后续的操作。这里模拟计算"5-2="的操作，共计4个单击事件，在图7-23所示界面中"Recorder"区域可以看到展示的代码通过，通过右上角下拉列表可以选择不同的语言进行展示，支持Java、Python、Ruby等多种语言。下拉列表旁边的3个按钮分别为Show/Hide Boilerplate Code（显示/隐藏样板代码）、Copy code to clipboard（将代码复制到剪贴板）、Clear Actions（清除操作）大家可以尝试使用这些功能按钮，了解其用法即可，实际工作中很少用到该部分功能。

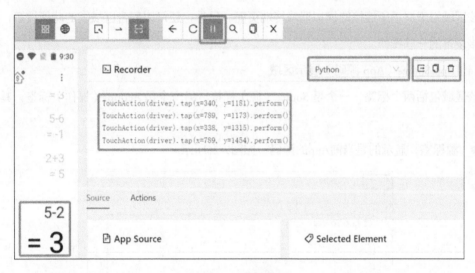

图 7-23　录制脚本

- Search for element（搜索元素）：该按钮提供的功能较为常用，可以验证定位元素的方法是否正确。元素的定位方法将在7.3节介绍。这里我们简单演示一下，如何借助该功能判断某方法是否能定位到元素。

单击该按钮后，会弹出图 7-24 所示的对话框。

该对话框包含一个下拉列表，可以在其中手动选择"Locator Strategy"（定位策略）；下方的文本框是"Selector"（选择器），可以在其中输入定位策略对应的值；右下角是"Cancel"和"Search"按钮。

如果能定位到元素，则会返回元素的信息，如图 7-25 所示。

- Copy XML Source to Clipboard（将XML源复制到剪贴板）：复制当前页面的XML源码。
- Quit Session & Close Inspector（退出会话和关闭Inspector）：退出会话并关闭Inspector。

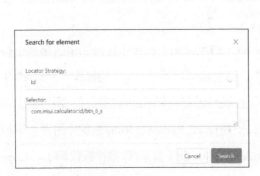 

图 7-24　搜索元素　　　　　　　　　图 7-25　返回元素的信息

（3）页面展示区域

该区域用于展示所连接的模拟器或终端页面。另外，还可以配合区域②的功能按钮，完成对连接设备的一些操作。

（4）App Source（App 源码）展示区域

该区域包括两个标签，一个是 Source（源）标签，另一个是 Actions（操作）标签，其功能如下。

- 源标签，显示的是当前App的源码，如图7-26所示。

图 7-26　源标签

源码以树状结构展示，可以通过单击三角图标展开或收起源码层级；当源码横向显示不全时，界面下方会出现滚动条。

- 操作标签，用来对App进行操作，如图7-27所示。

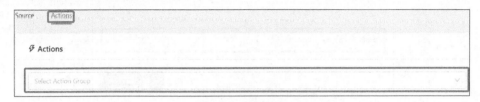

图 7-27　操作标签

操作标签支持的功能很多，但却不常用。因此，在这里，笔者只举一个例子，帮助大家了解其用法。

示例：判断小米计算器App是否安装。

操作步骤如下。

①在"Select Action Group"处选择"Device"，如图 7-28 所示。

②在"Select Sub Group"处选择"App"，如图 7-29 所示。

图 7-28　Select Action Group

图 7-29　Select Sub Group

选择完成后，会出现App支持功能的列表，单击"Is App Installed"按钮，如图 7-30 所示。

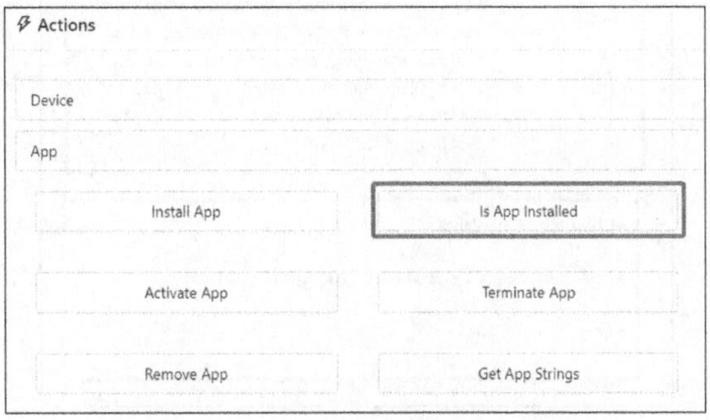

图 7-30　"Is App Installed"按钮

③在弹出的"Is App Installed"对话框的"appId"文本框中输入小米计算器的包名"com.miui.calculator",然后单击"Execute Action"按钮,如图7-31所示。

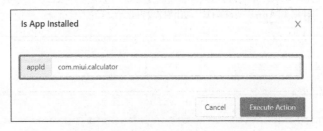

图 7-31 "Execute Action"按钮

稍等片刻,即可在"'is AppInstalled' result"对话框中看到执行结果,如图7-32所示。

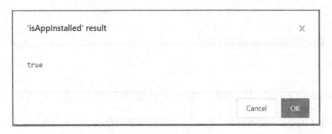

图 7-32 执行结果

(5)选定元素信息展示区域

该区域是一个非常重要的区域,用来展示选定元素的信息,如图7-33所示。

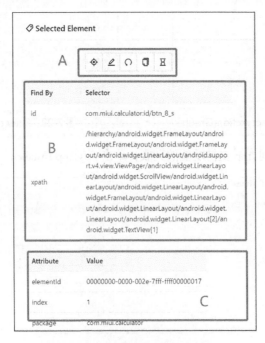

图 7-33 选定元素信息展示区域

该区域主要包括以下 3 个部分。

- 区域A，操作区。

区域 A 中的按钮，从左到右依次如下。

- Tap，模拟单击操作。单击该按钮后，终端会响应该操作，同时区域③的页面信息会刷新。
- Send Keys，模拟输入操作。单击该按钮后，会弹出一个对话框，在对话框中输入的文字可以发送到目标元素。
- Clear，模拟清除操作。单击该按钮后，会清除目标元素的文字信息。
- Copy Attributes to ClipBoard，单击该按钮后，会将元素属性信息复制到剪贴板。
- Get Timing，单击该按钮后，区域B将分别显示不同元素定位方法所需时长，如图7-34所示。

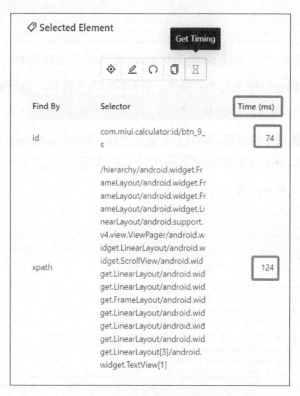

图 7-34　元素定位方法所需时长

通过 Time(ms) 可以看出，id 定位的速度快于 XPath 定位的速度。

- 区域B，元素定位区。

该区域用来显示 Inspector 推荐的元素定位方法。

- 如果目标元素有id，则首先推荐id定位方法，否则只显示XPath定位方法。

- 这里的XPath定位方法采用绝对路径，实际工作中不推荐使用该方式，具体原因后续讲解。
● 区域C，元素属性区。

该区域用来显示该元素所有的属性及其对应的值。每个属性是什么意思及其如何使用，我们会在后续内容中讲解。

注意：
- UI Automator Viewer和Inspector工具各有利弊，大家可以结合使用；
- Inspector和Appium Desktop的兼容性好，笔者更喜欢使用。

7.3 Appium 元素定位方法概览

与 Web 自动化测试一样，Android 自动化测试过程中首先要解决的问题就是元素定位，只有准确定位到元素才能进行相关元素的操作，进而模拟人工操作，执行测试用例。Appium 继承了 Selenium 的元素定位方法，如 id 定位、name 定位、class 定位、XPath 定位等，同时结合移动端的特性，额外提供了适合移动端元素的定位方法，如 accessibility id 等。

我们通过 PyCharm 的自动补全功能来看一下 Appium WebDriver 都提供了哪些元素定位方法，如图 7-35（只展示部分内容）所示。

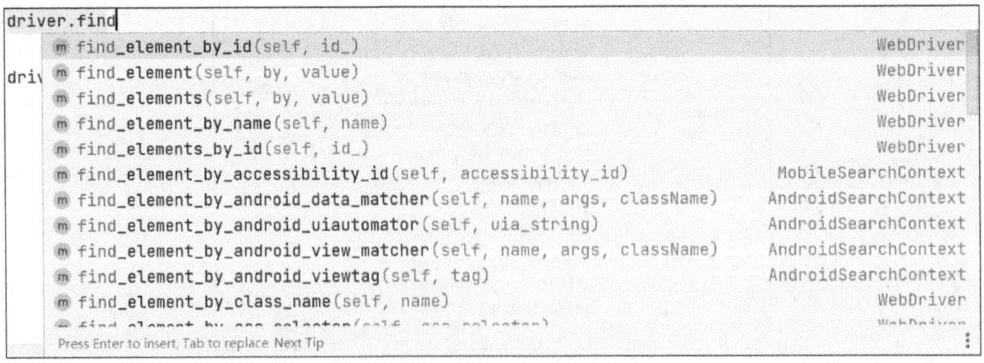

图 7-35　部分元素定位方法

Appium WebDriver 共提供了 39 个元素定位方法。为了方便学习，笔者将元素定位方法分为 6 类，逐一进行介绍。

①第一类：元素属性定位方法，共 9 个方法，这些方法虽然还可以使用，但是官方已不推荐使用，建议使用 find_element() 代替。

- 通过id定位：find_element_by_id(self, id_)。
- 通过name定位：find_element_by_name(self, name)。
- 通过class name定位：find_element_by_class_name(self, name)。
- 通过tag name定位：find_element_by_tag_name(self, name)。
- 通过link text定位：find_element_by_link_text(self, link_text)。
- 通过partial link text定位：find_element_by_partial_link_text(self, link_text)。
- 通过XPath定位：find_element_by_xpath(self, xpath)。
- 通过css定位：find_element_by_css_selector(self, css_selector)。
- 通过content-desc定位：find_element_by_accessibility_id(self, accessibility_id)。

②第二类：通用元素定位方法，需要在括号中传入定位器及对应的值。实际使用效果和使用第一类方法的效果相同，定位器是"id""class name"等属性。

通用元素定位方法：find_element(self, by, value)。

③第三类：专门针对 Android 的定位方法，本书只介绍第一种。

- find_element_by_android_uiautomator(self, uia_string)。
- find_element_by_android_data_matcher(self, name, args, className)。
- find_element_by_android_view_matcher(self, name, args, className)。
- find_element_by_android_viewtag(self, tag)。

④第四类：专门针对 iOS 的定位方法，本书不介绍。

- find_element_by_ios_class_chain(self, class_chain_string)。
- find_element_by_ios_predicate(self, predicate_string)。
- find_element_by_ios_uiautomation(self, uia_string)。

⑤第五类：已弃用或不常用的方法，本书不介绍。

- find_element_by_custorm(self, selector)，不常用。
- find_element_by_image(self, img_path)，不常用。
- find_element_by_windows_uiautomation(self, win_uiautomation)，已弃用。
- find_image_occurrence(self, base64_full_image, base64_partial_image, opts)，不常用。

⑥第六类：组元素定位方法，在特定场景中使用。

以上每个定位方法都对应一个组元素定位方法，例如，"find_element_by_accessibility_id()"用来定位一个元素，对应的"find_elements_by_accessibility_id()"用来定位一组元素。

本节我们归纳了 Appium WebDriver 提供的元素定位方法，大家了解即可，后面将通过实例对这些方法进行详细介绍。

7.4 常规元素属性定位方法

Appium WebDriver 虽然提供了几十个元素定位方法，但是常用的只有十几个。因此，笔者的写作思路是：对于不常用的方法一笔带过，然后将重点放到实际工作中常用的元素定位方法上，并全部借助实例演示，以方便读者掌握。

说明： 本节将使用"当当"App 作为实例演示对象。

在 7.3 节中，我们介绍过第一类元素属性定位方法共计 9 个，这些方法官方已不推荐使用，官方建议使用通用元素定位方法 find_element() 代替这些方法。虽然如此，但是这里还是会举例讲解这些方法，因为对于它们的了解，可以帮助我们更好地理解第二类元素定位方法。

下方代码（test 7_1.py）实现的效果是：打开当当 App，通过 id 属性来定位"我的"元素，然后单击它。

```python
# 导入 webdriver 包
from appium import webdriver
from time import sleep

desired_caps = {
  "deviceName": "127.0.0.1:21503",
  "appPackage": "com.dangdang.buy2",
  "appActivity": "com.dangdang.buy2.activity.ActivityMainTab",
  "platformName": "Android",
  "noReset": True      # 请勿重置应用程序状态
}

# 这里会自动启动当当 App
driver = webdriver.Remote('http://127.0.0.1:4723/wd/hub', desired_caps)
sleep(3)
# 接下来，我们通过 id 定位底部导航栏"我的"，然后单击它
my_id = 'com.dangdang.buy2:id/tab_personal_iv'
driver.find_element_by_id(my_id).click()
# 等待 3 秒后，退出
sleep(3)
driver.quit()
```

代码运行结果如下。

```
DeprecationWarning: find_element_by_* commands are deprecated. Please use find_element() instead
    driver.find_element_by_id(my_id).click()

Process finished with exit code 0
```

说明：

- 从运行结果来看，代码执行成功了（终端页面正常跳转，PyCharm运行结果显示"code 0"），但是PyCharm给出了警告信息，可以料想的是，在PyCharm的未来某个版本中，Appium将不再支持该方法；
- 包含id属性的元素，其定位方法的用法非常简单，即通过PyCharm找到对应的方法，然后在括号中传入属性值（通过Inspector查看）即可。

7.5 通用元素定位方法

本节将演示如何通过方法 find_element() 来定位元素。脚本实现效果为：打开当当 App，定位底部导航栏"我的"，并执行单击该元素的操作。

第二类元素定位方法和第一类元素定位方法大同小异，区别在于：第一类元素定位方法是每个定位器对应一个方法；而第二类元素定位方法统一使用 find_element()，再将不同的定位器以参数的形式传入。下面我们通过实例来学习该类方法。

（1）通过键值对的形式传参

示例 1（test 7_2.py）：通过 id 属性定位元素。

```python
# 导入 webdriver 包
from appium import webdriver
from time import sleep

desired_caps = {
  "deviceName": "127.0.0.1:21503",
  "appPackage": "com.dangdang.buy2",
  "appActivity": "com.dangdang.buy2.activity.ActivityMainTab",
  "platformName": "Android",
  "noReset": True    # 请勿重置应用程序状态
}

# 这里会自动启动当当 App
driver = webdriver.Remote('http://127.0.0.1:4723/wd/hub', desired_caps)
sleep(3)
# 接下来，我们通过 id 定位底部导航栏"我的"，然后单击它
my_id = 'com.dangdang.buy2:id/tab_personal_iv'
driver.find_element(by='id',value=my_id).click()
# 等待 3 秒后，退出
sleep(3)
driver.quit()
```

运行结果：成功打开当当 App，并且单击"我的"，进入对应页面。

基于上述示例，我们简单总结一下。

- find_element_by_方法名(value)实际调用的是find_element(by,value)。
- driver.find_element(by='id', value='xxx')等同于driver.find_element_by_id('xxx')，前者在括号中传入两个键值对，两个键是固定的，即"by"和"value"，值分别是"定位器（locator）"和"属性值"，注意两个键都为小写。
- click()方法执行的是单击操作，这里了解即可，第8章会讲解常用元素操作方法。
- 在图7-36中，除了resource-id以外，还有一个elementId属性。注意find_element中的id属性是resource-id，而不是elementId。

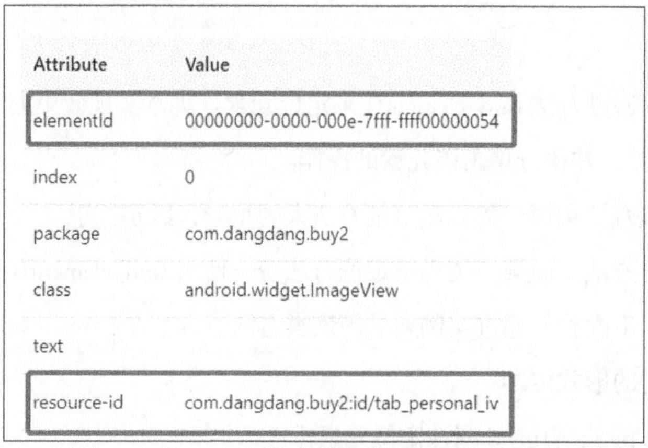

Attribute	Value
elementId	00000000-0000-000e-7fff-ffff00000054
index	0
package	com.dangdang.buy2
class	android.widget.ImageView
text	
resource-id	com.dangdang.buy2:id/tab_personal_iv

图 7-36　elementId 和 resource-id

- 除了id属性以外，还可以使用class_name、accessibility_id等定位元素。其中class_name对应属性class，accessibility_id对应属性content-desc。需要提醒的是，无论使用哪种属性来定位，都要保证元素对应的属性值在这个页面唯一，否则需要用到组元素定位方法，这在后续章节中会介绍。
- 在《Python实现Web UI自动化测试实战》一书中，笔者说过："正常来说，Web页面元素的id属性的值是唯一的，所以当页面元素存在id属性时，推荐大家使用id属性来定位元素。"但resource-id在App中并不一定唯一，大家需注意这一点差别。

（2）通过 By 方法传参

示例 2（test 7_3.py）：先通过 from 引入 By 方法，再借助 By 来传参。

```
from appium import webdriver
# 引入 By 方法
from appium.webdriver.common.appiumby import By
from time import sleep
```

```
desired_caps = {
  "deviceName": "127.0.0.1:21503",
  "appPackage": "com.dangdang.buy2",
  "appActivity": "com.dangdang.buy2.activity.ActivityMainTab",
  "platformName": "Android",
  "noReset": True     # 请勿重置应用程序状态
}

# 这里会自动启动当当 App
driver = webdriver.Remote('http://127.0.0.1:4723/wd/hub', desired_caps)
sleep(3)
# 接下来，我们通过 id 定位底部导航栏"我的"，然后单击它
my_id = 'com.dangdang.buy2:id/tab_personal_iv'
# 通过 By 传参
driver.find_element(By.ID,my_id).click()
# 等待 3 秒后，退出
sleep(3)
driver.quit()
```

（3）通过 AppiumBy 方法传参

示例 3（test 7_4.py）：先引入 AppiumBy 方法，再借助 AppiumBy 来传参。

```
from appium import webdriver
# 引入 AppiumBy 方法
from appium.webdriver.common.appiumby import AppiumBy
from time import sleep

desired_caps = {
  "deviceName": "127.0.0.1:21503",
  "appPackage": "com.dangdang.buy2",
  "appActivity": "com.dangdang.buy2.activity.ActivityMainTab",
  "platformName": "Android",
  "noReset": True     # 请勿重置应用程序状态
}

# 这里会自动启动当当 App
driver = webdriver.Remote('http://127.0.0.1:4723/wd/hub', desired_caps)
sleep(3)
# 接下来，我们通过 id 定位底部导航栏"我的"，然后单击它
my_id = 'com.dangdang.buy2:id/tab_personal_iv'
# 通过 AppiumBy 传参
driver.find_element(AppiumBy.ID,my_id).click()
# 等待 3 秒后，退出
sleep(3)
driver.quit()
```

通过前面的示例我们可以得出以下信息。

- 示例2和示例3演示了另外两种find_element()的用法。
  - 通过"from appium.webdriver.common.appiumby import By"引入By方法，然后使用

find_element(By.ID, "xxx")，注意这里的By，首字母大写，后面的定位器都是大写（自动补全）的，且后面不再需要写键，直接写值即可。

- 通过"from appium.webdriver.common.appiumby import AppiumBy"引入AppiumBy方法，然后使用find_element(AppiumBy.ID, "xxx")即可，注意这里的AppiumBy的大小写，后面的定位器都是大写（自动补全）的，且后面不再需要写键，直接写值即可。

● AppiumBy和By方法类似，但AppiumBy是Appium自己封装的方法，支持更多的定位器，笔者建议使用该方法。

● 使用AppiumBy定位元素的好处是，将来我们可以把目标元素的by和value放到一个元组里，然后调用通用方法传参以获得元素，从而实现定位器与代码分离。例如，定义name_id=(By.ID,"storm")，然后可以使用driver.find_element(*name_id).click()语句定位并操作元素。这里理解起来可能有困难，不过没关系，在后续实战环节，笔者会详细讲解。

本节我们学习了 find_element() 元素定位方法，该方法支持 3 种方式来传递参数：通过 by='xxx' 和 value='xxx' 来定位；先导入 By 方法，然后通过 By.ID,'xxx') 来定位；先导入 AppiumBy 方法，然后通过 AppiumBy.ID,'xxx') 来定位。注意后两种方式定位器为大写字母。

7.6 uiautomator 元素定位方法

第三类元素定位方法专门针对 Android 系统，本节将重点介绍。

Android UIAutomator 是通过 Android 自带的 UIAutomator 类库去查找元素的，它支持 id、className、text、模糊匹配等属性的定位方式。

7.6.1 UiSelector 的基本方法

UiSelector 对象可以理解为一种条件对象，描述的是一种条件，可以配合 UiObject 使用，以得到某个符合条件的控件对象。该对象所有的方法都是公有的，且都返回 UiSelector 类的对象。

我们先来了解本小节将要介绍的元素定位方法，其语法结构如下：

```
find_element(AppiumBy.ANDROID_UIAUTOMATOR,'可使用方法')
```

（1）通过 text 定位

- 正常匹配：new UiSelector().text("xxx")。
- 模糊匹配：new UiSelector().textContains("xxx")。
- 开头匹配：new UiSelector().textStartsWith("xxx")。
- 正则匹配：new UiSelector().textMatches("^xxx")。

（2）通过 resourceId 定位

- 正常匹配：new UiSelector().text("xxx")。
- 正则匹配：new UiSelector().resourceIdMatches("^xxx")。

（3）通过 className 定位

- 正常匹配：new UiSelector().className("xxx")。
- 正则匹配：new UiSelector().classNameMatches("^xxx")。

（4）通过 description 定位

- 正常匹配：new UiSelector().description("xxx")。
- 模糊匹配：new UiSelector().descriptionContains("xxx")。
- 开头匹配：new UiSelector().descriptionStartsWith("xxx")。
- 正则匹配：new UiSelector().descriptionMatches("^xxx")。

（5）组合定位

- id+text匹配：new UiSelector().resourceId("xxx").text("xxx")。
- text+className匹配：new UiSelector().className("xxx").text("xxx")。
- id+className匹配：new UiSelector().resourceId("xxx").className("xxx")。

（6）父子、兄弟关系定位

- 父子关系定位：new UiSelector().resourceId("ab").childSelector(text("xyz"))。
- 兄弟关系定位：new UiSelector().resourceId("ab").fromParent(text("Storm"))。

（7）控件特性定位

- 通过判断是否可选择：new UiSelector().className("android.widget.TextView").checked(true)。
- 通过判断是否可单击：new UiSelector().className("android.widget.TextView").clickable(true)。
- 通过判断是否可用：new UiSelector().className("android.widget.TextView").enabled(true)。
- 通过判断是否有焦点：new UiSelector().className("android.widget.TextView").

focusable(true)。

- 通过判断是否可长按：new UiSelector().className("android.widget.TextView").longClickable(true)。
- 通过判断是否可滚动：new UiSelector().className("android.widget.TextView").scrollable(true)。
- 通过判断是否被选中：new UiSelector().className("android.widget.TextView").selected(true)。

（8）索引、实例定位

- 通过索引定位：new UiSelector().className("android.widget.ImageView") .enabled(true).index(0)。
- 通过实例定位：new UiSelector().className("android.widget.ImageView") .enabled(true).instance(2)。

另外，new UiSelector() 实际上是可以省略的，不过为了保证代码的可读性，不建议省略。

本节，我们简单罗列了 UiSelector 的基本方法和属性，后续将逐一讲解。

7.6.2 通过 text 定位

通过 text 属性定位控件是日常工作中最常用的方法之一，毕竟移动应用的界面大小有限，text 重复的可能性并不大，就算真的有重复，也可以使用其他定位方法来避免定位偏差。

（1）text 值定位

可以通过 'new UiSelector().text("xxx")' 关键字实现查找文本与目标文本相同的元素的效果（完全匹配）。该方法通过直接查找当前界面上所有的控件来比较每个控件的 text 属性值是否与目标文本相同来定位控件。示例代码（test 7_5.py）如下。

```
from appium import webdriver
from appium.webdriver.common.appiumby import AppiumBy
from time import sleep

desired_caps = {
  "deviceName": "127.0.0.1:21503",
  "appPackage": "com.dangdang.buy2",
  "appActivity": "com.dangdang.buy2.activity.ActivityMainTab",
  "platformName": "Android",
  "noReset": True    # 请勿重置应用程序状态
}

# 这里会自动启动当当 App
```

```python
driver = webdriver.Remote('http://127.0.0.1:4723/wd/hub', desired_caps)
sleep(3)
# 通过 id 定位底部导航栏 "我的"
my_id = 'com.dangdang.buy2:id/tab_personal_iv'
# ANDROID_UIAUTOMATOR text 值定位
login_text = 'new UiSelector().text("登录/注册")'
driver.find_element(AppiumBy.ID,my_id).click()
sleep(2)
driver.find_element(AppiumBy.ANDROID_UIAUTOMATOR,login_text).click()

# 等待 3 秒后，退出
sleep(3)
driver.quit()
```

注意：'new UiSelector().text("登录/注册")' 外层使用的是单引号，属性值使用的是双引号，但如果外层用双引号，属性值用单引号则定位失败，未找到原因，推测是 Appium 当前版本自身 bug。

（2）text 包含定位

可以使用 'new UiSelector().textContains("xxx")' 关键字实现查找包含目标文本的元素的效果（模糊匹配）。此方法跟上个方法类似，但是不需要输入控件的全部 text 信息。示例代码（test 7_6.py）如下：

```python
from appium import webdriver
from appium.webdriver.common.appiumby import AppiumBy
from time import sleep

desired_caps = {
  "deviceName": "127.0.0.1:21503",
  "appPackage": "com.dangdang.buy2",
  "appActivity": "com.dangdang.buy2.activity.ActivityMainTab",
  "platformName": "Android",
  "noReset": True      # 请勿重置应用程序状态
}

# 这里会自动启动当当 App
driver = webdriver.Remote('http://127.0.0.1:4723/wd/hub', desired_caps)
sleep(3)
# 通过 id 定位底部导航栏 "我的"
my_id = 'com.dangdang.buy2:id/tab_personal_iv'
# ANDROID_UIAUTOMATOR   text 模糊匹配定位
login_text = 'new UiSelector().textContains("登录")'
driver.find_element(AppiumBy.ID,my_id).click()
sleep(2)
driver.find_element(AppiumBy.ANDROID_UIAUTOMATOR,login_text).click()

# 等待 3 秒后，退出
sleep(3)
driver.quit()
```

(3) textStartsWith 开头匹配定位

可以使用 'new UiSelector().textStartsWith("XXX")' 关键字实现查找文本内容以目标文本开头的元素的效果（模糊匹配定位）。示例代码（test 7_7.py）如下。

```
from appium import webdriver
from appium.webdriver.common.appiumby import AppiumBy
from time import sleep

desired_caps = {
  "deviceName": "127.0.0.1:21503",
  "appPackage": "com.dangdang.buy2",
  "appActivity": "com.dangdang.buy2.activity.ActivityMainTab",
  "platformName": "Android",
  "noReset": True     # 请勿重置应用程序状态
}

# 这里会自动启动当当 App
driver = webdriver.Remote('http://127.0.0.1:4723/wd/hub', desired_caps)
sleep(3)
# 通过 id 定位底部导航栏 "我的"
my_id = 'com.dangdang.buy2:id/tab_personal_iv'
# ANDROID_UIAUTOMATOR text 以 xxx 开头定位
login_text = 'new UiSelector().textStartsWith("登录")'
driver.find_element(AppiumBy.ID,my_id).click()
sleep(2)
driver.find_element(AppiumBy.ANDROID_UIAUTOMATOR,login_text).click()

# 等待 3 秒后，退出
sleep(3)
driver.quit()
```

(4) textMatches 正则匹配定位

textMatches 是指通过正则匹配的方式定位元素，这里演示通过 'new UiSelector().textMatches("^ 登录 .*")' 关键字来进行正则匹配。示例代码（test 7_8.py）如下。

```
from appium import webdriver
from appium.webdriver.common.appiumby import AppiumBy
from time import sleep

desired_caps = {
  "deviceName": "127.0.0.1:21503",
  "appPackage": "com.dangdang.buy2",
  "appActivity": "com.dangdang.buy2.activity.ActivityMainTab",
  "platformName": "Android",
  "noReset": True     # 请勿重置应用程序状态
}

# 这里会自动启动当当 App
```

```
driver = webdriver.Remote('http://127.0.0.1:4723/wd/hub', desired_caps)
sleep(3)
# 通过id定位底部导航栏"我的"
my_id = 'com.dangdang.buy2:id/tab_personal_iv'
# ANDROID_UIAUTOMATOR   text 正则定位
login_text = 'new UiSelector().textMatches("^登录.*")'
driver.find_element(AppiumBy.ID,my_id).click()
sleep(2)
driver.find_element(AppiumBy.ANDROID_UIAUTOMATOR,login_text).click()

# 等待3秒后,退出
sleep(3)
driver.quit()
```

注意:这个方法是通过正则表达式来匹配控件的 text 属性从而定位控件的。不过大家需要注意这个方法中使用正则表达式是有限制的,请看该方法的官方描述:"The text for the widget must match exactly with the string in your input argument",意思是"目标控件的 text(的所有内容)必须和我们输入的正则表达式完全匹配"。这意味着我们不能像往常使用正则表达式那样通过匹配 text 的某部分来获得控件。这里我们看个例子。

```
login_text = 'new UiSelector().textMatches("^登录")'
```

上面的正则表达式的作用是匹配以"登录"开头的元素。但是按照官方描述,是我们必须要把正则表达式补充完整以使正则表达式和控件的 text 能完全匹配,至于我们用什么通配符或者字符串来补充就完全需要遵照正则表达式的语法了。修改后的正则表达式如下(供参考)。

```
from appium import webdriver
login_text = 'new UiSelector().textMatches("^登录.*")'
```

7.6.3 通过 resourceId 定位

通过 resourceId 定位和通过 text 定位是类似的,只是将 text 替换成 resourceId 而已。

(1)等值定位

先来看一个完全匹配的示例,示例代码(test 7_9.py)如下。

```
from appium import webdriver
from appium.webdriver.common.appiumby import AppiumBy
from time import sleep

desired_caps = {
  "deviceName": "127.0.0.1:21503",
  "appPackage": "com.dangdang.buy2",
  "appActivity": "com.dangdang.buy2.activity.ActivityMainTab",
  "platformName": "Android",
```

```python
    "noReset": True    # 请勿重置应用程序状态
}

# 这里会自动启动当当 App
driver = webdriver.Remote('http://127.0.0.1:4723/wd/hub', desired_caps)
sleep(2)
# 通过 id 定位底部导航栏"我的"
my_id = 'com.dangdang.buy2:id/tab_personal_iv'
# ANDROID_UIAUTOMATOR  resourceId 定位
login_id = 'new UiSelector().resourceId("com.dangdang.buy2:id/tv_agile_uesr_name")'
driver.find_element(AppiumBy.ID,my_id).click()
sleep(2)
driver.find_element(AppiumBy.ANDROID_UIAUTOMATOR,login_id).click()

# 等待 3 秒后,退出
sleep(2)
driver.quit()
```

对比"test 7_5.py"和"test 7_9.py",大家可能发现其实两个脚本采用的元素定位方法大同小异,只需将 text 变换成 resourceId 即可。也就是页面对象属性的信息进行了替换,其余保持不变。接下来我们再来看看 id 属性的正则匹配定位。

(2)resourceIDMatches 定位

"test 7_8.py"演示了 text 属性的正则匹配定位。接下来,我们来看看 id 属性的正则匹配定位,示例代码(test 7_10.py)如下。

```python
from appium import webdriver
from appium.webdriver.common.appiumby import AppiumBy
from time import sleep

desired_caps = {
    "deviceName": "127.0.0.1:21503",
    "appPackage": "com.dangdang.buy2",
    "appActivity": "com.dangdang.buy2.activity.ActivityMainTab",
    "platformName": "Android",
    "noReset": True    # 请勿重置应用程序状态
}

# 这里会自动启动当当 App
driver = webdriver.Remote('http://127.0.0.1:4723/wd/hub', desired_caps)
sleep(3)
# 通过 id 定位底部导航栏"我的"
my_id = 'com.dangdang.buy2:id/tab_personal_iv'
# ANDROID_UIAUTOMATOR  id 正则定位 com.dangdang.buy2:id/tv_agile_uesr_name
login_id = 'new UiSelector().resourceIdMatches(".+tv_agile_uesr_name")'
driver.find_element(AppiumBy.ID,my_id).click()
sleep(2)
```

```
driver.find_element(AppiumBy.ANDROID_UIAUTOMATOR,login_id).click()

# 等待 3 秒后,退出
sleep(3)
driver.quit()
```

注意:在 resourceId 方法中,不能使用包含定位和开头匹配定位两种元素定位方式。

7.6.4 通过 className 定位

少数情况下页面中目标元素的 className 是唯一的,这时候我们就可以借助 className 来定位目标元素。但更多情况下,页面中元素的 className 是会重复的,这种会重复的特性恰好能帮助我们定位组元素。

(1) className 完全匹配定位

这和 text、resourceId 元素定位方法类似,只是将定位器替换为 className 进行定位,示例代码如下。

```
'new UiSelector().className("android.widget.TextView")'
```

(2) className 正则匹配定位

通过 className 正则匹配进行定位,示例代码如下。

```
'new UiSelector().classNameMatches (".*TextView")'
```

说明:

- 鉴于该定位方式和前面两种定位方式用法相同,因此不再列举完整示例代码。
- className 属性不唯一的特性,可以用来定位组元素,示例代码如下。

```
loc_class = 'new UiSelector().className("android.widget.TextView")'
eles = driver.find_elements_by_android_uiautomator(loc_class)
```

关于组元素定位的应用场景,详见 7.7 节。

7.6.5 通过 description 定位

Appium 支持通过 description 属性定位,但当当 App 中未找到带有该属性的元素,因此这里只展示用 description 属性定位元素的代码,供大家参考。

```
ele_desp = 'new UiSelector().description("Storm Sprite")'
eles = driver.find_element_by_android_uiautomator(ele_desp)
```

另外，description 定位还支持开头匹配定位和正则匹配定位。

开头匹配定位示例代码如下。

```
ele_desp = 'new UiSelector().descriptionStartsWith("Storm Sprite")'
eles = driver.find_element_by_android_uiautomator(ele_desp)
```

正则匹配定位示例代码如下。

```
ele_desp = 'new UiSelector().descriptionMatches("^Storm.*$")'
eles = driver.find_element_by_android_uiautomator(ele_desp)
```

7.6.6　组合定位

在现实生活中，可能会遇到如下场景：班里有两位同学都叫"小明"，仅通过姓名无法区分，但是一位小明是女生，一位小明是男生，这时候，我们就可以通过"小明 + 男"来唯一定位这位同学。

同样，在元素定位时，当单个属性无法定位唯一元素时，我们就可以通过多个属性来组合定位目标元素。比如通过"id+text"来组合定位元素，示例代码如下。

```python
from appium import webdriver
from appium.webdriver.common.appiumby import AppiumBy
from time import sleep

desired_caps = {
  "deviceName": "127.0.0.1:21503",
  "appPackage": "com.dangdang.buy2",
  "appActivity": "com.dangdang.buy2.activity.ActivityMainTab",
  "platformName": "Android",
  "noReset": True      # 请勿重置应用程序状态
}

# 这里会自动启动当当 App
driver = webdriver.Remote('http://127.0.0.1:4723/wd/hub', desired_caps)
sleep(3)
# 通过 id 定位底部导航栏 "我的"
my_id = 'com.dangdang.buy2:id/tab_personal_iv'
login_id = 'new UiSelector().resourceId("com.dangdang.buy2:id/tv_agile_uesr_name").text("登录/注册")'
driver.find_element(AppiumBy.ID,my_id).click()
sleep(2)
driver.find_element(AppiumBy.ANDROID_UIAUTOMATOR,login_id).click()

# 等待 3 秒后，退出
sleep(3)
driver.quit()
```

一般来说，我们常用 id、class、text 这 3 个属性进行组合定位。再来看下方使用 "id+class" 来定位元素的代码片段：

```
# id+class 属性组合
id_class = 'new UiSelector().resourceId("com.dangdang.buy2:id/tv_agile_uesr_name").className("android.widget.TextView")'
driver.find_element(AppiumBy.ANDROID_UIAUTOMATOR,id_class).click()
```

7.6.7　父子、兄弟关系定位

有的时候，目标元素本身较难定位，但是其父元素或兄弟元素比较容易定位，那么我们可以先定位父元素或兄弟元素，然后以其为跳板，定位目标元素。

如果目标元素的属性值都不唯一，组合定位也无法确定唯一值，但是该元素的父元素有 id 属性，且值唯一，那么我们就可以先定位其父元素，然后使用 childSelector 来定位该元素，示例代码如下。

```
# 父子关系定位
self.driver.find_element_by_android_uiautomator('new UiSelector().resourceId("ab").childSelector(text("xyz"))')
```

将 childSelector 条件添加到 UiSelector 后面。这样可以将搜索范围缩小到特定父元素下的子元素。

类似地，我们可以通过兄弟元素来定位目标元素，示例代码如下。

```
# 兄弟关系定位
self.driver.find_element_by_android_uiautomator('new UiSelector().resourceId("ab").fromParent(text("Storm"))')
```

添加 fromParent 条件到 UiSelector 后面，这样可以将搜索范围缩小到兄弟元素以及父部件下的所有子元素。

注意：当目标元素难以定位的时候，可以通过 Inspector 来查看该元素的上下层级是否有易定位的元素，然后采用父子、兄弟定位。

7.6.8　控件特性定位

除了以上比较常用的方法外，UIAutomator 还支持一些其他的定位方法，比如根据控件属性是否可单击、可聚焦、可长按等来缩小要定位的控件的范围，具体使用方法不一一列举，可以参考以下测试代码。

```
# 是否可选择
new UiSelector().className("android.widget.TextView").checked(true)
# 是否可单击
new UiSelector().className("android.widget.TextView").clickable(true)
# 是否可用
new UiSelector().className("android.widget.TextView").enabled(true)
# 是否有焦点
new UiSelector().className("android.widget.TextView").focusable(true)
# 是否可长按
new UiSelector().className("android.widget.TextView").longClickable(true)
# 是否可滚动
new UiSelector().className("android.widget.TextView").scrollable(true)
# 是否被选中
new UiSelector().className("android.widget.TextView").selected(true)
```

7.6.9 索引、实例定位

另外，不得已的情况下，我们还可以结合 index、instance 实现"点选"元素的效果。

索引（index）定位，用来点选其父元素的第几个子元素。设置定位条件，以根据布局层次结构中的节点索引匹配元素。索引值必须大于等于 0。需要说明的是，使用索引可能是不可靠的，因此不到万不得已不建议使用。

```
new UiSelector().className(" android.widget.ImageView ") .enabled(true).index(0)
```

实例（instance）定位，用来点选所有结果里面的第几个元素。设置搜索条件以匹配元素的实例编号。实例的定位传值必须大于等于 0，其中第一个实例的编号为 0，代码如下。

```
new UiSelector().className(" android.widget.ImageView ") .enabled(true).instance(2)
```

本节简单演示了索引定位和实例定位，一般来说，我们总能找到比其更合适的元素定位方法。所以，本节内容了解即可。

7.7 组元素定位方法

第四类针对 iOS 的定位方法和第五类已弃用或不常用的方法，本书不再介绍。本节，我们来看一下第六类组元素定位方法。

在 7.3 节中，我们了解到，可以通过 find_elements() 来定位一组元素，该方法会将所有定位到的元素放到一个列表中，然后我们可以通过列表索引来定位具体的元素，我们也可以通过循环列表操作一系列元素。本节我们就来看一下，这种方式到底是"画蛇添足"，还是"曲线救国"，又或者是某些特定场景下的"撒手锏"。

假设有这样的需求：我们要单击计算器所有数字按键。如果还是使用 7.4 节中的元素定位的方法，那么需要编写如下代码。

```python
from selenium import webdriver
from appium import webdriver
from appium.webdriver.common.appiumby import By
from time import sleep

desired_caps = {
  "deviceName": "127.0.0.1:21503",
  "appPackage": "com.miui.calculator",
  "appActivity": "com.miui.calculator.cal.CalculatorActivity",
  "platformName": "Android",
  "noReset": True    # 请勿重置应用程序状态
}

# 这里会自动启动计算器 App
driver = webdriver.Remote('http://127.0.0.1:4723/wd/hub', desired_caps)
# 单击数字 1
driver.find_element(By.ID, 'com.miui.calculator:id/btn_1_s').click()
# 单击数字 2
driver.find_element(By.ID, 'com.miui.calculator:id/btn_2_s').click()
# 单击数字 3
driver.find_element(By.ID, 'com.miui.calculator:id/btn_3_s').click()
# 单击数字 4
driver.find_element(By.ID, 'com.miui.calculator:id/btn_4_s').click()
# 单击数字 5
driver.find_element(By.ID, 'com.miui.calculator:id/btn_5_s').click()
# 单击数字 6
driver.find_element(By.ID, 'com.miui.calculator:id/btn_6_s').click()
# 单击数字 7
driver.find_element(By.ID, 'com.miui.calculator:id/btn_7_s').click()
# 单击数字 8
driver.find_element(By.ID, 'com.miui.calculator:id/btn_8_s').click()
# 单击数字 9
driver.find_element(By.ID, 'com.miui.calculator:id/btn_9_s').click()
# 等待 3 秒后，退出
sleep(3)
driver.quit()
```

可以看到，上方代码中每个按键的单击动作都需要一行代码来完成，代码冗余验证，如图 7-37 所示。

图 7-37　数字元素 class 属性

如果你细心观察，会发现每个数字元素都有"class"属性，且值都是"android.widget.TextView"，那我们是不是可以借助"find_elements()"来定位这些数字元素，并将其放到一个列表中，然后做循环操作呢？当然这里有个"小坑"，小数点元素的"class"属性也是"android.widget.TextView"，我们可以通过"UI Automator Viewer"工具找到小数点元素。从元素树形结构图（图 7-38）中可以看到，小数点元素在所有数字元素的最末尾。

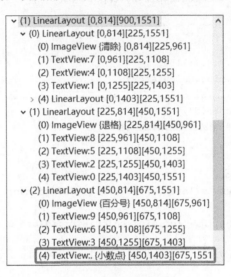

图 7-38　元素树形结构

因此，我们可以编写如下代码（test 7_11.py）。

```
from selenium import webdriver
from appium import webdriver
from appium.webdriver.common.appiumby import By
from time import sleep

desired_caps = {
  "deviceName": "127.0.0.1:21503",
  "appPackage": "com.miui.calculator",
  "appActivity": "com.miui.calculator.cal.CalculatorActivity",
  "platformName": "Android",
  "noReset": True     # 请勿重置应用程序状态
}

# 这里会自动启动计算器 App
driver = webdriver.Remote('http://127.0.0.1:4723/wd/hub', desired_caps)
# 通过 find_elements() 定位组元素
mylst = driver.find_elements(By.CLASS_NAME, 'android.widget.TextView')

for ele in mylst[0:-1]:
  ele.click()

# 等待 3 秒后，退出
```

```
sleep(3)
driver.quit()
```

对比前后代码，可以看到"test 7_5.py"代码更便于操作和维护。这些就是组元素定位的神奇之处，相信各位在后续的工作实践中能够体会应用。

7.8 XPath 定位

在实际项目中，会经常遇到没有 id 的元素，因此会大量使用 XPath 定位。本节我们就来详细讲解 XPath 定位。

（1）常规定位

在实际工作中，经常会借助 text 属性来定位元素。Appium 本身虽然没有提供 text 定位，但我们可以使用 XPath 来实现 text 属性定位。示例代码（test 7_12.py）如下。

```
from appium import webdriver
from appium.webdriver.common.appiumby import AppiumBy
from time import sleep

desired_caps = {
  "deviceName": "127.0.0.1:21503",
  "appPackage": "com.dangdang.buy2",
  "appActivity": "com.dangdang.buy2.activity.ActivityMainTab",
  "platformName": "Android",
  "noReset": True    # 请勿重置应用程序状态
}

# 这里会自动启动当当 App
driver = webdriver.Remote('http://127.0.0.1:4723/wd/hub', desired_caps)
sleep(3)
# 通过 id 定位底部导航栏"我的"
my_id = 'com.dangdang.buy2:id/tab_personal_iv'
# 通过 xpath 的 text 定位"登录 / 注册"
login_xpath = "//*[@text='登录 / 注册']"
driver.find_element(AppiumBy.ID,my_id).click()
sleep(2)
driver.find_element(AppiumBy.XPATH, login_xpath).click()
# 等待 3 秒后，退出
sleep(3)
driver.quit()
```

注意：

- XPath 的语法不在本书的讲解范围内，各位同学可参考《Python 实现 Web UI 自动化测试实战》，或者在网络上学习XPath的相关知识。

- @text=，就是在@符号后面写属性，=号后面写属性值，当然，除了text属性之外，其他属性也是可以这样使用的。

（2）通过"contains"关键字实现模糊定位

部分情况下，text 的值过长，为了方便，我们会使用"contains"关键字实现包含部分文本的定位方式，示例代码（test 7_13.py）如下。

```python
from appium import webdriver
from appium.webdriver.common.appiumby import AppiumBy
from time import sleep

desired_caps = {
  "deviceName": "127.0.0.1:21503",
  "appPackage": "com.dangdang.buy2",
  "appActivity": "com.dangdang.buy2.activity.ActivityMainTab",
  "platformName": "Android",
  "noReset": True      # 请勿重置应用程序状态
}

# 这里会自动启动当当 App
driver = webdriver.Remote('http://127.0.0.1:4723/wd/hub', desired_caps)
sleep(3)
# 通过 id 定位底部导航栏"我的"
my_id = 'com.dangdang.buy2:id/tab_personal_iv'
# 通过 xpath 的模糊定位来定位"登录 / 注册"元素
login_xpath = "//android.widget.TextView[contains(@text, '登录')]"
driver.find_element(AppiumBy.ID,my_id).click()
sleep(2)
driver.find_element(AppiumBy.XPATH, login_xpath).click()
# 等待 3 秒后，退出
sleep(3)
driver.quit()
```

借助 contains(@text, '登录')，我们实现了只用部分文字"登录"，定位"登录 / 注册"这个元素。

模糊定位经常被用于获取 Toast 的场景（当某些 Toast 文本内容较长时，就可以采用 contains 匹配部分文本）。

（3）组合定位

某些情况下，使用单一属性无法定位目标元素，这时候就需要使用两个或多个属性来组合定位，比如在 XPath 中同时使用 class 和 text 两个属性，示例代码（test 7_14.py）如下。

```python
from appium import webdriver
from appium.webdriver.common.appiumby import AppiumBy
from time import sleep
```

```
desired_caps = {
  "deviceName": "127.0.0.1:21503",
  "appPackage": "com.dangdang.buy2",
  "appActivity": "com.dangdang.buy2.activity.ActivityMainTab",
  "platformName": "Android",
  "noReset": True     # 请勿重置应用程序状态
}

# 这里会自动启动当当 App
driver = webdriver.Remote('http://127.0.0.1:4723/wd/hub', desired_caps)
sleep(3)
# 通过 id 定位底部导航栏"我的"
my_id = 'com.dangdang.buy2:id/tab_personal_iv'
# xpath 的组合定位
login_xpath = "//*[@class='android.widget.TextView' and @text='登录/注册']"
driver.find_element(AppiumBy.ID,my_id).click()
sleep(2)
driver.find_element(AppiumBy.XPATH, login_xpath).click()
# 等待 3 秒后,退出
sleep(3)
driver.quit()
```

上述示例中,借助 and 关键字,理论上可以无限拼接属性以进行定位。一般来说我们使用 2~3 个合适的属性即可定位目标元素。

(4)全路径 XPath 定位

当然,我们也可以使用全路径的 xpath 来定位元素。通过"Inspector"可以看到目标元素的 XPath 全路径,如图 7-39 所示。

Find By	Selector
id	com.dangdang.buy2:id/tv_agile_uesr_name
xpath	/hierarchy/android.widget.FrameLayout/android.widget.LinearLayout/android.widget.FrameLayout/android.widget.FrameLayout/android.widget.FrameLayout/android.widget.TabHost/android.widget.RelativeLayout/android.widget.FrameLayout/android.widget.FrameLayout/android.widget.LinearLayout/android.widget.FrameLayout/android.widget.RelativeLayout/android.widget.FrameLayout/android.widget.RelativeLayout/android.view.ViewGroup/androidx.recyclerview.widget.RecyclerView/android.widget.LinearLayout[1]/android.widget.RelativeLayout/android.widget.TextView[1]

图 7-39 xpath 全路径

示例代码（test 7_15.py）如下。

```python
from appium import webdriver
from appium.webdriver.common.appiumby import AppiumBy
from time import sleep

desired_caps = {
    "deviceName": "127.0.0.1:21503",
    "appPackage": "com.dangdang.buy2",
    "appActivity": "com.dangdang.buy2.activity.ActivityMainTab",
    "platformName": "Android",
    "noReset": True   # 请勿重置应用程序状态
}

# 这里会自动启动当当 App
driver = webdriver.Remote('http://127.0.0.1:4723/wd/hub', desired_caps)
sleep(3)
# 通过 id 定位底部导航栏 "我的"
my_id = 'com.dangdang.buy2:id/tab_personal_iv'
# xpath 全路径定位
login_xpath = "/hierarchy/android.widget.FrameLayout/android.widget.LinearLayout/android.widget.FrameLayout/android.widget.FrameLayout/android.widget.TabHost/android.widget.RelativeLayout/android.widget.FrameLayout/android.widget.FrameLayout/android.widget.LinearLayout/android.widget.FrameLayout/android.widget.RelativeLayout/android.widget.FrameLayout/android.widget.RelativeLayout/android.view.ViewGroup/androidx.recyclerview.widget.RecyclerView/android.widget.LinearLayout[1]/android.widget.RelativeLayout/android.widget.TextView[1]"
driver.find_element(AppiumBy.ID,my_id).click()
sleep(2)
driver.find_element(AppiumBy.XPATH, login_xpath).click()
# 等待 3 秒后，退出
sleep(3)
driver.quit()
```

非常不建议使用 XPath 全路径定位元素，原因有两个。

- XPath全路径太长，不方便查看。
- App页面元素的位置、布局等会随版本变动，变动一旦发生，目标元素的XPath全路径就会发生变化，要想保证自动化测试脚本可用，就不得不修改脚本使用的元素的XPath值，这将带来大量的脚本维护工作。

7.9 坐标单击

首先要说明一点，通过坐标单击元素的脚本存在明显的弊端，即一旦元素位置发生改变，或者将来要在不同分辨率的手机上运行测试脚本,就会出现无法预知的错误。虽然不推荐使用坐标单击方法,但是也许你真有"万不得已"的时候……

让我们来看一下坐标单击操作的用法。

```
tap(positions:List [Tuple [int, int]], duration: Optional [int]=None)
```

tap 关键字用来模拟手指单击元素的操作,该方法有两个参数:

- 第一个参数是positions(要单击的位置、坐标),该参数是列表类型,最多包含5个坐标,每个坐标的横坐标和纵坐标保存在元组里;
- 第二个参数是duration,代表单击持续时间,单位是毫秒。

这里,我们以计算器 App 为例,通过坐标单击数字 8,示例代码如下。

```
driver.quit()
from appium import webdriver
from appium.webdriver.common.appiumby import AppiumBy
from time import sleep

desired_caps = {
  "deviceName": "MQS7N19321005846",
  "appPackage": "com.miui.calculator",
  "appActivity": "com.miui.calculator.cal.CalculatorActivity",
  "platformName": "Android",
  "platformVersion": "10",
  "noReset": True    # 请勿重置应用程序状态
}

# 这里会自动启动"计算器"这个App
driver = webdriver.Remote('http://127.0.0.1:4723/wd/hub', desired_caps)
driver.implicitly_wait(20)

# 通过坐标的方式单击数字 8
driver.tap([[(427,1747)],1)
# 等待 3 秒后,退出
sleep(3)
# 不能使用 quit() 方法,会报错:self.error_handler.check_response(response)
# driver.quit()
driver.terminate_app('com.miui.calculator')
```

前面,我们说了使用坐标操作元素的脚本无法运行在不同分辨率的设备上,但更准确的说法是,采用绝对坐标定位确实如此,而采用相对坐标定位,则能解决该类问题,思路如下。

先获取屏幕分辨率,然后按照目标元素在屏幕中的位置(相对比例)去定位。下方代码中我们先通过 get_window_size 方法获取屏幕分辨率,然后人工计算出数字 8 中心点的坐标在整个屏幕分辨率的相对位置,然后将相对位置传递给 tap 点击。因为即便不同分辨率的手机,数字 8 的屏幕上的相对位置也基本一致,因此,使用相对坐标操作的代码就可以实现在不同分辨率手机上操作的效果了。

```
# 通过相对坐标的方式单击数字 8
windows = driver.get_window_size()
w = windows["width"]*1/3
h = windows["height"]*3/5
driver.tap([(w,h)],1)
```

提示：笔者在使用 tap() 方法后，使用 driver.quit() 语句会出现如下错误。

```
self.error_handler.check_response(response)
```

经查看源码，发现需使用 terminate_app() 方法来退出 App。

```
driver.terminate_app('com.miui.calculator')
```

7.10 Lazy Ui Automator Viewer

在编写自动化测试脚本时，识别元素，找到恰当的元素属性，进而准确定位元素，会消耗测试人员较多的时间。这里介绍一种小工具，在一定程度上能节省测试人员定位元素的工作时间。

Lazy Ui Automator Viewer 在 UiAutomatorViewer 源码基础上进行扩展，添加了 XPath 生成，页面元素 XPath 自动一键抓取、选择性抓取，导出并自动生成 Java 代码的 Android UI 自动化测试辅助工具。该工具能大大节省 Android UI 自动化测试过程中针对每个控件单独抓取 XPath 的时间，使测试人员只需要专注于测试逻辑的设计，要使用哪个页面元素和控件，只需要直接使用 Lazy Ui Automator Viewer 自动生产页面元素对应的变量，并使用面向对象的思想进行编码，极大地提高 Android UI 自动化测试的编码效率。

使用步骤如下。

①将 Lazy Ui Automator Viewer 源码编译生成的 JAR 包 uiautomatorviewer.jar 复制到 Android 安装目录下的 \android-sdk\tools\lib 目录中，以替换原来的 uiautomatorviewer.jar 包。

②双击 Android 安装目录下的 \android-sdk\tools\uiautomatorviewer.bat 文件，启动 Lazy Ui Automator Viewer 。

③手机连接 PC，打开手机 App 中需要测试的某个页面，单击图 7-40 所示界面中的"截屏"按钮进行截屏。

④根据需要，选择导出当前截屏中的所有控件或者只选择部分控件导出，导出为 Java 文件。

⑤一键导出当前页面中的所有控件。

如果当前页面中大部分的控件都很重要，都是测试需要关注的，或者为了节省时间、不太关注代码冗余造成的运行时的性能开销，就可以单击图7-41所示的按钮，一键导出当前页面截屏中的所有控件。

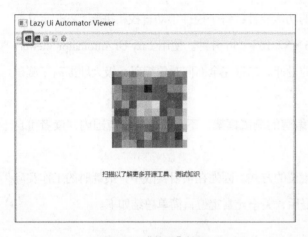

图7-40 "截屏"按钮

图7-41 导出所有控件

导出的Java文件内容如下。

```
from selenium import webdriver
package test;
import lazy.android.annotations.*;
import lazy.android.bean.BaseBean;
import lazy.android.controls.*;
import io.appium.java_client.AppiumDriver;

public class 123 extends BaseBean{
        @Xpath(xpath={"//android.widget.ImageView[@resource-id='com.miui.calculator:id/ic_float_btn']"})
        @Description(description="")
        public  View  imageView1;

        @Xpath(xpath={"//android.widget.ImageView[@resource-id='com.miui.calculator:id/iv_tab_cal']"})
        @Description(description="")
        public  View  imageView2;

        @Xpath(xpath={"//android.widget.ImageView[@resource-id='com.miui.calculator:id/iv_tab_life']"})
        @Description(description="")
        public  View  imageView3;
```
以下省略部分内容

⑥将导出的Java代码直接复制到使用LazyAndroid框架的Android测试工程中，即可通过使用导出的Java代码中自动定义的变量完成测试逻辑的书写。当然，不使用LazyAndroid测试

框架，仅把 Lazy Ui Automator Viewer 作为 Android 自动化测试中的 XPath 导出工具使用也是可以的。

该工具主要有以下优点。一是节省大量时间。以一个一共只有 10 个页面的小型 App 为例，假设平均每个页面仅有 5 个测试需要关心的功能控件，每个控件手动查找和拼接 XPath 定义变量、编码的时间为 5 分钟，那么一共需要 5×5×10 = 250 分钟。使用 Lazy Ui Automator Viewer，这 250 分钟就可以节省下来用于测试逻辑的设计。二是完全面向对象编码，极大地提高了测试代码的美观性、可读性和可维护性。

说明： LazyAndroid 框架是用 Java 语言编写的测试框架，不在本书介绍范围内，读者可自行搜索学习。

本章我们花了大量的篇幅来介绍元素定位的方式。因为在项目实战中，最耗时的工作实际上就是为目标元素找到合理的定位方式。最后，关于元素定位，简单总结如下。

- 用 AppiumBy 代替 MobileBy。
- 优先使用元素属性定位，尤其是 resourceId、text、className 等。
- 必要时可以使用多种属性组合定位。
- 当目标元素本身比较难定位的时候，可以借助父子或兄弟关系定位。
- 开头匹配、模糊匹配、正则匹配的定位效果显著。
- 如果要使用 XPath 定位，尽量别使用元素绝对路径。
- 在特定场景下，组元素定位非常高效。
- 坐标单击、索引、实例等定位方法很少使用。

第8章
Appium基本操作

掌握如何定位元素后，我们就可以进行下一步，即对元素进行操作。本章还是以当当 App 为例，介绍元素操作的相关知识。

8.1 元素的基本操作

在 6.7 节，我们学习了如何操作 App 本身；在第 7 章又学习了如何定位 App 中的元素。有了这些铺垫，我们本节来学习对 App 元素的各种操作。

移动端常见的操作是单击（触屏）和文字输入，这是我们本节要学习的内容的一部分。

8.1.1 单击操作

首先来看单击操作。

在 7.3 节中，我们使用过 click() 方法，该方法用来实现"单击"操作。该方法的使用非常简单，首先定位目标元素，然后使用 click() 即可。示例代码（test 8_1.py）如下。这里实现的是，打开当当 App，单击底部导航栏"我的"。

```python
from appium import webdriver
from appium.webdriver.common.appiumby import AppiumBy
from time import sleep

desired_caps = {
  "deviceName": "127.0.0.1:21503",
  "appPackage": "com.dangdang.buy2",
  "appActivity": "com.dangdang.buy2.activity.ActivityMainTab",
  "platformName": "Android",
  "noReset": True       # 请勿重置应用程序状态
}

# 这里会自动启动当当 App
driver = webdriver.Remote('http://127.0.0.1:4723/wd/hub', desired_caps)
sleep(3)
# 通过 id 定位底部导航栏"我的"
my_id = 'com.dangdang.buy2:id/tab_personal_iv'
ele = driver.find_element(AppiumBy.ID, my_id)
# 使用 click() 单击"我的"
ele.click()
sleep(2)
driver.quit()
```

8.1.2 输入操作

接下来演示如何借助 send_keys() 方法在登录页面的电话号码输入框中输入数字，示例代码（test 8_2.py）如下。

```
from appium import webdriver
from appium.webdriver.common.appiumby import AppiumBy
from appium.webdriver.common.touch_action import TouchAction
from time import sleep

desired_caps = {
    "deviceName": "127.0.0.1:21503",
    "appPackage": "com.dangdang.buy2",
    "appActivity": "com.dangdang.buy2.activity.ActivityMainTab",
    "platformName": "Android",
    "noReset": True    # 请勿重置应用程序状态
}

# 这里会自动启动当当 App
driver = webdriver.Remote('http://127.0.0.1:4723/wd/hub', desired_caps)
sleep(3)
# 通过 id 定位底部导航栏 "我的"
my_ele = driver.find_element(AppiumBy.ID, 'com.dangdang.buy2:id/tab_personal_iv')
my_ele.click()
# 定位、单击 "登录" 元素
login_ele = driver.find_element(AppiumBy.ID, 'com.dangdang.buy2:id/tv_agile_uesr_name')
login_ele.click()
# 通过 send_keys() 输入电话号码
sleep(2)
phone_no_ele = driver.find_element(AppiumBy.ID, 'com.dangdang.buy2:id/et_account')
phone_no_ele.send_keys('15210087355')
sleep(2)
driver.quit()
```

8.1.3 清除操作

如果想要清除输入框中的内容，则可以使用 clear() 方法。我们在 test 8_2.py 代码基础上，增加一条清除输入框内容的代码，示例代码（test 8_3.py）如下。

```
from appium import webdriver
from appium.webdriver.common.appiumby import AppiumBy
from appium.webdriver.common.touch_action import TouchAction
from time import sleep
```

```python
desired_caps = {
    "deviceName": "127.0.0.1:21503",
    "appPackage": "com.dangdang.buy2",
    "appActivity": "com.dangdang.buy2.activity.ActivityMainTab",
    "platformName": "Android",
    "noReset": True    # 请勿重置应用程序状态
}

# 这里会自动启动当当 App
driver = webdriver.Remote('http://127.0.0.1:4723/wd/hub', desired_caps)
sleep(3)
# 通过 id 定位底部导航栏"我的"
my_ele = driver.find_element(AppiumBy.ID, 'com.dangdang.buy2:id/tab_personal_iv')
my_ele.click()
sleep(1)
login_ele = driver.find_element(AppiumBy.ID, 'com.dangdang.buy2:id/tv_agile_uesr_name')
login_ele.click()
# 通过 send_keys() 输入电话号码
sleep(2)
phone_no_ele = driver.find_element(AppiumBy.ID, 'com.dangdang.buy2:id/et_account')
phone_no_ele.send_keys('15210087355')
sleep(2)
# 清除输入的电话号码
phone_no_ele.clear()
sleep(2)
driver.quit()
```

8.1.4 提交操作

如图 8-1 所示,在 Hybrid App 的 Web 页面(HTML5 页面)中,如果页面元素是 submit 类型按钮,则我们可以借助 submit() 方法让该按钮执行提交动作,效果类似于使用 click() 方法。需要提醒的是,只有 type 类型为 submit 的元素才可以使用 submit() 方法。

图 8-1 submit 类型按钮

```python
# 对于 submit 类型按钮,可以使用 submit() 方法
driver.find_element_by_id('su').submit()
```

关于混合 App 的操作将在第 9 章介绍。

8.1.5 键盘操作

在 App 中,键盘操作是非常常见的一种场景,主要目的是完成输入,达到和 App 交互的目的。本小节我们来看看键盘操作的方式。

(1)输入字符串

最常用的键盘输入方法之一是:send_keys(),在 8.1.2 小节我们学习过,这里再来借助新示例复习一下(test 8_4.py)。

```python
from appium import webdriver
from appium.webdriver.common.appiumby import AppiumBy
from time import sleep

desired_caps = {
  "deviceName": "127.0.0.1:21503",
  "appPackage": "com.dangdang.buy2",
  "appActivity": "com.dangdang.buy2.activity.ActivityMainTab",
  "platformName": "Android",
  "platformVersion": "7.1",
  "noReset": True     # 请勿重置应用程序状态
}

# 这里会自动启动当当 App
driver = webdriver.Remote('http://127.0.0.1:4723/wd/hub', desired_caps)
driver.implicitly_wait(10)
sleep(2)
# 通过 id 定位首页的搜索框
ele1_id = "com.dangdang.buy2:id/research_flipper_textview"
ele1 = driver.find_element(AppiumBy.ID,ele1_id)
# 单击搜索框
ele1.click()
# 单击首页搜索框后,进入搜索页面,此时搜索框 id 发生变化
ele2_id = "com.dangdang.buy2:id/et_search"
# 重新定位输入框后,输入文字
ele2 = driver.find_element(AppiumBy.ID,ele2_id)
ele2.send_keys('Web UI 自动化测试')
# 等待 3 秒后,退出
sleep(3)
driver.quit()
```

（2）模拟按键

如果使用真机（或模拟器开启虚拟键盘）进行测试，可以使用模拟键盘进行文字输入。需要用到的方法为 driver.press_keycode(键值)。

操作步骤如下。

① 将光标定位到某输入框，自动调出模拟键盘。

② 发送键码的操作，一次只能输入一个字符。

注意：使用该方法，需要知道每个字符的编号（字符编号可以参考附录 E）。

来看下面的示例代码（test 8_5.py），在搜索框输入"storm"。

```python
from appium import webdriver
from appium.webdriver.common.appiumby import AppiumBy
from time import sleep

desired_caps = {
  "deviceName": "127.0.0.1:21503",
  "appPackage": "com.dangdang.buy2",
  "appActivity": "com.dangdang.buy2.activity.ActivityMainTab",
  "platformName": "Android",
  "platformVersion": "7.1",
  "noReset": True    # 请勿重置应用程序状态
}

# 这里会自动启动当当 App
driver = webdriver.Remote('http://127.0.0.1:4723/wd/hub', desired_caps)
driver.implicitly_wait(10)
sleep(2)
search_id = "com.dangdang.buy2:id/research_flipper_textview"
print('单击搜索框')
ele1 = driver.find_element(AppiumBy.ID,search_id)
ele1.click()
sleep(5)
# 依次输入 s、t、o、r、m
driver.press_keycode(47)
driver.press_keycode(48)
driver.press_keycode(43)
driver.press_keycode(46)
driver.press_keycode(41)
# 等待 3 秒后，退出
sleep(3)
driver.quit()
```

可以看到，该方法一方面需要使用者提前了解每个字符对应的字符编号，另一方面还得一个个输入字符，整体效率较低，不推荐使用。

另外，虚拟键盘还会影响对页面元素的查看、定位、截图，在实际工作中，大多情况下，我们会将虚拟键盘关闭。

知识扩展： 逍遥模拟器默认是不开启虚拟键盘的。我们可以使用下述方法，开启虚拟键盘（图 8-2 中的软键盘）。

- 单击"设置"，选择"偏好"，开启软键盘，如图 8-2 所示。

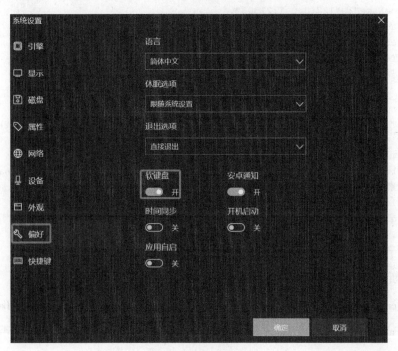

图 8-2　开启软键盘

- 单击"确定"后，根据弹窗的提示信息安装"Android键盘设置（AOSP）"，再重启模拟器即可。

8.2　元素的状态判断

某些时候（后面会展示应用场景），我们需要判断元素状态，然后根据状态结果决定后续的操作。因此，本节我们来学习如何判断元素的状态。

（1）判断元素是否存在

使用 is_displayed() 方法，可以判断元素是否存在，该方法返回一个布尔值，True 代表目标元素存在，False 代表元素不存在。这里我们打开当当 App，判断"我的"元素是否存在，示例代码（test 8_6.py）如下。

```python
from time import sleep
from appium import webdriver
from appium.webdriver.common.appiumby import AppiumBy

desired_caps = {
  "deviceName": "127.0.0.1:21503",
  "appPackage": "com.dangdang.buy2",
  "appActivity": "com.dangdang.buy2.activity.ActivityMainTab",
  "platformName": "Android",
  "noReset": True     # 请勿重置应用程序状态
}

driver = webdriver.Remote('http://127.0.0.1:4723/wd/hub', desired_caps)
driver.implicitly_wait(10)
# 通过 id 定位 "我的"
ele = driver.find_element(AppiumBy.ID,'com.dangdang.buy2:id/tab_personal_iv')
# 输出元素是否可见的结果
print(ele.is_displayed())
driver.quit()
```

程序运行后,输出结果为 "True"。

(2)判断元素是否可用

使用 is_enabled() 方法,可以判断元素是否可用,该方法返回一个布尔值,True 代表目标元素可用,False 代表元素不可用。这里我们打开当当 App,判断 "我的" 元素是否可用,示例代码(test 8_7.py)如下。

```python
from time import sleep
from appium import webdriver
from appium.webdriver.common.appiumby import AppiumBy


desired_caps = {
  "deviceName": "127.0.0.1:21503",
  "appPackage": "com.dangdang.buy2",
  "appActivity": "com.dangdang.buy2.activity.ActivityMainTab",
  "platformName": "Android",
  "noReset": True     # 请勿重置应用程序状态
}

driver = webdriver.Remote('http://127.0.0.1:4723/wd/hub', desired_caps)
driver.implicitly_wait(10)
# 通过 id 定位 "我的"
ele = driver.find_element(AppiumBy.ID,'com.dangdang.buy2:id/tab_personal_iv')
# 输出元素是否可用的结果
print(ele.is_enabled())
driver.quit()
```

程序运行后,输出结果为"True"。

(3)判断元素是否被选中

使用 is_selected() 方法,可以判断元素是否被选中,该方法返回一个布尔值,True 代表目标元素被选中,False 代表元素未被选中。这里我们打开当当 App,判断"我的"元素是否被选中,示例代码(test 8_8.py)如下。

```
from time import sleep
from appium import webdriver
from appium.webdriver.common.appiumby import AppiumBy


desired_caps = {
  "deviceName": "127.0.0.1:21503",
  "appPackage": "com.dangdang.buy2",
  "appActivity": "com.dangdang.buy2.activity.ActivityMainTab",
  "platformName": "Android",
  "noReset": True    # 请勿重置应用程序状态
}

driver = webdriver.Remote('http://127.0.0.1:4723/wd/hub', desired_caps)
driver.implicitly_wait(10)
# 通过 id 定位"我的"
ele = driver.find_element(AppiumBy.ID,'com.dangdang.buy2:id/tab_personal_iv')
# 输出元素是否被选中的结果
print(ele.is_selected())
driver.quit()
```

程序运行后,输出结果为"False"。

以上 3 种方法都可用于判断元素的状态,只是判断的情况不同。

- is_displayed(),用于判断元素是否出现在页面中,注意元素可见并不意味其可用。
- is_enabled(),用于判断元素是否可用。
- is_selected(),多用于判断元素是否被选中。

8.3 元素的属性值获取

如果说学习对元素的操作是为了实现"让脚本模拟人类操作,执行测试用例",那学习获取元素的属性值就是为了实现"让脚本模拟人类视觉,获得测试用例的执行结果,进而对结果进行检查,以判断测试用例的执行是否正确"。

本节我们来看如何获取元素的属性值，比如元素的 id、text 等。

（1）获取元素 id 值

注意该 id 并非 resource-id，这里的 id 是 Selenium 内部使用的 id，每个 id 对应一个元素对象，我们可以借助 id 的值来判断两个元素是否为同一个元素，示例代码（test 8_9.py）如下。

```
from time import sleep
from appium import webdriver
from appium.webdriver.common.appiumby import AppiumBy


desired_caps = {
  "deviceName": "127.0.0.1:21503",
  "appPackage": "com.dangdang.buy2",
  "appActivity": "com.dangdang.buy2.activity.ActivityMainTab",
  "platformName": "Android",
  "noReset": True    # 请勿重置应用程序状态
}

driver = webdriver.Remote('http://127.0.0.1:4723/wd/hub', desired_caps)
driver.implicitly_wait(10)
# 通过 id 定位"我的"
ele1 = driver.find_element(AppiumBy.ID,'com.dangdang.buy2:id/tab_personal_iv')
# 通过绝对路径 xpath 定位"我的"
ele2_xpath = '/hierarchy/android.widget.FrameLayout/android.widget.LinearLayout/android.widget.FrameLayout/android.widget.FrameLayout/android.widget.TabHost/android.widget.RelativeLayout/android.widget.TabWidget/android.widget.FrameLayout[5]/android.widget.ImageView'
ele2 = driver.find_element(AppiumBy.XPATH, ele2_xpath)
print("ele1 的 id 是：{}".format(ele1.id))
print("ele2 的 id 是：{}".format(ele2.id))
print(" 两者是否为同一元素：",ele1.id == ele2.id)
driver.quit()
```

运行结果如下。

```
ele1 的 id 是：00000000-0000-0033-7fff-ffff00000045
ele2 的 id 是：00000000-0000-0033-7fff-ffff00000045
两者是否为同一元素：True
```

（2）获取 text 值

在实际自动化测试过程中，我们经常会通过 text 来获取目标元素的文本信息，然后将其和预期文本对比，实现测试用例结果检查。下方的代码要实现的是获取首页"搜索框"元素的 text 值，示例代码（test 8_10.py）如下。

```
from appium import webdriver
from appium.webdriver.common.appiumby import AppiumBy
from time import sleep
```

```
'''
打开当当App,获取首页"搜索框"元素的text值。
'''
desired_caps = {
    "deviceName": "127.0.0.1:21503",
    "appPackage": "com.dangdang.buy2",
    "appActivity": "com.dangdang.buy2.activity.ActivityMainTab",
    "platformName": "Android",
    "noReset": True    # 请勿重置应用程序状态
}

# 这里会自动启动当当App
driver = webdriver.Remote('http://127.0.0.1:4723/wd/hub', desired_caps)
sleep(3)
# 通过id定位首页搜索框
my_id = 'com.dangdang.buy2:id/research_flipper_textview'
ele_text = driver.find_element(AppiumBy.ID, my_id).text
# 输出搜索框的text值
print(ele_text)
driver.quit()
```

(3)获取元素位置

示例:输出元素在页面中的横纵坐标。有两个方法可以使用,分别是"location"和"lacation inview",示例代码(test 8_11.py)如下。

```
from time import sleep
from appium import webdriver
from appium.webdriver.common.appiumby import AppiumBy


desired_caps = {
    "deviceName": "127.0.0.1:21503",
    "appPackage": "com.dangdang.buy2",
    "appActivity": "com.dangdang.buy2.activity.ActivityMainTab",
    "platformName": "Android",
    "noReset": True    # 请勿重置应用程序状态
}

driver = webdriver.Remote('http://127.0.0.1:4723/wd/hub', desired_caps)
driver.implicitly_wait(10)
# 通过id定位"我的"
ele1 = driver.find_element(AppiumBy.ID,'com.dangdang.buy2:id/tab_personal_iv')
# 输出"我的"元素在页面中的横纵坐标
print("获取元素在页面中的位置:{}".format(ele1.location))
print("获取元素在页面中的位置:{}".format(ele1.location_in_view))
driver.quit()
```

运行结果如下。

获取元素在页面中的位置:{'x': 720, 'y': 1502}

获取元素在页面中的位置:{'x': 720, 'y': 1502}

(4)获取元素的其他信息

接下来,我们再来看一下获取元素内部引用、获取元素大小和位置、获取元素 tagname 属性等的方法,示例代码(test 8_12.py)如下。

```python
from appium import webdriver
from appium.webdriver.common.appiumby import AppiumBy


desired_caps = {
    "deviceName": "127.0.0.1:21503",
    "appPackage": "com.dangdang.buy2",
    "appActivity": "com.dangdang.buy2.activity.ActivityMainTab",
    "platformName": "Android",
    "noReset": True    # 请勿重置应用程序状态
}

driver = webdriver.Remote('http://127.0.0.1:4723/wd/hub', desired_caps)
driver.implicitly_wait(10)
# 通过 id 定位首页输入框
ele1 = driver.find_element(AppiumBy.ID,'com.dangdang.buy2:id/research_flipper_textview')
# 输出元素的信息
print("在 WebDriver 实例中找到此元素的内部引用:{}".format(ele1.parent))
print("包含元素大小和位置的字典:{}".format(ele1.rect))
print("元素的大小:{}".format(ele1.size))
print("获取元素的 tagname 属性:{}".format(ele1.tag_name))
print("获取元素的 text 值:{}".format(ele1.text))
driver.quit()
```

运行结果如下。

在 WebDriver 实例中找到此元素的内部引用:<appium.webdriver.webdriver.WebDriver (session="72d099ba-e839-4912-9f12-2b70b65519d8")>
包含元素大小和位置的字典:{'height': 72, 'width': 507, 'x': 96, 'y': 58}
元素的大小:{'height': 72, 'width': 507}
获取元素的 tagname 属性:None
获取元素的 text 值:良品铺子

第9章
Appium高级操作

第 8 章我们学习了 Appium 的基本操作，本章我们再来学习一些 Appium 的高级操作，以应对实际项目的特殊需求。

9.1 W3C Actions

移动端的交互比 Web 端的更加丰富，除了常见的单击（触屏）、输入外，还有长按、滑动、摇晃、多指操控等。在 Appium 2.0 之前，在移动端设备上的触屏操作——单点触屏和多点触控分别由 TouchAction 类和 Multiaction 类实现。但在 Appium 2.0 之后，这两个类被舍弃，不可再使用。

在新版 Appium 中使用 TouchAction 类或 Multiaction 类时，会看到如下提示信息。

```
[Deprecated] 'TouchAction' action is deprecated. Please use W3C Actions instead.
```

提示信息的大致意思是：TouchAction 已经被弃用，请使用 W3C Actions 替代。当然，将来 Appium 应该还会基于最新版本的 Selenium 封装自己的操作方法，希望这一天早点到来。

9.1.1 W3C Actions 简介

W3C Actions，简单地说，就是符合 W3C 协议的 Actions。在学习 Selenium 的时候，经常会看到 JSON Wire Protocol，那什么是 JSON Wire Protocol 呢？它定义了浏览器（Browser）与 Browser Driver 通信的协议规范，该规范带有 RESTful 风格，是一种 JSON+HTTP 的形式。在 Selenium 4.0 中，该协议已经被弃用，取而代之的就是 W3C WebDriver 协议。Selenium 4.0 发布后，由于 Appium 是基于 Selenium 开发的，因此新版 Appium 也要使用符合 W3C WebDriver 协议标准的 Actions。

在 W3C Actions 当中，将输入源分为 3 类：

- 键盘类；
- 指针类；
- None。

那什么是输入源呢？输入源，是提供输入事件的虚拟设备。每一个输入源，都对应一个输入 id。输入源 type 与真实设备一样，每一个输入源都有状态和输入事件。

Selenium 通过 InputDevice、KeyInput、KeyAction、PointerInput、PointAction 等来实现 W3C

Actions，以上类的关系如图 9-1 所示。

图 9-1 InputDevice 类

通过 PyCharm 加载 Python 安装目录下的"Lib\site-packages\selenium\webdriver\common\actions"文件，查看 InputDevice 等类的源码。

（1）InputDevice 类

该类是输入设备的操作类，包括两个方法，如图 9-2 所示。

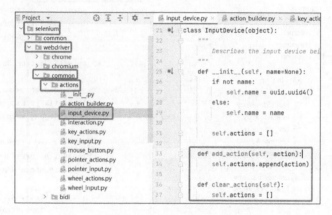

图 9-2 input_device.py

- add_action()，用于添加 Action；
- clear_actions()，用于清除所有 Action。

（2）PointerInput 类

该类继承自 InputDevice 类，共实现 5 个方法，如图 9-3 所示。

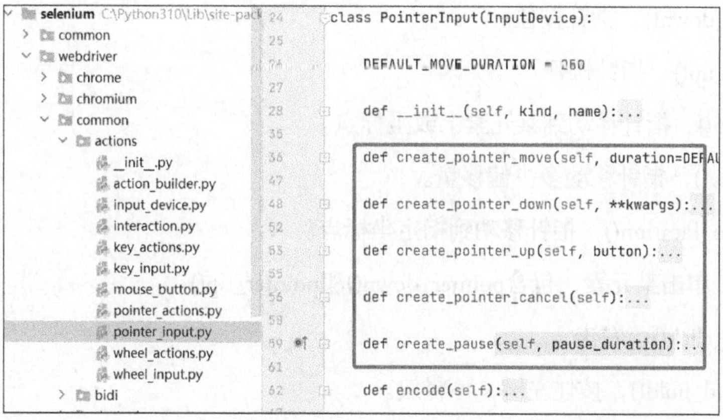

图 9-3 InputDevice 类

- create_pointer_move()，用于创建指针移动方法。
- create_pointer_down()，用于创建指针按住方法。
- create_pointer_up()，用于创建指针松开方法。
- create_pointer canele()，用于创建指针取消方法。
- create_pause()，用于创建等待方法。

（3）PointerActions 类

该类是 PointerInput 类的实例，提供多个方法，如图 9-4 所示。

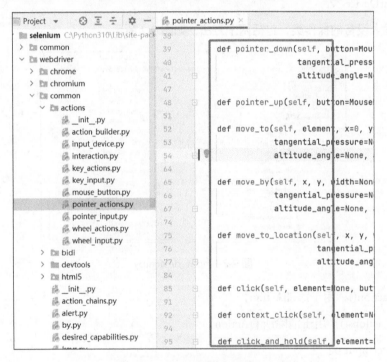

图 9-4 　PointerActions 类

- pointer_down()，指针按住。
- pointer_up()，指针松开。
- move_to()，指针移动到某元素上或坐标点。
- move_by()，指针移动多少偏移量。
- move_to_location()，指针移动到指定坐标点。
- click()，单击某元素，包含pointer_down()和pointer_up()。
- context_click()，右击。
- click_and_hold()，按住左键，不释放。
- release()，释放，执行所有动作。

- double_click()，双击左键。
- pause()，暂停。

（4）KeyInput 类

该类继承自 InputDevice 类，共实现 4 个方法，如图 9-5 所示。

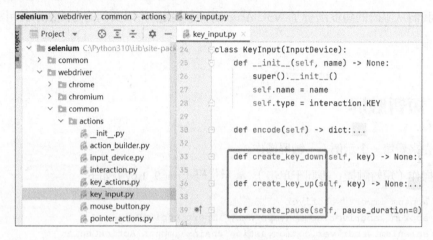

图 9-5　KeyInput 类

- encode()，用于编码。
- create_key_down()，用于创建按住按键。
- create_key_up()，用于创建松开按键。
- create_pause()，用于创建暂停效果。

（5）KeyActions 类

该类是 KeyInput 类的实例，提供 4 个方法，如图 9-6 所示。

图 9-6　KeyActions 类

- key_down()，按住按键。
- key_up()，松开按键。
- pause()，暂停效果。
- send_keys()，发送按键事件。

前面我们从源码的角度剖析了 W3C Actions，后续我们将以实例的方式演示其用法，以提升学习效果。

9.1.2 短暂触屏

我们先来看第一个示例——触屏操作。

触屏操作（短暂触摸，等同于单击），演示代码（test 9_1.py）如下。

```
from appium import webdriver
from appium.webdriver.common.appiumby import AppiumBy
from selenium.webdriver.common.action_chains import ActionChains
from time import sleep

desired_caps = {
  "deviceName": "127.0.0.1:21503",
  "appPackage": "com.dangdang.buy2",
  "appActivity": "com.dangdang.buy2.activity.ActivityMainTab",
  "platformName": "Android",
  "noReset": True      # 请勿重置应用程序状态
}

# 这里会自动启动当当 App
driver = webdriver.Remote('http://127.0.0.1:4723/wd/hub', desired_caps)
sleep(3)
# 通过 id 定位底部导航栏"我的"
my_ele = driver.find_element(AppiumBy.ID, 'com.dangdang.buy2:id/tab_personal_iv')
my_ele.click()
sleep(1)
login_ele = driver.find_element(AppiumBy.ID, 'com.dangdang.buy2:id/tv_agile_uesr_name')
# 使用 W3C Actions，实现单击效果
ActionChains(driver).w3c_actions.pointer_action.click(login_ele)
sleep(2)
driver.quit()
```

还可以将上述代码中的 click() 替换为其他 pointer_action 方法，如 double_click（双击屏幕）、click_and_hold（按住屏幕不放）等，如图 9-7 所示。

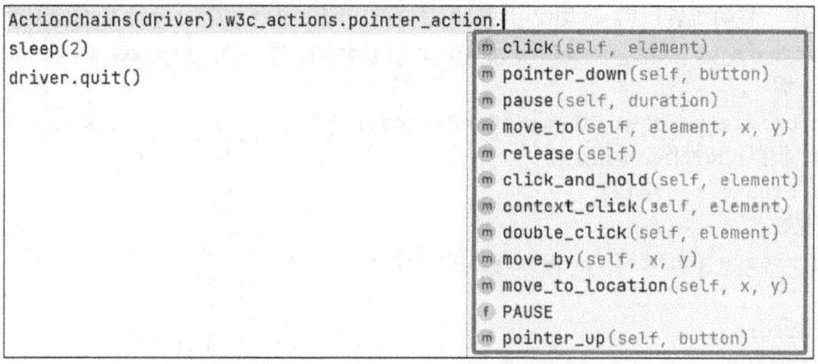

```
ActionChains(driver).w3c_actions.pointer_action.
sleep(2)                                    m click(self, element)
driver.quit()                               m pointer_down(self, button)
                                            m pause(self, duration)
                                            m move_to(self, element, x, y)
                                            m release(self)
                                            m click_and_hold(self, element)
                                            m context_click(self, element)
                                            m double_click(self, element)
                                            m move_by(self, x, y)
                                            m move_to_location(self, x, y)
                                            f PAUSE
                                            m pointer_up(self, button)
```

图 9-7 pointer_action 相关方法

9.1.3 长按操作

本小节演示的是：打开当当 App，进入购物车页面，长按购物车中的某本书，弹出"移入收藏"和"删除"按钮，示例代码（test 9_2.py）如下。

```python
from time import sleep
from appium import webdriver
from appium.webdriver.common.appiumby import AppiumBy
from selenium.webdriver import ActionChains
from selenium.webdriver.common.actions.mouse_button import MouseButton

# 长按购物车中的某本书，弹出"移入收藏"和"删除"按钮
# 前提：请手动在模拟器上登录账号，然后往购物车中加购图书
desired_caps = {
  "deviceName": "127.0.0.1:21503",
  "appPackage": "com.dangdang.buy2",
  "appActivity": "com.dangdang.buy2.activity.ActivityMainTab",
  "platformName": "Android",
  "noReset": True      # 请勿重置应用程序状态
}

driver = webdriver.Remote('http://127.0.0.1:4723/wd/hub', desired_caps)
driver.implicitly_wait(10)
# 定位、单击"购物车"
driver.find_element(AppiumBy.ID, "com.dangdang.buy2:id/tab_cart_iv").click()
sleep(2)
# 获取屏幕窗口的大小
size_dict = driver.get_window_size()
actions = ActionChains(driver)
# 输入源设备列表为空
actions.w3c_actions.devices = []
# ========== 手指：长按 ==================
# 添加一个新的输入源到设备列表中，输入源类型为 Touch, id 为 finger0
new_input = actions.w3c_actions.add_pointer_input('touch','finger0')
```

```
# 输入源的动作：移动到某个点。这里使用的是相对位置，x 轴的居中位置，y 轴 0.3 的位置
new_input.create_pointer_move(x=size_dict["width"] * 0.5, y=size_dict["height"] * 0.3)
# 按住鼠标左键
new_input.create_pointer_down(MouseButton.LEFT)
# 等待 2 秒，模拟长按操作，单位是秒
new_input.create_pause(2)
# 松开鼠标左键
new_input.create_pointer_up(MouseButton.LEFT)
# 执行操作
actions.perform()
# 等待 3 秒，看效果
sleep(3)
driver.quit()
```

执行代码后，可以看到如图 9-8 所示的效果。

图 9-8 长按操作

注意：这里我们使用了一个小技巧，通过 get_window_size() 方法获得屏幕的宽和高，然后通过百分比来获取某个点，这样可以适配不同的屏幕分辨率，这个小技巧在日常工作中较为常用。

9.1.4 左滑操作

本小节，我们将通过计算器 App 来演示左滑操作，并完成如下操作。

- 打开计算器App。
- 执行左滑操作，进入功能列表页面。

示例代码（test 9_3.py）如下。

```
from time import sleep
from appium import webdriver
from appium.webdriver.common.appiumby import AppiumBy
from selenium.webdriver import ActionChains
```

```python
from selenium.webdriver.common.actions.mouse_button import MouseButton


# 在模拟器上打开计算器 App,执行左滑操作
desired_caps = {
    "deviceName": "127.0.0.1:21503",
    "appPackage": "com.miui.calculator",
    "appActivity": "com.miui.calculator.cal.CalculatorActivity",
    "platformName": "Android",
    "noReset": True     # 请勿重置应用程序状态
}


# 先连接 Appium Server,传递 desire_caps
driver = webdriver.Remote('http://127.0.0.1:4723/wd/hub', desired_caps)
driver.implicitly_wait(10)

# 接下来执行左滑操作
# 获取设备屏幕的大小
size_dict = driver.get_window_size()
# ========== 左滑操作:从屏幕 X 轴 0.9 的位置向左滑动到 0.2 的位置,Y 轴是屏幕 0.3 的位置 ==================
actions = ActionChains(driver)
# 输入源设备列表为空
actions.w3c_actions.devices = []


# ========== 手指:从屏幕右侧 8/10 的位置向左滑动到屏幕 3/10 的位置 ==================
# 添加一个新的输入源到设备列表中,输入源类型为 Touch,id 为 finger0
new_input = actions.w3c_actions.add_pointer_input('touch','finger0')
# 输入源的动作:移动到某个点,按住,移动到另外一点,释放
new_input.create_pointer_move(x=size_dict["width"] * 0.8, y=size_dict["height"] * 0.3)
# 按住鼠标左键,效果等同于轻触屏幕
new_input.create_pointer_down(MouseButton.LEFT)
# 等待 0.2 秒
new_input.create_pause(0.2) # 200ms
# 向左滑动
new_input.create_pointer_move(x=size_dict["width"] * 0.3, y=size_dict["height"] * 0.3)
# 松开鼠标左键
new_input.create_pointer_up(MouseButton.LEFT)
# 执行动作
actions.perform()
# 等待 3 秒,看效果
sleep(3)
driver.quit()
```

执行完代码后,可以看到进入功能列表页面,如图 9-9 所示。

图 9-9 功能列表页面

9.1.5 多指触控

Appium 不仅可以执行一个动作,还可以同时执行多个动作,形成动作链,以模拟多指触控。下面要演示的是,打开当当 App,单击首页上的一本书,进入该书详情页,然后单击轮播图,打开图片,最后使用两根手指放大图片,示例代码(test 9_4.py)如下。

```python
from appium.webdriver.common.touch_action import TouchAction
from time import sleep
from appium import webdriver
from appium.webdriver.common.appiumby import AppiumBy
from selenium.webdriver import ActionChains
from selenium.webdriver.common.actions.mouse_button import MouseButton


# 打开当当 App
desired_caps = {
  "deviceName": "127.0.0.1:21503",
  "appPackage": "com.dangdang.buy2",
  "appActivity": "com.dangdang.buy2.activity.ActivityMainTab",
  "platformName": "Android",
  "noReset": True       # 请勿重置应用程序状态
}


# 先连接 Appium Server。传递 desired_caps
driver = webdriver.Remote('http://127.0.0.1:4723/wd/hub', desired_caps)
driver.implicitly_wait(10)
# 定位、单击《柳林风声》这本书,进入该书详情页
book1_xpath = "//android.widget.TextView[contains(@text, '柳林风声')]"
driver.find_element(AppiumBy.XPATH, book1_xpath).click()
# 定位、单击书的预览图,查看图片
driver.find_element(AppiumBy.ID, "com.dangdang.buy2:id/vp_product_banner").click()
sleep(2)
# 接下来开始模拟多指触控,放大图片
# 获取设备屏幕的大小
size_dict = driver.get_window_size()
# ======= 放大图片:从图片中心分别向对角线滑动放大 - 两根手指同时执行滑动操作 =======
actions = ActionChains(driver)
# 输入源设备列表为空
actions.w3c_actions.devices = []


# ========== 第一根手指:从正中心向右上角滑动  ==================
# 添加一个新的输入源到设备列表中,输入源类型为 Touch, id 为 finger0
new_input = actions.w3c_actions.add_pointer_input('touch','finger0')
# 输入源的动作:移动到某个点,按住,移动到另外一点,释放
new_input.create_pointer_move(x=size_dict["width"] * 0.5, y=size_dict["height"] * 0.5)
new_input.create_pointer_down(MouseButton.LEFT)
new_input.create_pause(0.2)  # 200ms
```

```
new_input.create_pointer_move(x=size_dict["width"] * 0.9, y=size_dict["height"] * 0.1)
new_input.create_pointer_up(MouseButton.LEFT)

# ========== 第二根手指：从正中心向左下角滑动 ==================
# 添加一个新的输入源到设备列表中，输入源类型为 Touch, id 为 finger1
new_input = actions.w3c_actions.add_pointer_input('touch','finger1')
# 输入源的动作：移动到某个点，按住，移动到另外一点，释放
new_input.create_pointer_move(x=size_dict["width"] * 0.5, y=size_dict["height"] * 0.5)
new_input.create_pointer_down(MouseButton.LEFT)
new_input.create_pause(0.2) # 200ms
new_input.create_pointer_move(x=size_dict["width"] * 0.1, y=size_dict["height"] * 0.9)
new_input.create_pointer_up(MouseButton.LEFT)
# 执行动作
actions.perform()
# 等待 3 秒，看效果
sleep(3)
driver.quit()
```

9.2　Toast 元素识别

在日常使用 App 的过程中，经常会看到 App 界面有一些弹窗提示（见图 9-10）。这些提示信息出现后，3 秒左右就会自动消失，那么我们该如何获取这些元素的文字内容呢？

图 9-10　Toast 信息

知识扩展： Toast 是 Android 系统提供的轻量级信息提醒机制用于向用户提示即时消息，它

显示在 App 界面的最上层，显示一段时间后会自动消失，且不会打断当前的界面操作，也不获得焦点。注意 Toast 和 Dialog 不一样的是，它永远不会获得焦点，无法被单击。Toast 类的思想就是在尽可能不引人注意的同时向用户显示信息。而且 Toast 显示的时间有限，一般显示 3 秒左右就消失。因此使用传统的元素定位工具是无法定位到 Toast 元素的。

Appium 使用 uiautomator 底层的机制来分析、抓取 Toast，并且把 Toast 放到控件树里面，但 Toast 本身并不属于控件。使用 getPageSource() 是无法找到 Toast 的，必须使用 XPath 来查找 Toast，下面提供两种代码实现方法。

- //*[@class='android.widget.Toast']。
- //*[contains(@text, "xxxxx")]。

接下来，我们以一个测试场景为例，介绍 Toast 元素的获取方法。测试场景为：打开当当 App，依次单击"我的→登录 / 注册"，输入手机号（11111），勾选"同意用户协议、隐私政策"，然后单击"获取验证码"，这时候 App 会显示 Toast 信息"手机号不合法，请重新输入"。

示例代码（test 9_5.py）如下。

```python
from time import sleep
from appium import webdriver
from appium.webdriver.common.appiumby import AppiumBy

'''
获取 Toast 信息
'''
desired_caps = {
  "deviceName": "127.0.0.1:21503",
  "platformName": "Android",
  "appPackage": "com.dangdang.buy2",
  "appActivity": "com.dangdang.buy2.activity.ActivityMainTab",
  "noReset": True    # 请勿重置应用程序状态
}

driver = webdriver.Remote('http://127.0.0.1:4723/wd/hub', desired_caps)
driver.implicitly_wait(10)
sleep(2)
# 单击"我的"
driver.find_element(AppiumBy.ID,"com.dangdang.buy2:id/tab_personal_iv").click()
# 单击"登录 / 注册"
driver.find_element(AppiumBy.ID,"com.dangdang.buy2:id/tv_agile_uesr_name").click()
# 输入手机号：11111
driver.find_element(AppiumBy.ID,"com.dangdang.buy2:id/et_account").send_keys('11111')
# 勾选"同意用户协议、隐私政策"
driver.find_element(AppiumBy.ID,"com.dangdang.buy2:id/chb_privacy").click()
# 单击"获取验证码"
```

```
driver.find_element(AppiumBy.ID,"com.dangdang.buy2:id/btn_next").click()
# 第一种获取 Toast 的方法
text1 = driver.find_element(AppiumBy.XPATH, "//*[@class='android.widget.
Toast']").text
# 第二种获取 Toast 的方法
text2 = driver.find_element(AppiumBy.XPATH, "//*[contains(@text, '手机号不合法
')]").text
print("text1 is {}".format(text1))
print("text2 is {}".format(text2))
sleep(2)
driver.quit()
```

运行结果如下。

```
text1 is 手机号不合法，请重新输入
text2 is 手机号不合法，请重新输入
```

Toast 是 App 中常见的信息提示方式，很多情况下，我们都需要获取 Toast 提示的信息来验证用例执行是否正确。

9.3 Hybrid App 操作

现实中，App 大多为混合开发的，经常会有内嵌的 HTML5 页面。那么这些 HTML5 页面元素该如何定位和操作呢？

针对混合应用，直接使用前面所讲的方法来定位是行不通的，因为前面所讲的都是基于 Android 原生控件进行元素定位的，而 H5 页面是 B/S 架构，两者的运行环境不同。因此需要进行上下文（Context）切换，然后对 HTML5 页面元素进行定位操作。

9.3.1 Context 简介

Context 的中文翻译有语境、上下文、背景、环境等。在软件工程中，上下文是一种属性的有序序列，它们为驻留在环境内的对象定义环境。在计算机技术中，对进程而言，上下文就是进程执行时的环境，具体来说就是各个变量和数据，包括所有的寄存器变量、进程打开的文件和内存信息等。

Android 源码的注释中是这么解释 Context 的：

Interface to global information about an application environment. This is an abstract class whose implementation is provided by the Android system. It allows access to application-specific resources and classes, as well as up-calls for application-level operations such as launching activities, broadcasting and receiving intents, etc.

其大致意思如下：

Context 是关于应用程序环境全局信息的接口。它是一个抽象类，其实现由 Android 系统提供，它允许访问特定应用程序的资源和类，以及对应用程序级操作的调用，如启动活动、广播和接收意图等。

对上述解释的简单理解就是：在程序中 Context 可以理解为当前对象在应用程序中所处的环境。比如前面提到的 App 的界面是 Activity 类型的，属于 Android 界面环境，但是内嵌的网页属于另外一个环境（网页环境），两者处于不同的环境。

Android App 的上下文主要针对 Hybrid App，这些上下文与 App 原生控件和内嵌 Web 页面上的元素的定位方式不同，所以需要确定当前操作的元素或控件的上下文，以便使用不同的定位策略。

Appium 提供了以下 3 种属性或方法，用于用户获取和切换 Context。

- 可用上下文：contexts，获取当前所有可用上下文，例如 driver.contexts。
- 当前上下文：current_context，获取当前可用上下文，例如 driver.current_context。
- 切换上下文：switch_to.context()，切换到指定上下文，例如 driver.switch_to.context('NATIVE_App')。

9.3.2 环境准备

要对 Hybrid App 的上下文进行操作，我们还需要额外准备以下环境。

（1）准备 Chrome Driver

下载 Chrome Driver，并将其放置在 Python 安装目录的根目录。

（2）通过 PC 连接 App HTML5 页面

- 将手机或模拟器与PC连接，进入手机或模拟器的 USB 调试模式，确保adb devices可查看到连接设备。
- 在PC、移动端安装Chrome 浏览器（尽量保证移动端Chrome版本低于PC的）。
- App webview 开启调试模式。
- 在PC Chrome 浏览器地址栏输入chrome://inspect/#devices，进入调试模式。可以看到连接设备、浏览器的版本及App当前HTML5页面对应的 Context的地址，如图9-11所示。

图 9-11　调试模式

（3）App WebView 调试模式检查与开启

- 手机端打开App的HTML5页面；PC端在浏览器输入chrome://inspect/#devices，检查是否显示对应的WebView，如没有，则App当前未开启调试模式。
- 在自动化代码中，进入对应的 HTML5 页面，输出当前context，如果一直显示为Natvie，则WebView未开启。

● 开启调试模式。

在 App 中配置如下代码 [调用 WebView 类的静态方法 setWebContentsDebuggingEnabled()]。

```
from appium import webdriver
if (Build.VERSION.SDK_INT >=Build.VERSION_CODES.KITKAT) {
WebView.setWebContentsDebuggingEnabled(true);
}
```

注意：此步骤，一般需要 App 前端开发人员协助完成。

9.3.3　context 操作

我们先来学习两个 API。

- current_context，获取当前context。
- contexts，获取所有context。

下面示例代码（test 9_6.py）演示的是通过在逍遥模拟器自带的浏览器中输入百度地址，打开百度首页，并通过上面的两个 API 分别输出当前 context 和所有 context。

```python
from appium import webdriver
from appium.webdriver.common.appiumby import AppiumBy
from selenium.webdriver.support.wait import WebDriverWait

'''
操作 HTML5 页面
'''
desired_caps = {
    "deviceName": "127.0.0.1:21513",
    "platformName": "Android",
    "appPackage": "com.android.browser",  # 打开浏览器
    "appActivity": "com.android.browser.BrowserActivity",
    "noReset": True      # 请勿重置应用程序状态
}

driver = webdriver.Remote('http://127.0.0.1:4723/wd/hub', desired_caps)
driver.implicitly_wait(10)
# 打开百度首页
driver.find_element(AppiumBy.ID, "com.android.browser:id/url").send_keys('https://www.baidu.com/')
# 显性等待 HTML5 页面加载完成
WebDriverWait(driver,10).until(lambda x:x.find_element(AppiumBy.CLASS_NAME, "android.webkit.WebView"))
# 输出 current_context
print("current context is {}".format(driver.current_context))
# 输出 contexts, 注意不是 contexts 方法
print("contexts are {}".format(driver.contexts))
driver.quit()
```

注意：这里并没有使用当当 App，因为要操作 HTML5 页面，开发人员必须将 App 的 WebView 设置为 Debug 模式。

在本节始部分，我们说过，要切换 context，手机端必须含有与 WebView 版本对应的 Chrome Driver。那如何知道当前终端的 WebView 是什么版本的呢？有以下两种方法。

- 通过图 9-11，可以查看 WebView 版本。
- 尝试切换 context，示例代码（test 9_7.py）如下。

```python
from appium import webdriver
from appium.webdriver.common.appiumby import AppiumBy
from selenium.webdriver.support.wait import WebDriverWait

'''
操作 HTML5 页面
'''
desired_caps = {
    "deviceName": "127.0.0.1:21513",
    "platformName": "Android",
    "appPackage": "com.android.browser",
```

```
    "appActivity": "com.android.browser.BrowserActivity",
    "noReset": True    # 请勿重置应用程序状态
}

driver = webdriver.Remote('http://127.0.0.1:4723/wd/hub', desired_caps)
driver.implicitly_wait(10)
# # 单击"我的"
driver.find_element(AppiumBy.ID, "com.android.browser:id/url").send_keys('https://www.baidu.com/')

WebDriverWait(driver,10).until(lambda x:x.find_element(AppiumBy.CLASS_NAME, "android.webkit.WebView"))
# 输出 current_context
print("current context is {}".format(driver.current_context))
# 输出 contexts，注意不是 contexts 方法
print("contexts are {}".format(driver.contexts))
# 切换 contexts
driver.switch_to.context("WEBVIEW_com.android.browser")

driver.quit()
```

运行上述代码后，会报错，部分错误信息如下。

部分错误信息：

```
selenium.common.exceptions.WebDriverException: Message: An unknown server-side error occurred while processing the command. Original error: No Chromedriver found that can automate Chrome '68.0.3440'. See https://github.com/appium/appium/blob/master/docs/en/writing-running-appium/web/chromedriver.md for more details
Stacktrace:
UnknownError: An unknown server-side error occurred while processing the command. Original error: No Chromedriver found that can automate Chrome '68.0.3440'. See https://github.com/appium/appium/blob/master/docs/en/writing-running-appium/web/chromedriver.md for more details
        at getResponseForW3CError (C:\Program Files\Appium Server GUI\resources\app\node_modules\appium\node_modules\appium-base-driver\lib\protocol\errors.js:804:9)
        at asyncHandler (C:\Program Files\Appium Server GUI\resources\app\node_modules\appium\node_modules\appium-base-driver\lib\protocol\protocol.js:380:37)
```

这样，我们就知道所需的 Chrome Driver 版本了。

9.4 屏幕截图

本节，我们来学习屏幕截图的操作。后续在自动化测试框架中，我们可以设计测试用例断言失败的时候启动自动截图的功能，保存的截图可以方便我们查找 bug。

Appium 共提供了 4 种截图方法，分别是：

- save_screenshot(filename)；
- get_screenshot_as_file(filename)；
- get_screenshot_as_png()；
- get_screenshot_as_base64()。

（1）示例 1（test 9_8.py）

save_screenshot(filename)，filename 参数非必传参数，如果不传递该参数，则方法将直接保存屏幕截图到当前脚本所在目录。

```python
from time import sleep
from appium import webdriver

'''
截图，保存截图到脚本所在目录
'''
desired_caps = {
  "deviceName": "127.0.0.1:21503",
  "platformName": "Android",
  "appPackage": "com.dangdang.buy2",
  "appActivity": "com.dangdang.buy2.activity.ActivityMainTab",
  "noReset": True     # 请勿重置应用程序状态
}

driver = webdriver.Remote('http://127.0.0.1:4723/wd/hub', desired_caps)
sleep(2)
driver.save_screenshot("homepage.png")
driver.quit()
```

（2）示例 2（test 9_9.py）

save_screenshot(filename)，传递 filename 参数，将截图保存到指定目录。filename 是保存的截图的完整路径，filename 的结尾应该为 ".png"，示例代码如下。

```python
from time import sleep
from appium import webdriver

'''
截图，保存截图到指定目录
'''
desired_caps = {
  "deviceName": "127.0.0.1:21503",
  "platformName": "Android",
  "appPackage": "com.dangdang.buy2",
  "appActivity": "com.dangdang.buy2.activity.ActivityMainTab",
  "noReset": True     # 请勿重置应用程序状态
}
```

```
driver = webdriver.Remote('http://127.0.0.1:4723/wd/hub', desired_caps)
sleep(2)
driver.save_screenshot(r"d:\AAA\homepage.png")
driver.quit()
```

(3) 示例 3（test 9_10.py）

get_screenshot_as_file(filename)，将截图保存到指定目录，示例代码如下。

```
from time import sleep
from time import sleep
from appium import webdriver

'''
截图，保存截图到指定目录
'''
desired_caps = {
  "deviceName": "127.0.0.1:21503",
  "platformName": "Android",
  "appPackage": "com.dangdang.buy2",
  "appActivity": "com.dangdang.buy2.activity.ActivityMainTab",
  "noReset": True    # 请勿重置应用程序状态
}

driver = webdriver.Remote('http://127.0.0.1:4723/wd/hub', desired_caps)
sleep(2)
driver.get_screenshot_as_file(r"d:\AAA\homepage.png")
driver.quit()
```

(4) 示例 4（test 9_11.py）

get_screenshot_as_png()，以二进制数据的形式获取当前窗口的截图，示例代码如下。

```
from time import sleep
from time import sleep
from appium import webdriver

'''
以二进制数据的形式获取当前窗口的截图
'''
desired_caps = {
  "deviceName": "127.0.0.1:21503",
  "platformName": "Android",
  "appPackage": "com.dangdang.buy2",
  "appActivity": "com.dangdang.buy2.activity.ActivityMainTab",
  "noReset": True    # 请勿重置应用程序状态
}

driver = webdriver.Remote('http://127.0.0.1:4723/wd/hub', desired_caps)
sleep(2)
result = driver.get_screenshot_as_png()
```

```
print(result)
driver.quit()
```

（5）示例 5（test 9_12.py）

get_screenshot_as_base64()，以 Base64 编码字符串的形式获取当前窗口的截图。

```
from time import sleep
from appium import webdriver

'''
截图，保存截图到脚本所在目录
'''
desired_caps = {
  "deviceName": "127.0.0.1:21503",
  "platformName": "Android",
  "appPackage": "com.dangdang.buy2",
  "appActivity": "com.dangdang.buy2.activity.ActivityMainTab",
  "noReset": True    # 请勿重置应用程序状态
}

driver = webdriver.Remote('http://127.0.0.1:4723/wd/hub', desired_caps)
sleep(2)
res = driver.get_screenshot_as_base64()
print(res)
driver.quit()
```

9.5 屏幕熄屏、亮屏

本节我们来学习设置屏幕熄屏、亮屏的相关方法。

- lock(seconds=None)，设置屏幕熄屏，相当于单击电源键熄灭屏幕。seconds 参数表示熄屏的时间，单位为秒，默认为None。
- unlock()，设置屏幕亮屏。
- is_locked()，判断屏幕状态。

（1）屏幕熄屏

来看第一个例子，连接终端，运行脚本，然后熄屏 3 秒，观察模拟器屏幕状态，示例代码（test 9_13.py）如下。

```
from time import sleep
from appium import webdriver

'''
```

```
'''
使用 lock(seconds)，设置熄屏时间，单位是秒
'''
desired_caps = {
  "deviceName": "127.0.0.1:21513",
  "platformName": "Android",
  "noReset": True     # 请勿重置应用程序状态
}

driver = webdriver.Remote('http://127.0.0.1:4723/wd/hub', desired_caps)
# 熄屏 3 秒
driver.lock(3)
# 3 秒结束后，自动亮屏，这里等待 2 秒等待后查看效果，然后退出
sleep(2)
driver.quit()
```

另外，Appium 还提供了 unlock() 方法，用来唤醒屏幕。

注意：笔者在测试过程中，对夜神模拟器（7.0.3.1 版本）调用 unlock() 方法会报错，对逍遥模拟器调用该方法也并非每次都成功，部分情况下，在亮屏的时候出现应用程序停止运行的现象，这是模拟器本身的问题，请读者注意。

（2）判断屏幕状态

Appium 提供了 is_locked() 方法来判断屏幕状态，示例代码（test 9_14.py）如下。

```
from time import sleep
from appium import webdriver

'''
使用 lock(seconds)，设置熄屏时间，单位是秒
'''
desired_caps = {
  "deviceName": "127.0.0.1:21503",
  "platformName": "Android",
  "noReset": True     # 请勿重置应用程序状态
}

driver = webdriver.Remote('http://127.0.0.1:4723/wd/hub', desired_caps)
driver.implicitly_wait(10)
# 熄屏 3 秒
driver.lock()
# 输出屏幕状态
print("Current locked State:{}".format(driver.is_locked()))
sleep(2)
driver.quit()
```

运行结果如下。

```
Current locked State::True
```

第10章
Appium等待机制

构建健壮、可靠的测试脚本，是 Android 自动化测试成功的关键因素之一。大家可能经常遇到类似的问题：单个脚本运行时都没有问题，但是当多个脚本组合运行时，往往会出现一些意想不到和难以理解的错误，经过调试、定位后，通常的结论是——这是由等待引发的问题。

导致 App 加载时间过长的原因有很多，但不管如何，一旦 Appium 以为页面元素加载完成而对其进行操作，就会出现元素找不到的问题。如何避免此类问题频繁发生呢？这就要求测试人员在编写脚本时，思考是否有外部可变因素对脚本产生影响。事实上由等待引起的元素定位错误或操作超时是自动化测试中常见的问题。然而某些自动化测试工程师竟然不知道如何避免这类问题。

10.1 影响元素加载的外部因素

我们先来分析一下都有哪些外部因素会影响元素的加载，以便大家在遇到这些外部因素时，能谨慎应对。

（1）移动终端的性能

不同的终端，因为硬件配置、生产厂商、操作系统版本等各种客观条件不同，运行同一款 App 的速度就会不同。如果你在一台高配、流畅的手机上编写和调试脚本，却将脚本发送到一台低配、卡顿的手机上执行，当测试机需要花更长的时间来渲染被测页面时，往往就会出现一种奇怪的现象——本地调试都正常，但运行整个测试用例集的时候，总有一些用例会出现概率性错误。

（2）服务器的性能

这里的服务器是指为 App 提供后台服务的应用服务器或数据库服务器。一般来说，服务器的性能都没什么问题。不过假如测试环境除了部署 App 服务端外，还同时部署了缺陷管理工具、代码管理工具、局域网邮件系统等，你可要注意了，因为一旦某个时刻服务器存在大量并发用户请求，其在处理自动化测试发起的请求时，就会花费更多的时间才能响应，此时自动化测试错误就会"应运而生"。

（3）网络因素

如果被测 App 中的 Web 页面包含大量图片，或者页面请求中存在低劣的无效代码等情况就会产生大量的数据请求，这时网络的稳定性将至关重要。假如数据请求或渲染需要过多的时间，运行自动化测试脚本时就可能出错。

总之，在自动化测试过程中，导致元素加载失败或渲染缓慢的原因有多种，如果不能正确处理，测试脚本的稳定性将大打折扣。

10.2 强制等待

我们想要操作元素，但是元素未出现，或者需要一段时间才能加载，这样的问题该如何解决呢？想想我们在手动测试的时候是如何做的？在做某个操作之前，先等待元素准备好，然后进行操作。什么是"准备好"？一般来说，"准备好"就是指页面加载完成。当然也有特殊情况，比如某页面资源是分块加载的，当要单击或操作的元素加载完成后，我们可能会迫不及待地操作（这时候并没有等待整个页面资源加载完成）。解决问题的大致思路我们大概捋清了，就是自动化测试脚本在尝试操作以前，应该先判断一下页面或者目标元素是否准备好了。

先来看看很多测试人员常用的强制等待。"强制等待"就是不管怎样，都要等待某个固定的时间。很多文章或图书喜欢将 Python time 模块提供的 sleep() 方法称为"强制等待"，笔者我首先要说明的是，sleep() 是 Python 提供的，而非 Appium WebDriver 提供的方法。接下来，我们再来回顾一下当时的场景，比如"通过代码实现左滑效果后，使用 sleep(2) 语句，让页面停留 2 秒，只是为了让你看清楚终端上所发生的一切"。没错，这里使用 sleep() 方法让脚本暂停运行，目的是调试脚本，让你看清终端上的变化，而并没有通过 sleep() 方法来等待某个元素加载完成。

为什么不能使用 sleep() 来等待元素加载完成呢？在 10.1 节中，我们分析了 3 种外部因素，这些因素可能会导致你需要等待的时间不一样。比如操作某个终端元素后，一般情况下，你只需要等待 3 秒 [sleep(3)]，下一步要操作的元素就会出现，可一旦出现意外，目标页面元素在 3 秒内没有加载出来，脚本的运行就会发生错误。部分测试人员在面对这种情况时，第一反应是延长等待时间，可是到底要等待多少秒呢？在执行单个测试用例的时候多等待 5 秒、10 秒，甚至 20 秒可能无所谓，但是，随着测试脚本的持续集成，用例数量越来越多，运行一轮自动化测试脚本的时间可能会长到让项目组抱怨："这脚本执行的速度还不如手动测试快！费大力气开发测试脚本的意义是什么？我觉得自动化测试的意义不太大。"当出现这种声音的时候，自动化测试人员总是尴尬的。说这么多的目的，就是想让大家记住，sleep() 方法可以帮我们调试代码，观察脚本执行时的情况。除此之外，我们不应该使用它或应该尽量少用它。

10.3 隐性等待

"隐性等待"就是 WebDriver 会在约定好的时间内,持续检测目标元素,一旦找到目标元素就执行后续的动作,如果超过约定时间还未检测到目标元素则报错。

Appium 继承了 Selenium 的 implicitly_wait() 方法,可用来设置隐性等待。让我们先来看看隐性等待的用法吧。

我们尝试运行如下代码(test 10_1.py)。

```
from time import sleep
from appium import webdriver
from appium.webdriver.common.appiumby import AppiumBy

'''
截图,保存在脚本所在目录
'''
desired_caps = {
  "deviceName": "127.0.0.1:21503",
  "platformName": "Android",
  "appPackage": "com.miui.calculator",
  "appActivity": "com.miui.calculator.cal.CalculatorActivity",
  "noReset": True    # 请勿重置应用程序状态
}

driver = webdriver.Remote('http://127.0.0.1:4723/wd/hub', desired_caps)
ele = driver.find_element(AppiumBy.ID,'false')
ele.click()
driver.quit()
```

运行以上代码,当计算器 App 被打开后,立即就报错了,原因是"ele=driver.find_element(AppillmBy.ID, 'false')"这条语句中的元素没有找到(故意写错,以模拟找不到元素的效果)。

再来看下面的代码(test 10_2.py)。注意,该代码在 test 10_1.py 的基础上增加了一句"driver.implicitly_wait(10)"。

```
from time import sleep
from appium import webdriver
from appium.webdriver.common.appiumby import AppiumBy

'''
截图,保存截图到脚本所在目录
'''
desired_caps = {
  "deviceName": "127.0.0.1:21503",
```

```
    "platformName": "Android",
    "appPackage": "com.miui.calculator",
    "appActivity": "com.miui.calculator.cal.CalculatorActivity",
    "noReset": True    # 请勿重置应用程序状态
}

driver = webdriver.Remote('http://127.0.0.1:4723/wd/hub', desired_caps)
driver.implicitly_wait(10)
ele = driver.find_element(AppiumBy.ID,'false')
ele.click()
driver.quit()
```

运行代码，当打开计算器 App 后，因为找不到 (AppiumBy.ID,'false') 的元素，等待 10 秒后才会报错。但是如果在第 5 秒或第 7 秒的时候能找到元素，代码就会继续执行。这个功能很好用，你只需要在会话初始化的时候加上这么一句短短的代码"driver.implicitly_wait()"，WebDriver 就会在指定的时间内持续检测和查找元素，以便查找那些没有立即加载成功的元素，这对解决由于网络延迟或服务器响应慢所导致的元素偶尔找不到的问题非常有效。注意，这种方式和调用 sleep() 是有本质区别的：sleep() 是固定等待指定的时间，不管元素是不是提前找到，都必须将等待时间消耗完，才会执行后面的动作；而"driver.implicitly_wait()"要智能得多，它会持续检测元素，一旦找到，就执行后续的动作，从而节省了很多时间，这简直是太有用了，所以很多人爱上了它："不管是否需要，让我们在所有的自动化用例中都加上隐性等待吧。"

注意，driver.implicitly_wait() 和 sleep() 还有一个不同点，一旦设置了隐性等待，前者就会作用于实例化会话的整个生命周期，而 sleep() 只会对当前行有效。

目前来看，隐性等待似乎"百利而无一害"，但笔者在《Python 实现 Web UI 自动化测试实战》一书中曾经介绍过"隐性等待带来的弊端"，这里也简单和各位分享一下。

（1）隐性等待会减缓测试速度

假如测试用例的某个步骤是在元素不存在的时候才执行后续的动作，而我们又恰好使用了隐性等待，这个时候 Appium 反而会因为要确定元素是不是真的不存在而等待 10 秒，然后才确定无法找到该元素。因此，检查某些内容不存在的次数越多，测试就越缓慢，可能在不知不觉中就会产生运行时间超长的测试，甚至手动检查都比它快。对于这种问题，目前的解决办法主要有两种：一种是让某个需要检查元素不存在的测试用例不使用隐性等待，不幸的是，总会有人忘记这件事，当其无法忍受代码运行时长，再想解决问题的时候，就只能通读代码来寻找原因了；另一种是将检查"元素不存在"换成检查"元素存在"，比如删除某内容后，检查是否出现"删除成功"的字样（移动端的删除场景中一般无提示信息），但是这可能"放过"一种错误，就是提示删除成功，但是数据仍然存在。

(2)隐性等待会干扰显性等待

隐性等待是作用于整个实例化会话的生命周期的,这意味着即便后续创建了显性等待,可能也达不到预期。

虽然网络上有介绍显性等待和隐性等待混用的场景及其作用域,但实际上,Selenium 官方文档明确说道:"混合使用显性等待和隐性等待会导致意想不到的后果,有可能即使元素可用或条件为 True,也要等待很长的时间。"

简单总结一下,隐性等待简洁、高效,但偶尔会让人措手不及,笔者并不建议大家使用,尤其是不要将其和显性等待混用。

10.4 显性等待

对于由等待引发的问题,笔者推荐的解决方案是使用显性等待。显性等待比隐性等待具备更好的操控性。与隐性等待不同,我们可以为脚本设置一些定制化的条件,等待条件满足之后再进行下一步操作。

Appium 的 WebDriver 并没有引入 Selenium 的 WebDriverWait 类,因此要使用显性等待,我们必须从 Selenium 中引入显性等待方法。显性等待的实现基于 WebDriverWait 类和 expected_conditions 模块。WebDriverWait 类用来定义超时时间、轮询频率等;expected_conditions 模块则提供一些预期条件作为测试脚本进行后续操作的判断依据。

(1)WebDriverWait 类及其提供的方法

下面先通过 PyCharm 看一下 WebDriverWait 类,如图 10-1 所示。

WebDriver wait 类参数分析:

- 第一个参数,必选参数,WebDriverWait中必须传入一个实例化driver;
- 第二个参数,必选参数,WebDriverWait中必须传入一个超时时间,用于指定最多轮询多少秒;
- 第三个参数,可选参数,轮询频率,即每隔多长时间去查一下第四个参数中的条件是否满足,默认间隔为0.5秒;
- 第四个参数,可选参数,即忽略的异常,如果在调用until()或until_not()的过程中抛出的是该参数中的异常,则不中断代码,继续等待,如果抛出的是这个元组外的异常,则中断代码,抛出异常,默认为"None"。

```
class WebDriverWait(object):
    def __init__(self, driver, timeout, poll_frequency=POLL_FREQUENCY, ignored_exceptions=None):
        """Constructor, takes a WebDriver instance and timeout in seconds.

        :Args:
         - driver - Instance of WebDriver (Ie, Firefox, Chrome or Remote)
         - timeout - Number of seconds before timing out
         - poll_frequency - sleep interval between calls
           By default, it is 0.5 second.
         - ignored_exceptions - iterable structure of exception classes ignored during calls.
           By default, it contains NoSuchElementException only.

        Example:
         from selenium.webdriver.support.ui import WebDriverWait \n
         element = WebDriverWait(driver, 10).until(lambda x: x.find_element_by_id("someId")) \n
         is_disappeared = WebDriverWait(driver, 30, 1, (ElementNotVisibleException)).\ \n
                    until_not(lambda x: x.find_element_by_id("someId").is_displayed())
        """
```

图 10-1　WebDriverWait 类

下面通过 PyCharm 自动提示功能，来看看 WebDriverWait 类提供了哪些方法，如图 10-2 所示。

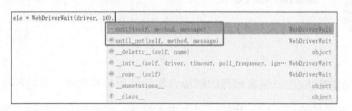

图 10-2　until() 和 until_not()

在图 10-2 的线框中，一个为 until() 方法，另一个为 until_not() 方法。下面分别介绍一下这两个方法的源码，如图 10-3、图 10-4 所示。

```
def until(self, method, message=''):
    """Calls the method provided with the driver as an argument until the \
    return value is not False."""
    screen = None
    stacktrace = None

    end_time = time.time() + self._timeout
    while True:
        try:
            value = method(self._driver)
            if value:
                return value
        except self._ignored_exceptions as exc:
            screen = getattr(exc, 'screen', None)
            stacktrace = getattr(exc, 'stacktrace', None)
        time.sleep(self._poll)
        if time.time() > end_time:
            break
    raise TimeoutException(message, screen, stacktrace)
```

```
def until_not(self, method, message=''):
    """Calls the method provided with the driver as an argument until the \
    return value is False."""
    end_time = time.time() + self._timeout
    while True:
        try:
            value = method(self._driver)
            if not value:
                return value
        except self._ignored_exceptions:
            return True
        time.sleep(self._poll)
        if time.time() > end_time:
            break
    raise TimeoutException(message)
```

图 10-3　until() 方法源码　　　　　　　图 10-4　until_not() 方法源码

第一个方法为 until()，是在 WebDriverWait 类规定的时间（第二个参数）内，代码每隔一定的时间（第三个参数）调用一次 method（方法），直到 until 的返回值不为 False。如果超时就抛出 TimeoutException，异常信息为 message。

第二个方法为 until_not()，表示在规定的时间内，每隔一段时间调用一次 method，直到

until_not 返回 False。如果超时则抛出 TimeoutException，异常信息为 message。

我们再来整体看一下显性等待的语法格式。

```
WebDriverWait(driver, 超时时间, 轮询频率, 忽略异常).until(可执行方法, 超时后返回的信息)
```

这里需要特别注意的是 until() 或 until_not() 中的可执行方法，很多人在使用时传入的是 WebElement 对象，示例如下。

```
WebDriverWait(driver, 10).until(driver.find_element_by_id('kw'), message)  # 错误
```

这是错误的用法，这里的可执行方法一定要是可以调用的，即这个对象一定有 __call__() 方法，否则代码在运行时会抛出异常。

```
TypeError: 'xxx' object is not callable
```

（2）expected_conditions 模块

你可以用 selenium 提供的 expected_conditions 模块中的各种预期条件，也可以用 WebElement 的 is_displayed()、is_enabled()、is_selected() 方法，还可以用自己封装的方法。接下来我们看一下 selenium 提供的预期条件有哪些。

expected_conditions 是 selenium 的一个模块，可以使用下面的语句导入该模块（"asEC" 的意思是为该模块取别名，方便后续引用）。

```
from selenium.webdriver.support import expected_conditions as EC
```

该模块包含一系列可用于判断的条件，内置的判断条件如表 10-1 所示。

表 10-1 expected_conditions

判断条件	描述
title_is(title)	判断页面的 title 和预期的 title 是否完全一致，完全一致返回 True，否则返回 False
title_contains(title)	判断页面的 title 是否包含预期的 title，如果包含返回 True，否则返回 False，注意文字包含匹配的时候，对文字的大小写敏感
presence_of_element_located(locator)	用于检查某个元素是否存在于页面文档对象模型（Document Object Model,DOM）中，注意元素并不一定可见。locator 用来返回，找到的元素，返回元素是 WebElement
presence_of_all_elements_located(locator1, locator2)	用于检查所有元素是否存在，如果存在，返回所有匹配的元素，返回结果是一个列表，否则报错
url_contains(url)	检查当前 driver 的 url 是否包含字符串，若包含，返回 True，否则返回 False

续表

判断条件	描述
url_matches(url)	检查当前 driver 的 url 是否包含字符串，若包含，返回 True，否则返回 False；和上面的方法相同
url_to_be(url)	检查当前 driver 的 url 与预期值是否完全匹配（一般是正则表达式的匹配），若是，返回 True，否则返回 False
url_changes(url)	检查当前 driver 的 url 和预期值，若不一样，返回 True，否则返回 False
visibility_of_element_located(locator)	参数是 locator，用于判断元素是否在页面 DOM 中并且可见，若是，返回 True，否则返回 False
visibility_of(WebElement)	参数是 WebElement，判断元素是否在页面 DOM 中并且可见，若是，返回 True，否则返回 False
visibility_of_any_elements_located(locator)	参数是 locator，根据定位器至少应该能定位到一个可见元素，其返回值是列表。如果定位不到报错
visibility_of_all_elements_located(locator)	参数是 locator，判断根据定位器找到的所有符合条件的元素是否都是可见元素，如果是，返回值是列表，定位不到元素或者元素不全是可见元素则报错
invisibility_of_element_located(locator)	判断 locator 所代表的元素是否不存在或者不可见，若是，返回 True，否则返回 False
invisibility_of_element(locator or element)	判断 locator 或者 element 是否不存在或者不可见，若是，返回 True，否则返回 False
frame_to_be_available_and_switch_to_it(frame_locator)	判断 frame_locator 是否存在，若存在，程序自动切换到这个 frame 中并返回 True，若不存在，则返回 False
text_to_be_present_in_element(locator,text)	判断 text 是否出现在元素中，有两个参数，返回一个布尔值
text_to_be_present_in_element_value(locator, text)	判断 text 是否出现在元素的属性 value 中，有两个参数，返回一个布尔值
element_to_be_clickable(locator)	判断 locator 是否可见并且可单击，若是，返回 True，否则返回 False
staleness_of(element)	判断 element 是否仍然在 DOM 中，如果在，返回 False，否则返回 True。也就是说页面刷新了，元素不存在了，就返回 True
element_to_be_selected(element)	判断元素是否被选中，传入的参数是 element，如果是选中的，返回值是这个元素
element_located_to_be_selected(locator)	判断元素是否被选中，传入的参数是 locator，如果是选中的，返回值是这个元素
element_selection_state_to_be(element, is_selected)	传入两个参数，第一个是元素，第二个是状态

续表

判断条件	描述
element_located_selection_state_to_be(locator, is_selected)	传入两个参数,第一个是定位器,第二个是状态
number_of_windows_to_be(num_windows)	判断窗口的数量是否符合预期值,返回值是布尔值
new_window_is_opened(current_handles)	传入当前窗口的句柄,判断是否有新窗口打开,返回值是布尔值
alert_is_present(driver)	判断是否有 alert,如果有,切换到 alert,否则返回 False

下面通过具体的示例来演示表 10-1 中一部分判断条件的用法。

示例 1(test 10_3.py):判断页面元素能否存在。

```
from appium import webdriver
from appium.webdriver.common.appiumby import AppiumBy
from selenium.webdriver.support import expected_conditions as EC
from selenium.webdriver.support.ui import WebDriverWait

'''
显性等待,判断元素是否可定位
'''
desired_caps = {
  "deviceName": "127.0.0.1:21503",
  "platformName": "Android",
  "appPackage": "com.dangdang.buy2",
  "appActivity": "com.dangdang.buy2.activity.ActivityMainTab",
  "noReset": True      # 请勿重置应用程序状态
}

driver = webdriver.Remote('http://127.0.0.1:4723/wd/hub', desired_caps)

try:
    # 检查"我的"元素是否找到
    ele = WebDriverWait(driver, 10).until(EC.presence_of_element_located((AppiumBy.ID, 'com.dangdang.buy2:id/tab_personal_iv')))
    ele.click()
except Exception as e:
    raise e
finally:
    sleep(2)
    driver.quit()
```

定位到"我的"元素后,立即单击该元素。

示例 2(test 10_4.py):判断元素是否在 DOM 中并且可见。

```
from time import sleep
from appium import webdriver
from appium.webdriver.common.appiumby import AppiumBy
```

```python
from selenium.webdriver.support import expected_conditions as EC
from selenium.webdriver.support.ui import WebDriverWait

'''
显性等待，判断元素是否在 DOM 中并且可见
'''
desired_caps = {
    "deviceName": "127.0.0.1:21503",
    "platformName": "Android",
    "appPackage": "com.dangdang.buy2",
    "appActivity": "com.dangdang.buy2.activity.ActivityMainTab",
    "noReset": True    # 请勿重置应用程序状态
}

driver = webdriver.Remote('http://127.0.0.1:4723/wd/hub', desired_caps)

try:
    # 检查"我的"元素是否在 DOM 中并且可见
    ele = WebDriverWait(driver, 10).until(EC.visibility_of_element_located(
        (AppiumBy.ID, 'com.dangdang.buy2:id/tab_personal_iv')))
    ele.click()
except Exception as e:
    raise e
finally:
    sleep(2)
    driver.quit()
```

示例 3（test 10_5.py）：判断页面元素是否可见并且可单击。

```python
from time import sleep
from appium import webdriver
from appium.webdriver.common.appiumby import AppiumBy
from selenium.webdriver.support import expected_conditions as EC
from selenium.webdriver.support.ui import WebDriverWait

'''
显性等待，判断元素是否可见并且可单击
'''
desired_caps = {
    "deviceName": "127.0.0.1:21503",
    "platformName": "Android",
    "appPackage": "com.dangdang.buy2",
    "appActivity": "com.dangdang.buy2.activity.ActivityMainTab",
    "noReset": True    # 请勿重置应用程序状态
}

driver = webdriver.Remote('http://127.0.0.1:4723/wd/hub', desired_caps)

try:
    ele = WebDriverWait(driver, 10).until(EC.element_to_be_clickable((AppiumBy.ID, 'com.dangdang.buy2:id/tab_personal_iv')))
```

```
        ele.click()
except Exception as e:
    raise e
finally:
    sleep(2)
    driver.quit()
```

控制台输出结果如下。

```
C:\Python\Python36\python.exe D:/Love/Chapter_8/test8_11.py
<selenium.webdriver.remote.webelement.WebElement (session="b62022d5fe2d3c68012146
138e175bd6", element="1db3733c-575b-40b0-8d69-447c873a5758")>
<class 'selenium.webdriver.remote.webelement.WebElement'>
Process finished with exit code 0
```

（3）自定义等待条件

如果 expected_conditions 模块提供的丰富的预期条件还是不能满足个人的需求，还可以借助 lambda 表达式来自定义等待条件。

来看这样一个示例（test 10_6.py）。

```
from time import sleep
from appium import webdriver
from appium.webdriver.common.appiumby import AppiumBy
from selenium.webdriver.support import expected_conditions as EC
from selenium.webdriver.support.ui import WebDriverWait

'''
显性等待，lambda 表达式
'''
desired_caps = {
  "deviceName": "127.0.0.1:21503",
  "platformName": "Android",
  "appPackage": "com.dangdang.buy2",
  "appActivity": "com.dangdang.buy2.activity.ActivityMainTab",
  "noReset": True    # 请勿重置应用程序状态
}

driver = webdriver.Remote('http://127.0.0.1:4723/wd/hub', desired_caps)

try:
        ele = WebDriverWait(driver, 10).until(lambda x: x.find_element(AppiumBy.
ID,'com.dangdang.buy2:id/tab_personal_iv'))
        ele.click()
except Exception as e:
    raise e
finally:
    sleep(2)
    driver.quit()
```

上述示例借助 lambda 表达式自定义预期等待条件为：通过 id 查找值为 "com.dangdang.buy2:id/tab_personal_iv" 的元素，如果能找到则返回该元素。

本章我们花了整整一章来介绍"等待"的应用，目的是通过设置等待，更加灵活地指定等待元素被查找到的时间，从而增强脚本的稳健性，同时保证脚本的执行效率。

虽然显性等待有诸多好处，但其最大的问题之一在于有一定的学习难度，因此笔者通过几个具体示例来展示其用法，希望读者能够正确、熟练地掌握该知识点。另外，显性等待还有一个明显的缺点，不过笔者并不打算在本章讲解，而是将其放到后续包含项目实战的章节中进行介绍，以让读者有更深刻的体会。

第11章
自动化测试用例开发

经过前面的学习，我们掌握了开发线性自动化测试用例的知识。本章我们来看看应当如何设计自动化测试用例，以及如何基于用例开发测试脚本。

11.1 测试用例设计

本节我们以当当 App 为测试对象，设计 4 个测试用例，并讲解相关的知识，如表 11-1 所示。因为排版问题，表 11-1 中只展示了测试用例的必要字段，完整版用例文档请参考本书附赠资源。

表 11-1 当当 App 测试用例

ID（Case Name）	模块	标题	操作步骤	预期结果
test_1_1_home_search.py	首页	搜索功能可用	（1）单击首页搜索框 （2）输入"Web UI 自动化测试" （3）将第一本书加入购物车	（1）图书列表中第一本图书作者的名字中包括"Storm" （2）Toast 提示："商品已成功加入购物车"
test_2_1_classification.py	分类	分类列表包含目标分类	（1）单击"分类" （2）查看分类列表	分类列表中包含"图书""食品""手机数码"
test_3_1_pay.py	购物车	结算目标商品	（1）进入购物车，查看图书列表 （2）单击图书"Python 实现 Web UI 自动化测试实战" （3）单击"去结算"按钮	（1）包含目标图书 （2）进入"确认订单"页面，判断该页面的"提交订单"按钮是否可单击
test_4_1_object_of_concern.py	我的	查看关注商品	（1）单击"我的" （2）查看关注列表	关注列表中包含《Python 实现 Web UI 自动化测试实战》

测试用例设计说明如下。

- 用例id的设计规则如下。
  - 按照unittest框架（第12章介绍）规则，以"test"开头。
  - 第一个数字代表对应的功能模块，例如这里的1对应"首页"，2对应"分类"，3对应"购物车"，4对应"我的"。
  - 第二个数字代表用例在对应功能模块下的执行顺序，例如test_1_1_xx，按照unittest框架规则会先于test_1_2_xx执行。
  - 最后一部分是用例的标题，以英文单词表示，例如home_search。
- 当当App是一个功能丰富的App，可以从App底部菜单入手划分模块，也可以从业务角度划分模块。

- 用例标题需要能够描述该用例的目的。
- 用例可能有执行的前提条件，具体说明可参考本书的配套文件。
- 操作步骤从登录后开始描述。
- 预期结果对应某个操作。

上述说明仅供参考，大家可根据实际项目进行优化。

11.2 测试用例代码实现

接下来，结合前面学到的知识，依据表 11-1，开始编写测试用例代码。

测试用例 1（test_1_1_home_search.py），请读者关注代码中的注释。

```python
from appium import webdriver
from appium.webdriver.common.appiumby import AppiumBy
from time import sleep


'''
（1）单击首页搜索框
（2）输入"Web UI 自动化测试"
（3）将第一本图书加入购物车
'''
desired_caps = {
  "deviceName": "127.0.0.1:21503",
  "platformName": "Android",
  "appPackage": "com.dangdang.buy2",
  "appActivity": "com.dangdang.buy2.activity.ActivityMainTab",
  "noReset": True    # 请勿重置应用程序状态
}

driver = webdriver.Remote('http://127.0.0.1:4723/wd/hub', desired_caps)
driver.implicitly_wait(10)
# 单击搜索框
driver.find_element(AppiumBy.ID, "com.dangdang.buy2:id/research_flipper_textview").click()
# 在搜索框输入文字
driver.find_element(AppiumBy.ID, "com.dangdang.buy2:id/et_search").send_keys("Web UI 自动化测试")
# 单击"搜索"按钮
driver.find_element(AppiumBy.ID, "com.dangdang.buy2:id/tv_search").click()
sleep(3)
# 将搜索出来的图书元素放到一个列表中
author_list = driver.find_elements(AppiumBy.ID, "com.dangdang.buy2:id/author_tv")
```

```python
# 取一个元素的文字 (作者名字)
first_author = author_list[0].text
# 断言一: 判断列表中的第一个作者名字中是否包含 "Storm"
if "Storm" in first_author:
    print('第一本图书的作者的名字中包含 Storm')
else:
    print('第一本图书的作者的名字中不包含 Storm')

# 单击第一本图书详情页面中的加入购物车图标, 这里使用 find、element() 方法, 默认取第一个元素
driver.find_element(AppiumBy.ID, "com.dangdang.buy2:id/add_cart_tv").click()
# 将 Toast 提示保存到变量中
add_toast = driver.find_element(AppiumBy.XPATH, "//*[@class='android.widget.Toast']").text
# 断言二: Toast 提示为 "商品已成功加入购物车"
if add_toast=='商品已成功加入购物车':
    print('商品加入购物车成功')
else:
    print('商品加入购物车失败')

driver.quit()
```

代码说明如下。

- 不能直接在首页的搜索框中输入文字,需要先单击搜索框,然后在新打开的页面的搜索框(和首页搜索框的元素id不同)中输入文字。
- 在图书搜索结果页,所有的图书的作者都有各自的元素属性id,示例中使用了find_elements()来定位组元素,然后取返回列表中的第一个元素。
- 示例中使用 "//*[@class='android.widget.Toast']" 来定位Toast提示,这是前面学过的内容。
- 示例中通过Python的 "if...else..." 语句来判断用例的执行结果。

测试用例2(test_2_1_classification.py):

```python
from appium import webdriver
from appium.webdriver.common.appiumby import AppiumBy
from time import sleep


'''
(1) 单击 "分类" 标签
(2) 查看分类列表
'''
desired_caps = {
    "deviceName": "127.0.0.1:21503",
    "platformName": "Android",
    "appPackage": "com.dangdang.buy2",
    "appActivity": "com.dangdang.buy2.activity.ActivityMainTab",
    "noReset": True    # 请勿重置应用程序状态
```

```
}
driver = webdriver.Remote('http://127.0.0.1:4723/wd/hub', desired_caps)
driver.implicitly_wait(10)
# 单击"分类"标签
driver.find_element(AppiumBy.ID, "com.dangdang.buy2:id/tab_search_iv").click()
sleep(3)
# 将分类的元素放到一个列表中
ele_list = driver.find_elements(AppiumBy.ID, "com.dangdang.buy2:id/title_tv")
# 再将元素的文字都放到一个新列表中
classification_list = []
for ele in ele_list:
    classification_list.append(ele.text)
print(classification_list)
# 断言:分类列表中包含"图书""食品""手机数码"
target_list = ["图书","食品","手机数码"]
# 通过循环,依次判断目标文字是否在分类列表中
for i in target_list:
    if i in classification_list:
        # 如果在,就输出 True,继续判断
        print('True')
        continue
    else:
        # 如果不在,就输出 False,并通过 break 跳出循环
        print('False')
        break
driver.quit()
```

代码说明如下。

- 上方示例代码以断言方式判断目标文字是否在分类列表中。
- 上方示例代码中用到了 Python 中的 for 循环、continue、break 等。

测试用例 3（test_3_1_pay.py）：

```
from appium import webdriver
from appium.webdriver.common.appiumby import AppiumBy
from time import sleep

'''
(1) 进入购物车,查看图书列表
(2) 单击图书《Python 实现 Web UI 自动化测试实战》
(3) 单击"去结算"按钮
'''

desired_caps = {
  "deviceName": "127.0.0.1:21503",
  "platformName": "Android",
  "appPackage": "com.dangdang.buy2",
  "appActivity": "com.dangdang.buy2.activity.ActivityMainTab",
  "noReset": True    # 请勿重置应用程序状态
```

```python
    }
    driver = webdriver.Remote('http://127.0.0.1:4723/wd/hub', desired_caps)
    driver.implicitly_wait(10)
    # 单击"搜索"框
    driver.find_element(AppiumBy.ID, "com.dangdang.buy2:id/research_flipper_textview").click()
    # 在搜索框输入文字
    driver.find_element(AppiumBy.ID, "com.dangdang.buy2:id/et_search").send_keys("Web UI 自动化测试")
    # 单击"搜索"按钮
    driver.find_element(AppiumBy.ID, "com.dangdang.buy2:id/tv_search").click()
    sleep(3)
    # 单击搜索出来的第一本图书,加入购物车
    driver.find_elements(AppiumBy.ID, "com.dangdang.buy2:id/add_cart_tv")[0].click()
    # 通过模拟按"Esc"键退回到首页
    driver.press_keycode(111)
    sleep(1)
    driver.press_keycode(111)
    sleep(1)
    # 单击"购物车"标签
    driver.find_element(AppiumBy.ID, 'com.dangdang.buy2:id/tab_cart_iv').click()
    sleep(2)
    # 断言一:包含目标图书
    book_name = driver.find_elements(AppiumBy.ID, 'com.dangdang.buy2:id/product_title_tv')[0].text
    if "Web UI 自动化测试实战" in book_name:
        print("包含目标图书")
    else:
        print('不包含目标图书')
    # 判断《Python 实现 Web UI 自动化测试实战》这本图书是否被选中
    ele = driver.find_element(AppiumBy.ID, "com.dangdang.buy2:id/product_chb")
    # print(ele.get_attribute('checked'))
    if ele.get_attribute('checked')=='false':
        ele.click()
    # 单击"去结算"按钮
    driver.find_element(AppiumBy.ID, 'com.dangdang.buy2:id/cart_balance_tv').click()
    # 单击"提交订单"按钮
    ele2 = driver.find_element(AppiumBy.ID, 'com.dangdang.buy2:id/checkout_button')
    # 断言二:进入"确认订单"页面,判断该页面"提交订单"按钮是否可单击
    if ele2.get_attribute('clickable')=='true':
        print('提交订单按钮可单击')

    driver.quit()
```

对上述代码的简要说明如下。

- 上述代码通过"driver.press_keycode(111)"来实现按"Esc"键的效果。而按两次"Esc"键的目的是从图书搜索结果页返回到首页,这样才能再单击购物车图标。当然也可以单击页面左上角的返回图标实现相同的效果。不过在图书详情页的返回图标无

法直接单击,查看其元素属性就变得相对困难,因此使用单击"Esc"键的方法代替单击返回图标。如图11-1所示。

图 11-1 图书详情页返回图标

当然,我们可以选中整个图片后,再从元素树中寻找"返回图标"这个元素,效果如图11-2所示。

图 11-2 返回图标元素信息

- 进入"购物车"后,判断目标图书是否被选中,如果没有选中,则需要将其选中后,再单击"去结算"按钮。

测试用例4(test_4_1_object_of_concern.py):

```
from appium import webdriver
from appium.webdriver.common.appiumby import AppiumBy
from time import sleep

'''
(1)单击"我的"标签
(2)查看关注列表
'''

desired_caps = {
  "deviceName": "127.0.0.1:21503",
  "platformName": "Android",
```

```python
    "appPackage": "com.dangdang.buy2",
    "appActivity": "com.dangdang.buy2.activity.ActivityMainTab",
    "noReset": True      # 请勿重置应用程序状态
}

driver = webdriver.Remote('http://127.0.0.1:4723/wd/hub', desired_caps)
driver.implicitly_wait(10)
# 单击"搜索"框
driver.find_element(AppiumBy.ID, "com.dangdang.buy2:id/research_flipper_textview").click()
# 在搜索框输入文字
driver.find_element(AppiumBy.ID, "com.dangdang.buy2:id/et_search").send_keys("Web UI 自动化测试")
# 单击"搜索"按钮
driver.find_element(AppiumBy.ID, "com.dangdang.buy2:id/tv_search").click()
sleep(3)
# 单击搜索出来的第一本图书
driver.find_elements(AppiumBy.ID, "com.dangdang.buy2:id/author_tv")[0].click()
# 首先判断《Python 实现 Web UI 自动化测试实战》这本书是否已经收藏了，如果没有收藏要先单击"收藏"
res = driver.find_element(AppiumBy.ID, "com.dangdang.buy2:id/tv_magic_index2")
if res.text == " 收藏 ":
    res.click()

# 通过模拟按"Esc"键退回到首页
driver.press_keycode(111)
sleep(1)
driver.press_keycode(111)
sleep(1)
driver.press_keycode(111)
sleep(1)
# 然后，单击"我的"标签，判断收藏列表是否包含《Python 实现 Web UI 自动化测试实战》
# 单击"我的"标签
driver.find_element(AppiumBy.ID, "com.dangdang.buy2:id/tab_personal_iv").click()
# 通过 id 取组元素
sleep(2)
eles = driver.find_elements(AppiumBy.ID, "com.dangdang.buy2:id/tv_collect_name")
titles = []
# 将所有收藏的图书的名称放到一个列表中
for i in eles:
    titles.append(i.text)
print(titles)

if "Python 实现 Web UI 自动化测试实战：Selenium 3/4+unittest/Pytest+GitLab+Jenkins" in titles:
    print('True')
else:
    print('False')

driver.quit()
```

代码说明如下。

- 上方示例中，先搜索目标图书，判断该图书是否已被收藏，如果未被收藏，则单击"收藏"。
- 将所有收藏的图书的名称放入一个列表中，然后判断目标图书是否在关注列表中。

11.3 代码分析

上方代码都能够成功执行，看起来似乎不错，但实际上有如下问题。

（1）用例缺乏统一管理

目前用例只能一个个执行，假如我们写了 300 个用例，总不能手动执行 300 次用例文件吧？另外，用例中虽然写了断言，但是当前只能通过查看控制台输出内容来判断用例执行是否成功，难道你不想自动生成一份测试报告吗？以上种种问题，我们都可以通过测试框架来解决，请见第 12 章内容。

（2）用例代码冗余

在 11.2 节中，我们只写了 4 个测试用例，但细心的读者应该已经发现，测试用例代码存在大量冗余，比如，每个用例中都包含实现终端初始化的代码。

（3）用例扩展性较差

测试用例中除了包含必要的业务操作外，还掺杂了一些测试数据，假如我们想测试更多数据，就要修改代码，用例的扩展性较差。

（4）用例健壮性不足

正常情况下，用例的执行没有太多问题，可是一旦遇到 App 升级弹窗、活动弹窗，或者低电量提示、来电提示等各种意外时，就无法保证正确执行了。

（5）用例的可维护性较低

测试用例中包含元素定位器、元素操作和业务逻辑，因为元素会在多个用例中使用，一旦该元素定位器发生改变，或者元素操作发生改变，我们就需要修改所有用到该元素定位器或操作的用例，所以用例的可维护性较低。

测试用例有缺点没关系，克服这些缺点正好是我们进步的动力，本书后续的内容等着你去探索。

第12章

unittest测试框架

在第 11 章中，我们编写了线性自动化测试脚本。如果想更好地实现组织测试用例、添加断言、输出测试报告等功能，最好采用测试框架。

unittest 框架是 Python 语言内置的单元测试框架。我们用 Python 语言编写的 Android 自动化测试脚本，同样可以借助该框架来组织和运行。

12.1 unittest 框架结构

unittest 是 Python 语言的内置模块，这意味着我们不需要再对其进行安装。unittest 支持自动化测试、测试用例间共享 setUp（测试前的初始化工作）和 tearDown（测试结束后的清理工作）代码块，可以实现将测试用例合并为集合执行，然后将测试结果展示在报告中。

（1）unittest 框架的 4 个重要概念

在学习 unittest 框架之前，我们先要了解 4 个非常重要的概念。

① test fixture（测试固件）。

对于 test fixture，你可以将其理解为在测试之前或者之后需要做的一些工作。比如在测试执行前可能需要打开浏览器、创建数据库连接等，测试结束后可能需要清理测试环境、关闭数据库连接等。在 unittest 中常用的固件有 setUp、tearDown、setUpClass、tearDownClass，前面两个分别在每个用例执行之前和之后执行，后面两个分别在方法执行之前和之后执行。（简单了解即可，后续会结合实例详细介绍。）

② test case（测试用例）。

test case 就是我们平常说的测试用例。测试用例是在 unittest 中执行测试的最小单元，它通过 unittest 提供的 assert() 方法来验证一组特定的操作或输入特定内容以后得到的具体响应。unittest 提供了一个名为 TestCase 的基础类，可以用来创建测试用例。在 unittest 中测试用例的方法必须以 test 开头，并且执行顺序会按照方法名的 ASCII 值排序。

③ test suite（测试套件）。

test suite 就是一组测试用例，作用是将多个测试用例放到一起，执行 test suite 就可以将其中的用例全部执行。

④ test runner（测试运行器）。

test runner 用来执行测试用例，并返回测试用例执行的结果。某些 test runner 还可以通过图形、表格、文本等方式把测试结果形象地展现出来，比如 HTMLTestRunner。

（2）unittest 脚本示例

下面通过一段代码（test 12_1.py）来看一下 unittest 用例的基本格式。

```python
import unittest


class TestStorm(unittest.TestCase):
    def setUp(self):
        print('setUp')

    def test_first(self):
        print('test_first')
        self.assertEqual('storm', 'storm')

    def tearDown(self):
        print('tearDown')


if __name__ == '__main__':
    unittest.main()
```

简单总结一下 unittest 测试框架的"习惯"。

- 首先需要导入unittest包：importunittest。
- 导入包的语句和定义测试类中间要隔两个空行，这是PEP 8编码规范（虽然不加空行不会报错，但还是建议大家养成好习惯）。
- 新建一个测试类，建议测试类的名称中的单词首字母大写，另外有的人习惯以"Test"作为名称的开头，有的人习惯以"TestCase"作为名称的结尾，建议公司测试团队所用的命令规范保持一致。本书使用"TestStorm"风格。
- 测试类必须继承unittest.TestCase。
- 接下来就可以编写setUp()方法（注意大小写），setUp()方法用来存放预置动作，大家可以暂时将其理解为执行测试用例的前提条件。当然setUp()方法并非必须有。
- 接下来就可以编写测试用例了，测试用例名称以"test_"开头。
- self.assert×××是unittest提供的断言方法（断言方法有很多，后续内容中会详细介绍）。
- 用例写完，可以编写tearDown()（注意大小写），tearDown()用来存放"收尾动作"，你可以暂时将其理解为执行完测试用例的"清理工作"。tearDown()也并非必须有。
- teardown()之后，空两行，就可以编写Python的main()方法以进行内部测试了。

注意：无论 setUp() 和 tearDown() 摆放在哪里，都不影响其执行的顺序。不过团队最好有个约定，大家共同遵守。尝试运行上述代码，结果如下（部分输出信息）。

```
Testing started at 14:48 ...
Ran 1 test in 0.017s

OK

Process finished with exit code 0
setUp
test_first
tearDown
```

简单解释一下使用 unittest 测试框架编写的用例的输出信息。

- 第一行显示测试开始执行的时间。
- 第二行显示执行该测试共花费的时间。
- "OK"代表断言成功。
- "setUp""test_first""tearDown"为程序的输出信息；从输出信息的顺序可以看出这 3 个方法的执行顺序，即先执行 setUp() 方法，然后执行测试用例，最后执行 tearDown() 方法。

12.2 测试固件

在 12.1 节中，我们了解到 unittest 框架共包含 4 种测试固件，具体如下。

- setUp()：在每个测试用例运行前运行，用于完成测试前的初始化工作。
- tearDown()：在每个测试用例结束后运行，用于完成测试后的清理工作。
- setUpClass()：在所有测试用例运行前运行，用于完成单元测试的前期准备工作，必须使用@classmethod装饰器进行修饰，在setUp()方法之前执行，整个测试过程只执行一次。
- tearDownClass()：所有测试用例运行结束后执行，用于完成单元测试的后期处理工作，必须使用@classmethod装饰器进行修饰，在tearDown()方法之后执行，整个测试过程只执行一次。

测试固件本身就是方法，和测试用例分别负责不同的工作。测试固件和测试用例更大的区别在于测试固件在整个 class 中的运行顺序和规律不同。接下来，我们通过一个示例（test 12_2.py）来看一下上述 4 个特殊方法的运行顺序。

```python
import unittest


class TestStorm(unittest.TestCase):
    @classmethod  # 注意，必须有该装饰器
    # 在所有测试用例运行前执行一次
    def setUpClass(cls) -> None:
        print("==========setUpClass=========")
        return super().setUpClass()

    def setUp(self):    # 在每个测试用例执行前执行一次
        print('setUp')

    def test_first(self):    # 第一个测试用例
        print('first')
        self.assertEqual('first', 'first')

    def test_second(self):  # 第二个测试用例
        print('second')
        self.assertEqual('second', 'second')

    def tearDown(self):  # 在每个测试用例执行后执行一次
        print('tearDown')

    @classmethod
    # 在所有测试用例执行后执行一次
    def tearDownClass(cls) -> None:
        print("\n==========tearDownClass=========")
        return super().tearDownClass()


if __name__ == '__main__':
    unittest.main()
```

运行结果如下。

```
==========setUpClass=========
setUp
first
tearDown


Ran 2 tests in 0.019s

OK
setUp
second
tearDown


==========tearDownClass=========
```

通过上述结果，我们可以看到这 4 个特殊方法的执行顺序。
- 执行setUpClass()，整个class只执行一遍。
- 执行setUp()，调用第一个测试用例。
- 执行第一个测试用例。
- 执行tearDown()，调用第一个测试用例。
- 执行setUp()，调用第二个测试用例。
- 执行第二个测试用例。
- 执行tearDown()，调用第二个测试用例。
- 执行stearDownClass()，整个class只执行一遍。

至此，整个class运行结束。

12.3 编写测试用例

测试用例是通过 def 定义的方法编写的，测试用例方法名建议使用小写字母，方法名必须以"test"开头。测试用例包含用例执行过程和对操作结果的断言,示例代码（test 12_3.py）如下。

```python
import unittest


first = 20
class TestStorm(unittest.TestCase):
    def setUp(self):     # 在每个测试用例执行前执行一次
        print('setUp')

    def test_age(self):   # 用例方法名使用小写字母，以"test"开头
        second = first + 5   # 用例操作
        self.assertEqual(second, 25) # 对操作结果断言

    def tearDown(self):  # 在每个测试用例执行后执行一次
        print('tearDown')


if __name__ == '__main__':
    unittest.main()
```

测试用例的定义非常简单。如何合理地组织测试用例以及如何添加合适的断言则非常关键。一般来说，作者有如下建议。
- 多个测试用例文件之间尽量不要存在依赖关系，否则一旦被依赖的测试用例执行失

败，与其有依赖关系的测试用例就会执行失败。
- 一个测试用例文件只包含一个class，一个class对应一个业务场景。
- 一个class可以包含多个使用def定义的测试方法。
- 一个使用def定义的方法下面可以添加多个断言，类似于做功能测试的时候，一个步骤可能需要检查多个点。

12.4 执行测试用例

unittest框架给我们准备了多种执行测试用例的方法。我们来学习一些日常工作中运用较多的方法。

（1）脚本自测

unittest.main()，会自动收集当前文件中所有的测试用例并执行，示例代码（test 12_4.py）如下。

```python
import unittest


first = 20
class TestStorm(unittest.TestCase):
    def setUp(self):    # 在每个测试用例执行前执行一次
        print('setUp')

    def test_age(self):    # 用例方法名使用小写字母，以"test"开头
        second = first + 5    # 用例操作
        self.assertEqual(second, 25) # 对操作结果断言

    def tearDown(self): # 在每个测试用例执行后执行一次
        print('tearDown')


if __name__ == '__main__':
    unittest.main()
```

注意：

- if __name__ == '__main__'，这里name和main前后都有下划线，你可以在PyCharm中直接输入"main"，按"Enter"键来快速输入这行代码。
- unittest.main()，main后面需要加上圆括号，否则代码无法正常运行。
- unittest.main()，其作用是对上方脚本进行自测，不影响其他文件的调用。

（2）通过class构造测试集合

首先我们准备一个测试用例，test 12_5.py 内容如下。

```python
import unittest
import unittest


class TestFrist(unittest.TestCase):
    def setUp(self):
        pass

    def tearDown(self):
        pass

    def test_one(self):
        print('1')
        self.assertEqual(1,1)

    def test_two(self):
        print('2')
        self.assertEqual(2,2)

class TestSecond(unittest.TestCase):
    def setUp(self):
        pass

    def tearDown(self):
        pass

    def test_three(self):
        print('3')
        self.assertEqual(3,3)

    def test_four(self):
        print('4')
        self.assertEqual(4,4)

if __name__ == '__main__':
    unittest.main()
```

使用 main() 方法，运行结果如下。

```
1
2
4
OK
3
```

除了 main() 方法外，我们还可以通过 unittest.TestLoader().loadTestsFromTestCase() 加载某个

class 下面的所有用例，例如 test 12_6.py。

```
import unittest
from Chapter_12 import test12_5

if __name__ == '__main__':
    testcase2 = unittest.TestLoader().loadTestsFromTestCase(test12_5.TestSecond)
    suite = unittest.TestSuite([testcase2])
    unittest.TextTestRunner().run(suite)
```

运行结果如下。

```
Ran 2 tests in 0.000s

OK
4
3
```

test 12_6.py 先将 test 12_5.py 文件的内容通过 import 导入，然后使用 unittest 提供的 unittest.TestLoader().loadTestsFromTestCase() 方法传入 test 12_5 文件中的第二个 class，即 TestSecond，接下来，通过"unittest.TestSuite([testcase2])"来组装测试用例集合，最后通过 unittest.TextTestRunner() 生成的对象提供的 run() 方法来执行组装好的集合。

注意：直接在 test 12_5.py 文件中使用这种方法去加载测试用例，还是会执行所有的用例，如下所示。

```
import unittest

'''
演示如何通过 TestLoader() 来构造 TestSuite
'''

class TestFrist(unittest.TestCase):
    def setUp(self):
        pass

    def tearDown(self):
        pass

    def test_one(self):
        print('1')
        self.assertEqual(1,1)

    def test_two(self):
        print('2')
        self.assertEqual(2,2)

class TestSecond(unittest.TestCase):
    def setUp(self):
```

```
            pass

        def tearDown(self):
            pass

        def test_three(self):
            print('3')
            self.assertEqual(3,3)

        def test_four(self):
            print('4')
            self.assertEqual(4,4)

    if __name__ == '__main__':
        testcase2 = unittest.TestLoader().loadTestsFromTestCase(TestSecond)
        suite = unittest.TestSuite([testcase2])
        unittest.TextTestRunner().run(suite)
```

运行结果如下。

```
1
2
4
3
```

（3）通过addTest()构建测试集合

我们可以通过 addTest() 将某个 class 下面的测试用例添加到集合，然后运行测试集合，示例代码（test 12_7.py）如下。

```
import unittest
from Chapter_12 import test12_5

if __name__ == '__main__':
    suite = unittest.TestSuite()
    suite.addTest(test12_5.TestFrist("test_one"))
    suite.addTest(test12_5.TestSecond("test_four"))
    unittest.TextTestRunner().run(suite)
```

上述脚本从 TestFirst 类中取 test_one 测试用例，从 TestSecond 类中取 test_four 测试用例，并通过二者构建测试集合，运行结果如下。

```
1
4
```

（4）通过discover()构建测试集合

我们还可以通过 unittest.TestLoader().discover('.') 在指定目录寻找符合条件的测试用例，并用它们组成测试集合。discover 的用法请参考下方示例代码（test 12_8.py）。

```python
import unittest

if __name__ == '__main__':
    testSuite = unittest.TestLoader().discover('.')
    unittest.TextTestRunner(verbosity=2).run(testSuite)
```

discover() 中我们传递的是"."，代表当前用例文件所在目录。执行该测试用例时，就会在该文件所在目录中寻找所有符合条件的测试用例。discover() 的用法，我们会在 12.8 节演示。

12.5 用例执行顺序

在 12.3 节中，如果你细心观察 test 12_5.py 文件的运行结果会发现，4 个测试用例执行的顺序为 test_one()、test_two()、test_four()、test_three()，和测试用例的摆放顺序并不相同。为什么测试用例是按照这样的顺序来执行的呢？其实用例执行的顺序是按照方法和函数名的 ASCII 值排序来确定的。在 test 12_5.py 文件中，包括两个 class，类名分别是"TestFirst"和"TestSecond"，前 4 个字符相同（都是"Test"），从第五个字符开始不同，"F"排在"S"前面，因此 TestFirst 类先执行。而 TestFirst 类中有两个测试用例，用例名分别是"test_one"和"test_two"，按 ASCII 值来排序，名为"test_one"的测试用例比名为"test_two"的测试用例先执行，同理名为"test_four"的测试用例比名为"test_three"的测试用例先执行。

那么问题来了，如果我想让用例按照摆放位置从上到下的顺序来执行，该怎么办呢？这里介绍两种方法。

（1）将用例按顺序添加到集合

我们新建一个测试文件，如下所示（test 12_9.py）。

```python
import unittest
from Chapter_12 import test12_5

if __name__ == '__main__':
    suite = unittest.TestSuite()
    suite.addTest(test12_5.TestFrist("test_one"))
    suite.addTest(test12_5.TestFrist("test_two"))
    suite.addTest(test12_5.TestSecond("test_three"))
    suite.addTest(test12_5.TestSecond("test_four"))
    unittest.TextTestRunner().run(suite)
```

按照 test_one、test_two、test_three、test_four 的顺序把测试用例添加到测试集合，然后执

行这个测试集合，运行结果如下。

```
1
....
2
3
----------------------------------------------------------------------
Ran 4 tests in 0.001s
4
```

用例执行的顺序和我们把测试用例添加到测试集合的顺序是一致的。但是当测试用例非常多的时候，我们不可能通过人工判断每个用例名的 ASCII 值排序，况且一个个地将用例加到测试集合中的工作量也不小。因此，对于该问题，我们有更合适的解决方法——请看方法（2）。

（2）调整测试用例名称

既然测试用例默认的执行顺序是按照 ASCII 值排序确定的，那么我们构造合适的类名、方法名就可以了。

我们在 test 12_5.py 文件的基础上，调整类名或者方法名，在"test"和用例名中间加上数字，形成文件 test 12_10.py。

```python
import unittest

'''
演示如何通过 TestLoader() 来构造 TestSuite
'''
class TestFrist(unittest.TestCase):
    def setUp(self):
        pass

    def tearDown(self):
        pass

    def test_001_one(self):
        print('1')
        self.assertEqual(1,1)

    def test_002_two(self):
        print('2')
        self.assertEqual(2,2)

class TestSecond(unittest.TestCase):
    def setUp(self):
        pass

    def tearDown(self):
        pass
```

```
    def test_003_three(self):
        print('3')
        self.assertEqual(3,3)

    def test_004_four(self):
        print('4')
        self.assertEqual(4,4)

if __name__ == '__main__':
    unittest.main()
```

执行结果：

1
2
3
4

同样地，我们在一个目录下新建的测试用例文件也是按照文件名的 ASCII 值来排序和执行的，你也可以通过在文件名中添加数字来指定用例的顺序。这也是我们在第 11 章中编写 4 个测试用例时，在文件名中间增加数字的原因。

有的读者可能会问：为什么要纠结测试用例的执行顺序呢？因为在实际项目中，部分测试用例可能存在前后的依赖关系，这时候你就会期望它们按照顺序执行。

有的读者可能还会问：前面不是说过，要尽量避免测试用例与用例之间存在依赖关系吗？如果用例与用例之间没有依赖关系，那么用例的执行顺序自然就无所谓了吧？是的，一般来说，用例与用例间不应该有依赖关系，但是，我希望你能辩证地看待这个问题，因为假如所有用例之间都没有依赖关系，就需要写更多的"冗余"代码，所以实际在开展自动化测试时，有些场景下，我们是希望后执行的测试用例能够借用先执行的测试用例产生的结果的，这样可以加快测试用例的执行速度，关于这一点我会在第 16 章中介绍，希望读者能够慢慢体会。

12.6 内置装饰器

在自动化测试过程中，你可能会遇到这样的场景：在某些情况下，测试用例不需要执行，但你又"舍不得"删掉它。遇到这种场景,该如何处理呢？来看看 unittest 提供的装饰器功能吧！

（1）无条件跳过装饰器

下面的代码（test 12_11.py）借助 @unittest.skip('skip info') 装饰器，演示无条件跳过执行某个方法。

```python
import unittest

'''
@unittest.skip('skip info')，无条件跳过
'''
class MyTest(unittest.TestCase):
    def setUp(self):
        pass

    def tearDown(self):
        pass

    @unittest.skip('skip info')
    def test_aaa(self):
        print('aaa')

    def test_ddd(self):
        print('ddd')

    def test_ccc(self):
        print('ccc')

    def test_bbb(self):
        print('bbb')

if __name__ == '__main__':
    unittest.main()
```

通过 @unittest.skip('skip info') 装饰器，无条件跳过执行 test_aaa(self) 方法，该用例运行结果如下。

```
Skipped: skip info
bbb
ccc
ddd
```

（2）满足条件跳过装饰器

下面的代码（test 12_12.py）借助 @unittest.skipIf(a>3, 'info') 装饰器，演示当满足某个条件时，跳过执行某个方法。

```python
import unittest
import sys

'''
满足条件跳过
'''
```

```python
class MyTest(unittest.TestCase):
    a = 4
    def setUp(self):
        pass

    def tearDown(self):
        pass

    def test_aaa(self):
        print('aaa')

    @unittest.skipIf(a>3, 'info')
    def test_ddd(self):
        print('ddd')

    def test_ccc(self):
        print('ccc')

    def test_bbb(self):
        print('bbb')

if __name__ == '__main__':
    unittest.main()
```

因为变量 a=4，满足 a>3 这个条件，所以跳过执行 test_ddd()，运行结果如下。

```
aaa
bbb
ccc
```

（3）不满足条件跳过装饰器

下面的代码（test 12_13.py）借助 @unittest.skipUnless(a==5,'info') 装饰器，演示当不满足某个条件时，跳过执行某个方法。

```python
import unittest
import sys


'''
不满足条件跳过
'''
class MyTest(unittest.TestCase):
    a = 4
    def setUp(self):
        pass

    def tearDown(self):
        pass
```

```python
    def test_aaa(self):
        print('aaa')

    def test_ddd(self):
        print('ddd')

    @unittest.skipUnless(a==5,'info')
    def test_ccc(self):
        print('ccc')

    def test_bbb(self):
        print('bbb')
if __name__ == '__main__':
    unittest.main()
```

因为 a=4，不满足 a==5 这个条件，所以跳过执行 test_ccc()，运行结果如下。

```
aaa
bbb

Skipped: info
ddd
```

12.7 命令行执行测试

unittest 框架支持以命令行模式运行测试模块、类，甚至单独的测试方法。通过命令行模式，可以在命令行传入任何模块名、有效的测试类和测试方法参数列表。

（1）通过命令直接运行整个测试文件

打开命令提示行界面，首先切换到目标文件目录（注意，必须切换到要执行的文件目录），假设目标文件在"E:\AndroidTest_1\Chapter_12"目录。

```
C:\Users\storm>e:
E:\>cd AndroidTest_1\Chapter_12
E:\AndroidTest_1\Chapter_12>
```

输入"python -m unittest -v 文件名"，按"Enter"键。

```
E:\AndroidTest_1\Chapter_12>python -m unittest -v test12_5.py
test_one (test12_5.TestFrist) ... 1
ok
test_two (test12_5.TestFrist) ... 2
ok
test_four (test12_5.TestSecond) ... 4
```

```
ok
test_three (test12_5.TestSecond) ... 3
ok

----------------------------------------------------------------------
Ran 4 tests in 0.002s

OK
```

注意：

- -munittest参数，代表以unittest框架执行用例。
- -v参数，代表输出结果为详细模式。

（2）通过命令执行测试文件中的某个测试类

在命令提示界面执行"python -m unittest -v 文件名.类名"命令。

```
E:\AndroidTest_1\Chapter_12>python -m unittest -v test12_5.TestSecond
test_four (test12_5.TestSecond) ... 4
ok
test_three (test12_5.TestSecond) ... 3
ok

----------------------------------------------------------------------
Ran 2 tests in 0.000s

OK
```

（3）通过命令行执行某个文件中某个类下的某个测试用例

通过命令提示界面执行命令"python -m unittest -v 文件名.类名.方法名"。

```
E:\AndroidTest_1\Chapter_12>python -m unittest -v test12_5.TestSecond.test_three
test_three (test12_5.TestSecond) ... 3
ok

----------------------------------------------------------------------
Ran 1 test in 0.000s

OK
```

通过命令行，我们可以方便地指定要运行的测试文件、方法、用例。

注意：学习以命令行模式执行测试用例的目的是借助Jenkins等工具自动化执行测试用例集。

12.8 批量执行测试文件

本节我们将演示如何批量执行测试文件。

在 Chapter_12 目录下,新建一个 Python 包 Storm_12_1,然后在其中新建 3 个文件,内容如下。

第一个测试用例文件:test_001.py 文件。

```python
import unittest


class MyTest(unittest.TestCase):
    def setUp(self):
        pass

    def tearDown(self):
        pass

    def test_aaa(self):
        print('aaa')

    def test_bbb(self):
        print('bbb')

if __name__ == '__main__':
    unittest.main()
```

第二个测试用例文件:test_002.py 文件。

```python
import unittest


class MyTest(unittest.TestCase):
    def setUp(self):
        pass

    def tearDown(self):
        pass

    def test_ddd(self):
        print('ddd')

    def test_ccc(self):
        print('ccc')
```

```python
if __name__ == '__main__':
    unittest.main()
```

创建一个名称为"run.py"的文件，内容如下。

```python
import unittest

if __name__ == '__main__':
    testsuite = unittest.TestLoader().discover('.')
    unittest.TextTestRunner(verbosity=2).run(testsuite)
```

运行 run.py 文件，结果如下。

```
test_aaa (test_001.MyTest) ... ok
test_bbb (test_001.MyTest) ... ok
test_ccc (test_002.MyTest) ... ok
test_ddd (test_002.MyTest) ... ok

----------------------------------------------------------------------
Ran 4 tests in 0.000s

OK
aaa
bbb
ccc
ddd
```

分析：testsuite = unittest.TestLoader().discover('.') 的意思是，通过 unittest 的 TestLoader() 生成的对象提供的 discover() 方法寻找目录中符合条件的测试用例；"."，代表当前目录，你也可以构造、传递其他目录；以"test"开头的测试文件名所对应的测试用例为符合条件的测试用例。

另外，我们还可以在命令行模式下执行命令"python -m unittest discover"，如下所示。

```
E:\AndroidTest_1\Chapter_12>cd Storm_12_1

E:\AndroidTest_1\Chapter_12\Storm_12_1>python -m unittest discover
aaa
.bbb
.ccc
.ddd
.
----------------------------------------------------------------------
Ran 4 tests in 0.000s

OK
```

可以看到，Storm_12_1 文件下面的测试用例都被执行了，非常方便。

12.9 测试断言

断言的目的是检查测试的结果是否符合预期。unittest 单元测试框架中的 TestCase 类提供了很多断言方法，能方便地检验测试结果是否达到预期，并能在断言失败后抛出失败的原因。这里我们列举一些常用的断言方法，如表 12-1 所示。

表 12-1 常用的断言方法

方法名	说明
assertEqual(a, b)	检查 a ==b
assertNotEqual(a, b)	检查 a !=b
assertTrue(x)	检查 bool(x) is True
assertFalse(x)	检查 Bool(x) is False
assertIs(a, b)	检查 a is b
assertIsNot(a, b)	检查 a is not b
assertIsNone(x)	检查 x is None
assertIsNotNone(x)	检查 x is not None
assertIn(a, b)	检查 a in b
assertNotIn(a, b)	检查 a not in b
assertIsInstance(a, b)	检查 isinstance(a,b)
assertNotIsInstance(a, b)	检查 not isinstance(a,b)

接下来，我们通过示例（test 12_14.py）来演示这些断言方法该如何使用。

```
import unittest


class TestMath(unittest.TestCase):
    def setUp(self):
        print("test start")

    def test_001(self):
        j = 5
        self.assertEqual(j + 1, 6)  # 判断相等
        self.assertNotEqual(j + 1, 5)  # 判断不相等

    def test_002(self):
        j = True
        f = False
        self.assertTrue(j)  # 判断j是否为True
```

```python
            self.assertFalse(f)  # 判断 f 是否为 False

    def test_003(self):
        j = 'Storm'
        self.assertIs(j, 'Storm')  # 判断 j 是否为 "Storm"
        self.assertIsNot(j, 'storm')  # 判断 j 是否为 "storm"，区分大小写

    def test_004(self):
        j = None
        t = 'Storm'
        self.assertIsNone(j)    # 判断 j 是否为 None
        self.assertIsNotNone(t)  # 判断 t 是否不为 None

    def test_005(self):
        j = 'Storm'
        self.assertIn(j, 'Storm')    # 判断 j 是否包含在 "Storm" 中
        self.assertNotIn(j, 'xxx')   # 判断 j 是否没有包含在 "xxx" 中

    def test_006(self):
        j = 'Storm'
        self.assertIsInstance(j, str)  # 判断 j 的类型是否为字符串类型
        self.assertNotIsInstance(j, int)  # 判断 j 的类型是否不为整数类型

    def tearDown(self):
        print("test end")

if __name__ == '__main__':
    unittest.main()
```

借助 unittest 框架提供的断言方法，我们可以方便地实现测试用例断言的需求，更为关键的是，这些封装好的断言有完整的错误信息，还支持通过测试报告来统计用例执行的结果。

12.10 测试报告

到目前为止，所有的测试结果都是直接输出到 PyCharm 控制台的。这不利于我们查看和保存测试结果。本节我们将学习如何借助 HTMLTestRunner 生成 HTML 测试报告。

准备工作如下。

- 大家可以自行搜索并下载"HTMLTestRunner.py"文件，也可从本书配套文件中获取该文件。
- 将 HTMLTestRunner.py 文件复制到 Python 安装路径下的 Lib 目录中。

- 在Python交互模式（在命令提示符窗口输入Python，回车后进入）下，通过以下命令导入模块，测试是否成功。

```
>>> import HTMLTestRunner
```

没有报错，说明导入成功。

接下来，我们在Chapter_12下面新建一个Python包Storm_12_2，然后在其中新建3个文件，文件名及内容如下。

文件1：test_001.py。

```python
import unittest


class MyTest(unittest.TestCase):
    def setUp(self):
        pass

    def tearDown(self):
        pass

    def test_aaa(self):
        print('aaa')
        self.assertEqual('a','a')

    def test_bbb(self):
        print('bbb')
        self.assertEqual('b','b')

if __name__ == '__main__':
    unittest.main()
```

文件2：test_002.py。

```python
import unittest


class MyTest(unittest.TestCase):
    def setUp(self):
        pass

    def tearDown(self):
        pass

    def test_ddd(self):
        print('ddd')
        self.assertEqual('d','d')

    def test_ccc(self):
        print('ccc')
```

```
        self.assertEqual('c','c')

if __name__ == '__main__':
    unittest.main()
```

文件3：run.py。

```
import unittest
import HTMLTestRunner
import time

if __name__ == '__main__':
    # 查找当前目录的测试用例文件
    testSuite = unittest.TestLoader().discover('.')
    # 定义文件名，文件名由年、月、日、时、分、秒构成，方便查找
    filename = "D:\\AAA\Storm_{}.html".format(time.strftime('%Y%m%d%H%M%S',time.localtime(time.time())))
    # 以'wb'方式打开文件
    with open(filename, 'wb') as f:
        # 通过HTMLTestRunner来执行测试用例，并生成报告
        runner = HTMLTestRunner.HTMLTestRunner(stream=f,title='这里是报告的标题',description='这里是报告的描述信息')
        runner.run(testSuite)
```

重点看一下 run.py 文件，其中有以下几点需要注意。

- 通过unittest.TestLoader().discover('.')，构造测试集合。
- 通过格式化日期拼接文件名。
- 通过withopen方式打开、写入文件的好处是，不需要手动关闭文件。
- 通过调用HTMLTestRunner.HTMLTestRunner()生成测试报告。

运行 run.py 文件后，会在指定的目录（上方代码指定的目录为 D 盘 AAA 目录）下生成一个测试报告文件，我们可以通过浏览器打开该文件，如图 12-1 所示。

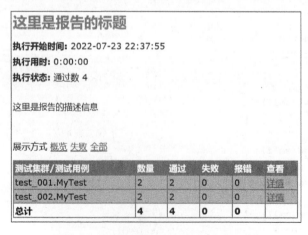

图 12-1　通过浏览器打开的测试报告文件

通过该报告，我们可以清晰地看到以下内容。

- 测试报告的标题。
- 执行开始时间。
- 执行用时。
- 执行状态——测试用例通过条数、失败条数。
- 测试报告的描述信息。
- 测试用例执行结果表格。

12.11 unittest 和 Appium

unittest 测试框架相关的内容我们已经学习完了。接下来，我们借助 unittest 来改写一下 11.2 节编写的线性自动化测试脚本。

我们在 Chapter_12 下面新建一个 Python 包 Storm_12_3，并将 11.2 节中的 4 个文件 test_1_1_home_search.py、test_2_1_classification.py、test_3_1_pay.py、test_4_1_object_of_concern.py 复制到该包中，然后改写代码。

将 test_1_1_home_search.py 改写为如下内容。

```python
import unittest
from appium import webdriver
from appium.webdriver.common.appiumby import AppiumBy
from time import sleep


class TestHomeSearch(unittest.TestCase):
    def setUp(self) -> None:
        desired_caps = {
            "deviceName": "127.0.0.1:21503",
            "platformName": "Android",
            "appPackage": "com.dangdang.buy2",
            "appActivity": "com.dangdang.buy2.activity.ActivityMainTab",
            "noReset": True  # 请勿重置应用程序状态
        }
        self.driver = webdriver.Remote('http://127.0.0.1:4723/wd/hub', desired_caps)
        self.driver.implicitly_wait(10)

    def tearDown(self) -> None:
        self.driver.quit()
```

```python
    def test_search_book(self):
        # 单击搜索框
        self.driver.find_element(AppiumBy.ID, "com.dangdang.buy2:id/research_flipper_textview").click()
        # 在搜索框输入文字
        self.driver.find_element(AppiumBy.ID, "com.dangdang.buy2:id/et_search").send_keys("Web UI 自动化测试")
        # 单击"搜索"按钮
        self.driver.find_element(AppiumBy.ID, "com.dangdang.buy2:id/tv_search").click()
        sleep(3)
        # 将搜索出来的图书元素放到一个列表中
        author_list = self.driver.find_elements(AppiumBy.ID, "com.dangdang.buy2:id/author_tv")
        # 取一个元素的文字（作者名字）
        first_author = author_list[0].text
        # 断言一：判断列表中的第一个作者名字中是不是包含"Storm"
        self.assertIn('Storm', first_author)

        # 单击第一本书的"加入购物车"按钮，这里使用 element，默认取第一个元素
        self.driver.find_element(AppiumBy.ID, "com.dangdang.buy2:id/add_cart_tv").click()
        # 将 Toast 提示保存到变量中
        add_toast = self.driver.find_element(AppiumBy.XPATH, "//*[@class='android.widget.Toast']").text
        # 断言二：Toast 提示为"商品已成功加入购物车"
        self.assertEqual(add_toast, '商品已成功加入购物车')

if __name__ == '__main__':
    unittest.main()
```

对搜索图书并将其加入购物车这两条测试用例来说，打开当当 App，进入首页是测试前的准备工作，因此我们将相应代码放到 setUp() 中；输入图书名称、搜索，加入购物车，然后进行断言，显然是测试用例的主体工作，因此我们将其放到名称以"test"开头的方法中；测试完成后，退出 App 是收尾工作，因此将其放到 tearDown() 中。

接下来，将 test_2_1_classification.py 改写为如下内容。

```python
import unittest
from appium import webdriver
from appium.webdriver.common.appiumby import AppiumBy
from time import sleep


'''
（1）单击"分类"
（2）查看分类列表
'''
class TestClassification(unittest.TestCase):
    def setUp(self) -> None:
        desired_caps = {
```

```
            "deviceName": "127.0.0.1:21503",
            "platformName": "Android",
            "appPackage": "com.dangdang.buy2",
            "appActivity": "com.dangdang.buy2.activity.ActivityMainTab",
            "noReset": True  # 请勿重置应用程序状态
        }
        self.driver = webdriver.Remote('http://127.0.0.1:4723/wd/hub', desired_caps)
        self.driver.implicitly_wait(10)

    def tearDown(self) -> None:
        self.driver.quit()

    def test_classfication(self):
        # 单击"分类"
        self.driver.find_element(AppiumBy.ID, "com.dangdang.buy2:id/tab_search_iv").click()
        sleep(3)
        # 将分类的元素放到一个列表中
        ele_list = self.driver.find_elements(AppiumBy.ID, "com.dangdang.buy2:id/title_tv")
        # 再将元素的文字都放到一个新列表中
        classification_list = []
        for ele in ele_list:
            classification_list.append(ele.text)
        # print(classification_list)
        # 断言：分类列表中包含"图书""食品""手机数码"
        target_list = ["图书", "食品", "手机数码"]
        # 通过循环，依次判断目标文字是否在分类列表中
        for i in target_list:
            self.assertIn(i, classification_list)


if __name__ == '__main__':
    unittest.main()
```

将 test_3_1_pay.py 改写为如下内容。

```
import unittest
from appium import webdriver
from appium.webdriver.common.appiumby import AppiumBy
from time import sleep

'''
（1）进入购物车，查看图书列表
（2）单击图书《Python 实现 Web UI 自动化测试实战》
（3）单击"去结算"按钮
'''


class TestPay(unittest.TestCase):
    def setUp(self) -> None:
        desired_caps = {
```

```python
                "deviceName": "127.0.0.1:21503",
                "platformName": "Android",
                "appPackage": "com.dangdang.buy2",
                "appActivity": "com.dangdang.buy2.activity.ActivityMainTab",
                "noReset": True   # 请勿重置应用程序状态
        }
        self.driver = webdriver.Remote('http://127.0.0.1:4723/wd/hub', desired_caps)
        self.driver.implicitly_wait(10)

    def tearDown(self) -> None:
        self.driver.quit()

    def test_pay(self):
        # 单击搜索框
        self.driver.find_element(AppiumBy.ID, "com.dangdang.buy2:id/research_flipper_textview").click()
        # 在搜索框输入文字
        self.driver.find_element(AppiumBy.ID, "com.dangdang.buy2:id/et_search").send_keys("Web UI 自动化测试 ")
        # 单击"搜索"按钮
        self.driver.find_element(AppiumBy.ID, "com.dangdang.buy2:id/tv_search").click()
        sleep(3)
        # 单击搜索出来的第一本书,加入购物车
        self.driver.find_elements(AppiumBy.ID, "com.dangdang.buy2:id/add_cart_tv")[0].click()
        # 通过模拟按 "Esc" 键退回到首页
        self.driver.find_element(AppiumBy.ID, "com.dangdang.buy2:id/etv_back").click()
        sleep(2)
        self.driver.find_element(AppiumBy.ID, "com.dangdang.buy2:id/etv_back").click()
        sleep(1)
        # 单击"购物车"标签
        self.driver.find_element(AppiumBy.ID, 'com.dangdang.buy2:id/tab_cart_iv').click()
        sleep(2)
        # 断言一:包含目标图书
        book_name = self.driver.find_elements(AppiumBy.ID, 'com.dangdang.buy2:id/product_title_tv')[0].text
        self.assertIn("Web UI 自动化测试实战 ", book_name)
        # 判断《Python 实现 Web UI 自动化测试实战》这本书是否选中
        ele = self.driver.find_element(AppiumBy.ID, "com.dangdang.buy2:id/product_chb")
        # print(ele.get_attribute('checked'))
        if ele.get_attribute('checked') == 'false':
            ele.click()
        # 单击"去结算"按钮
        self.driver.find_element(AppiumBy.ID, 'com.dangdang.buy2:id/cart_balance_tv').click()
```

```python
        # 获取 "提交订单" 按钮
        ele2 = self.driver.find_element(AppiumBy.ID, 'com.dangdang.buy2:id/checkout_button')
        # 断言二:进入 "确认订单" 页面,判断该页面 "提交订单" 按钮是否可单击
        res = ele2.get_attribute('clickable')
        self.assertEqual(res, 'true')


if __name__ == '__main__':
    unittest.main()
```

将 test_4_1_object_of_concern.py 改写为如下内容。

```python
import unittest
from appium import webdriver
from appium.webdriver.common.appiumby import AppiumBy
from time import sleep

'''
(1)单击 "我的" 标签
(2)查看关注列表
'''


class TestObjectOfConcern(unittest.TestCase):
    def setUp(self) -> None:
        desired_caps = {
            "deviceName": "127.0.0.1:21503",
            "platformName": "Android",
            "appPackage": "com.dangdang.buy2",
            "appActivity": "com.dangdang.buy2.activity.ActivityMainTab",
            "noReset": True   # 请勿重置应用程序状态
        }
        self.driver = webdriver.Remote('http://127.0.0.1:4723/wd/hub', desired_caps)
        self.driver.implicitly_wait(10)

    def tearDown(self) -> None:
        self.driver.quit()

    def test_object_of_concern(self):
        # 单击搜索框
        self.driver.find_element(AppiumBy.ID, "com.dangdang.buy2:id/research_flipper_textview").click()
        # 在搜索框输入文字
        self.driver.find_element(AppiumBy.ID, "com.dangdang.buy2:id/et_search").send_keys("Web UI 自动化测试 ")
        # 单击 "搜索" 按钮
        self.driver.find_element(AppiumBy.ID, "com.dangdang.buy2:id/tv_search").click()
        sleep(3)
        # 单击搜索出来的第一本书
```

```
            self.driver.find_elements(AppiumBy.ID, "com.dangdang.buy2:id/author_tv")[0].
click()
            # 首先判断《Python 实现 Web UI 自动化测试实战》这本书是否已经收藏，如果没有收藏要先单
击"收藏"
            res = self.driver.find_element(AppiumBy.ID, "com.dangdang.buy2:id/tv_
magic_index2")
            if res.text == "收藏":
                res.click()

            # 单击"返回"按钮
            # driver.find_element(AppiumBy.ID, 'com.dangdang.buy2:id/etv_back').click()
            # 通过模拟按"Esc"键退回到首页
            self.driver.press_keycode(111)
            sleep(1)
            self.driver.press_keycode(111)
            sleep(1)
            self.driver.press_keycode(111)
            sleep(1)
            # 然后，单击"我的"标签判断关注列表是否包含《Python 实现 Web UI 自动化测试实战》
            # 单击"我的"
            self.driver.find_element(AppiumBy.ID, "com.dangdang.buy2:id/tab_personal_
iv").click()
            # 通过 id 取组元素
            sleep(2)
            eles = self.driver.find_elements(AppiumBy.ID, "com.dangdang.buy2:id/tv_
collect_name")
            titles = []
            # 将收藏的所有图书的名称放到一个列表中
            for i in eles:
                titles.append(i.text)
            print(titles)

            bookname = "Python 实现 Web UI 自动化测试实战：Selenium 3/4+unittest/Pytest+GitLab+
Jenkins"
            self.assertIn(bookname, titles)


    if __name__ == '__main__':
        unittest.main()
```

对于以上 unittest 风格测试用例，说明如下。

- 将 desired_caps、初始化 driver 都放到 setUp() 中，作为初始化内容。

- 将退出 driver 放到 tearDown() 中，作为测试后的收尾动作。

- 使用 unittest 内置断言 assert 来进行用例检查。

最后，新建 run.py 文件，内容如下。

```
import unittest
import HTMLTestRunner
import time, os
```

```
if __name__ == '__main__':
    # 查找当前目录的测试用例文件
    testSuite = unittest.TestLoader().discover('.')
    # 这次将报告放到当前目录
    filename = os.getcwd() + os.sep + "Storm_{}.html".format(time.strftime('%Y%m%d%H%M%S',time.localtime(time.time())))
    # 以 'wb' 方式打开文件
    with open(filename, 'wb') as f:
        # 通过 HTMLTestRunner 来执行测试用例，并生成报告
        runner = HTMLTestRunner.HTMLTestRunner(stream=f,title='当当 App 测试报告',description='unittest 线性测试报告')
        runner.run(testSuite)
```

上述代码还是在代码文件当前所在目录中查找测试用例的，报告名称由当前代码文件所在目录与当前时间拼接而成。

运行 run.py 后，会在当前代码文件所在目录中生成测试报告，报告文件名类似"Storm_20220725163158.html"，打开报告后，显示图 12-2 所示的内容。

图 12-2 测试报告

在图 12-2 中可以看到报告标题、用例执行开始时间、执行用时、执行状态，还可以看到所有测试用例执行结果等信息，报告简洁明了。

12.12 unittest 参数化

在 12.11 节的 test_1_1_home_search.py 文件中，我们编写了一条测试用例：搜索目标图书判断其作者名字中是否包含"Storm"。如果我们想再搜索其他图书，比如搜索《接口自动化测试持续集成》，同样判断作者名字中是否包含"Storm"，那么我们需要在 Chapter_12 下面新建

一个 Python 包 Storm_12_4，将 Storm_12_3 中的文件 test_1_1_home_search.py 复制到 Storm_12_4 中。然后改写代码如下。

```python
import unittest
from appium import webdriver
from appium.webdriver.common.appiumby import AppiumBy
from time import sleep


class TestHomeSearch(unittest.TestCase):
    def setUp(self) -> None:
        desired_caps = {
            "deviceName": "127.0.0.1:21503",
            "platformName": "Android",
            "appPackage": "com.dangdang.buy2",
            "appActivity": "com.dangdang.buy2.activity.ActivityMainTab",
            "noReset": True    # 请勿重置应用程序状态
        }
        self.driver = webdriver.Remote('http://127.0.0.1:4723/wd/hub', desired_caps)
        self.driver.implicitly_wait(10)

    def tearDown(self) -> None:
        self.driver.quit()

    def test_search_book_one(self):
        # 单击搜索框
        self.driver.find_element(AppiumBy.ID, "com.dangdang.buy2:id/research_flipper_textview").click()
        # 在搜索框输入文字
        self.driver.find_element(AppiumBy.ID, "com.dangdang.buy2:id/et_search").send_keys("Web UI 自动化测试 ")
        # 单击"搜索"按钮
        self.driver.find_element(AppiumBy.ID, "com.dangdang.buy2:id/tv_search").click()
        sleep(3)
        # 将搜索出来的图书元素放到一个列表中
        author_list = self.driver.find_elements(AppiumBy.ID, "com.dangdang.buy2:id/author_tv")
        # 取一个元素的文字（作者名字）
        first_author = author_list[0].text
        # 断言一：判断列表中的第一个作者名字中是否包含 "Storm"
        self.assertIn('Storm', first_author)

        # 单击第一本书的"加入购物车"按钮，这里使用 element，默认取第一个元素
        self.driver.find_element(AppiumBy.ID, "com.dangdang.buy2:id/add_cart_tv").click()
        # 将 Toast 提示保存到变量中
        add_toast = self.driver.find_element(AppiumBy.XPATH, "//*[@class='android.widget.Toast']").text
        # 断言二：Toast 提示为"商品已成功加入购物车"
```

```python
            self.assertEqual(add_toast, '商品已成功加入购物车')

    def test_search_book_two(self):
        # 单击"搜索"框
        self.driver.find_element(AppiumBy.ID, "com.dangdang.buy2:id/research_flipper_textview").click()
        # 在搜索框输入文字
        self.driver.find_element(AppiumBy.ID, "com.dangdang.buy2:id/et_search").send_keys("接口自动化测试持续集成")
        # 单击"搜索"按钮
        self.driver.find_element(AppiumBy.ID, "com.dangdang.buy2:id/tv_search").click()
        sleep(3)
        # 将搜索出来的图书元素放到一个列表中
        author_list = self.driver.find_elements(AppiumBy.ID, "com.dangdang.buy2:id/author_tv")
        # 取一个元素的文字（作者名字）
        first_author = author_list[0].text
        # 断言一：判断列表中的第一个作者名字中是不是包含"Storm"
        self.assertIn('Storm', first_author)

        # 单击第一本书的"加入购物车"按钮，这里使用element，默认取第一个元素
        self.driver.find_element(AppiumBy.ID, "com.dangdang.buy2:id/add_cart_tv").click()
        # 将 Toast 提示保存到变量中
        add_toast = self.driver.find_element(AppiumBy.XPATH, "//*[@class='android.widget.Toast']").text
        # 断言二：Toast 提示为"商品已成功加入购物车"
        self.assertEqual(add_toast, '商品已成功加入购物车')

if __name__ == '__main__':
    unittest.main()
```

可以看到两个用例的步骤其实是一样的，只不过传递的数据（搜索的图书名称）不一样。显然上述用例中重复的代码太多，假如想降低代码的冗余度，可以将脚本中的数据抽取出来，实现数据与代码的分离。这就是本节要介绍的知识——测试数据参数化，也将其称为"数据驱动"。

unittest 本身不支持参数化，我们需要借助第三方插件实现。这里，我们介绍两种常见的方法。

12.12.1　unittest+DDT

DDT（Data Driver Test）的意思是"数据驱动测试"。虽然 unittest 没有自带测试数据参数化功能，但 DDT 可以与之完美结合。

(1) 安装 DDT

这里我们使用 pip3 安装 ddt，命令如下。

```
C:\Users\storm>pip3 install ddt
Collecting ddt
  Downloading ddt-1.5.0-py2.py3-none-any.whl (6.4 kB)
Installing collected packages: ddt
Successfully installed ddt-1.5.0
```

(2) 参数化后的代码

借助 ddt，我们再来修改 Storm_12_3 中的 test_1_1_home_search.py，修改后的文件内容如下，注意看脚本中的注释：

```python
import unittest
from appium import webdriver
from appium.webdriver.common.appiumby import AppiumBy
from time import sleep
import ddt


@ddt.ddt
class TestHomeSearch(unittest.TestCase):
    def setUp(self) -> None:
        desired_caps = {
            "deviceName": "127.0.0.1:21503",
            "platformName": "Android",
            "appPackage": "com.dangdang.buy2",
            "appActivity": "com.dangdang.buy2.activity.ActivityMainTab",
            "noReset": True  # 请勿重置应用程序状态
        }
        self.driver = webdriver.Remote('http://127.0.0.1:4723/wd/hub', desired_caps)
        self.driver.implicitly_wait(10)

    def tearDown(self) -> None:
        self.driver.quit()
    '''
    (1) @ddt.data()，圆括号中可以传递列表或元组
    (2) 这里传递的是两个列表，代表两个测试用例
    (3) 每个测试用例包含两个参数：
        ①待搜索的图书名称
        ②预期字段
    '''
    @ddt.data(['Web UI 自动化测试 ', 'Storm'],[' 接口自动化测试持续集成 ', 'Storm'])
    @ddt.unpack
    def test_search_book(self, bookname, author):
        # 单击搜索框
        self.driver.find_element(AppiumBy.ID, "com.dangdang.buy2:id/research_flipper_textview").click()
        # 在搜索框输入文字
        self.driver.find_element(AppiumBy.ID, "com.dangdang.buy2:id/et_search").
```

```
send_keys(bookname)
            # 单击"搜索"按钮
            self.driver.find_element(AppiumBy.ID, "com.dangdang.buy2:id/tv_search").click()
            sleep(3)
            # 将搜索出来的图书元素放到一个列表中
            author_list = self.driver.find_elements(AppiumBy.ID, "com.dangdang.buy2:id/author_tv")
            # 取一个元素的文字（作者名字）
            first_author = author_list[0].text
            # 断言一：判断列表中的第一个作者名字中是不是包含预期字段
            self.assertIn(author, first_author)

            # 单击第一本书的"加入购物车"按钮，这里使用element，默认取第一个元素
            self.driver.find_element(AppiumBy.ID, "com.dangdang.buy2:id/add_cart_tv").click()
            # 将Toast提示保存到变量中
            add_toast = self.driver.find_element(AppiumBy.XPATH, "//*[@class='android.widget.Toast']").text
            # 断言二：Toast提示为"商品已成功加入购物车"
            self.assertEqual(add_toast, '商品已成功加入购物车')


if __name__ == '__main__':
    unittest.main()
```

对上述代码的分析如下。

- 代码头部导入ddt模块：import ddt。
- 在测试类 TestHomeSearch 的声明前使用 @ddt.ddt。
- 在声明测试方法test_search_book(self, bookname, author)前使用@ddt.data来定义数据，并且定义的数据的个数和顺序必须与测试方法的形参一一对应，然后使用@unpack进行修饰，也就是对测试数据进行解包，将每组的第一个数据传给bookname，第二个数据传给author。
- 这里要解释一下，为什么要定义author参数。原因是，我们搜索到的不同的图书，其作者可能不一样，这样断言的时候可以直接读取该参数。
- 测试代码经过参数化，精简了很多，并且代码的可维护性和可扩展性大大提高。
- 假如搜索图书的流程变了，只需要修改一个方法，而不是修改两个测试方法中的相同语句。
- 如果你还想测试其他数据，只需要在"@ddt.data(['Web UI自动化测试', 'Storm'],['接口自动化测试持续集成', 'Storm'])"中新增其他参数，不需要再复制、粘贴编写一条用例。

12.12.2　unittest+ parameterized

让我们再来看另一种实现参数化的方式。parameterized 是一个第三方的库，可以支持 unittest 的参数化。

（1）安装 parameterized

依然使用 pip 来安装，如下所示。

```
C:\Users\storm>pip3 install parameterized
Collecting parameterized
  Downloading parameterized-0.8.1-py2.py3-none-any.whl (26 kB)
Installing collected packages: parameterized
Successfully installed parameterized-0.8.1
```

（2）示例代码

这里借助 parameterized 包来完成 unittest 的参数化，请参考配套材料中的"Chapter 12/ Storm_12_4/ test_1_2_home_search.py"文件：

```python
import unittest
from appium import webdriver
from appium.webdriver.common.appiumby import AppiumBy
from time import sleep
from parameterized import parameterized


class TestHomeSearch(unittest.TestCase):
    def setUp(self) -> None:
        desired_caps = {
            "deviceName": "127.0.0.1:21503",
            "platformName": "Android",
            "appPackage": "com.dangdang.buy2",
            "appActivity": "com.dangdang.buy2.activity.ActivityMainTab",
            "noReset": True  # 请勿重置应用程序状态
        }
        self.driver = webdriver.Remote('http://127.0.0.1:4723/wd/hub', desired_caps)
        self.driver.implicitly_wait(10)

    def tearDown(self) -> None:
        self.driver.quit()

    '''
    （1）@parameterized.expand()，圆括号中传递列表
    （2）列表中存放的是元组，每个元组代表一个测试用例
    （3）每个测试用例包含两个参数：
        ①图书名
        ②预期字段
```

```python
        '''
        @parameterized.expand([('Web UI 自动化测试', 'Storm'),(' 接口自动化测试持续集成', 'Storm')])
        def test_search_book(self, bookname, author):
            # 单击搜索框
            self.driver.find_element(AppiumBy.ID, "com.dangdang.buy2:id/research_flipper_textview").click()
            # 在搜索框输入文字
            self.driver.find_element(AppiumBy.ID, "com.dangdang.buy2:id/et_search").send_keys(bookname)
            # 单击"搜索"按钮
            self.driver.find_element(AppiumBy.ID, "com.dangdang.buy2:id/tv_search").click()
            sleep(3)
            # 将搜索出来的图书元素放到一个列表中
            author_list = self.driver.find_elements(AppiumBy.ID, "com.dangdang.buy2:id/author_tv")
            # 取一个元素的文字（作者名字）
            first_author = author_list[0].text
            # 断言一：判断列表中的第一个作者名字中是不是包含预期字段
            self.assertIn(author, first_author)

            # 单击第一本书的"加入购物车"按钮，这里使用 element，默认取第一个元素
            self.driver.find_element(AppiumBy.ID, "com.dangdang.buy2:id/add_cart_tv").click()
            # 将 Toast 提示保存到变量中
            add_toast = self.driver.find_element(AppiumBy.XPATH, "//*[@class='android.widget.Toast']").text
            # 断言二：Toast 提示为"商品已成功加入购物车"
            self.assertEqual(add_toast, ' 商品已成功加入购物车 ')


    if __name__ == '__main__':
        unittest.main()
```

对上述代码的分析如下。

- 代码头部使用语句"from parameterized import parameterized"导入包。
- 类不需要装饰。
- 在方法声明前用@parameterized.expand([('Web UI自动化测试', 'Storm'),('接口自动化测试持续集成', 'Storm')])装饰。

无论是 ddt 还是 parameterized，配合 unittest 都可以方便地实现参数化，并且两种方法都非常简单，大家根据自己的习惯选择其一即可。当然如果是"团队作战"，建议还是保持统一的习惯。

第13章
测试配置及数据分离

到目前为止，我们已经掌握了借助 unittest 单元测试框架来编写 Appium 测试脚本的方法。然而，随着时间的推移，自动化测试用例愈加丰富，项目的易变性导致测试用例的维护成本越来越高。

本章将从实际项目中经常遇到的问题入手，带你认识问题，分析困惑，解决难点，最终实现提升用例可维护性、降低用例维护成本的目标。

13.1 测试配置分离

先来思考一个问题：在前面的测试脚本中，几乎每个用例都会用到 Capability，而 Capability 中各个参数的值都是写进代码中的，比如 "deviceName"："127.0.0.1:21503"。如果某一天，被测设备名称或者设备版本号发生改变，我们就需要手动修改所有用例的 Capability，这样显然是不利于用例维护的。那如何解决该类问题呢？

对于代码中公共的、可能发生变更的部分，应该将其从代码中分离出来。例如，我们应该将 Capability 中的值抽离，保存到一个文件中。每一条测试用例在需要用到 Capability 时，从文件中读取值即可。这样，不仅能够减少代码冗余，提高用例编写效率，还能够解决 Capability 值变更的问题。这种模块化的思想在程序设计中非常重要。

Appium Capabilities 数据可以保存成多种格式，比如 JSON、Excel、CSV、YAML 等。这里推荐大家使用 YAML 来管理数据。

13.1.1 YAML 简介

YAML（YAML Ain't a Markup Language）是一种非标记语言。

（1）YAML 概览

YAML 是一种可读性高，用来表达数据序列化的格式。YAML 的语法和其他高级语言（例如 Java、C 语言）类似，并且可以简单表达清单、散列表、标量等。它使用空格实现缩进和大量依赖外观的特色，特别适合用来表达数据结构、各种配置文件、输出调试内容、文件大纲（例如，许多电子邮件标题格式和 YAML 非常接近）。尽管它比较适合用来表达层次模型（Hierarchical Model）的数据，但它也有精致的语法可以表示关系模型（Relational Model）的数据。由于 YAML 使用空格和分行来分隔数据，因此它特别适合用 grep、Python、Perl、Ruby 来操作。其让人容易上手的特色之一是能够避开各种封闭符号，如引号、各种括号等，这些符号在存在嵌套结构时会变得复杂而难以辨认。

YAML 可以用来写配置文件，它非常简洁和强大，远比 JSON 格式方便，比如同一段数据用 JSON 格式表示如下。

```
{ name: 'Tom Smith',age: 37,spouse: { name: 'Jane Smith', age: 35 },children: [ { name: 'Jimmy Smith', age: 15 },{ name: 'Jenny Smith', age: 12 } ] }
```

而使用 YAML 格式，则描述如下。

```
name: Tom Smith
age: 37
spouse:
    name: Jane Smith
    age: 35
children:
 - name: Jimmy Smith
   age: 15
 - name: Jenny Smith
   age: 12
```

（2）语法特点

- 对大小写敏感。
- 使用缩进表示层级关系。
- 缩进时不允许使用"Tab"键实现，只允许使用空格键实现。
- 缩进的空格数目不重要，只要相同层级的元素保持左对齐即可。

（3）YAML 下载和安装

大家可以直接使用 pip 来安装 PyYAML（Python 的 YAML 包），效果如下。

```
C:\Users\storm>pip3 install PyYAML
Collecting PyYAML
  Downloading PyYAML-6.0-cp39-cp39-win_amd64.whl (151 kB)
……
Installing collected packages: PyYAML
Successfully installed PyYAML-6.0
WARNING: You are using pip version 21.2.4; however, version 22.1.2 is available.
You should consider upgrading via the 'c:\users\storm\appdata\local\programs\python\python39\python.exe -m pip install --upgrade pip' command.
```

安装完成后，可以尝试在 Python 中引入 yaml，以检测 PyYAML 是否安装成功，效果如下。

```
>>> import yaml
>>>
```

若未发生错误，则代表安装成功。

（4）YAML 数据类型详解

YAML 支持如下数据类型。

- 纯量（scalar）：单个的、不可再分的值，类似于Python中的单个变量。

```
Storm
```

- 数组：一组按顺序排列的值，又称为序列（sequence）或列表（list），与Python的list结构类似，list元素使用"-"开头，可以根据缩进进行数组嵌套。

```
- Jack
- Harry
- Sunny
```

也可以写成一行。

```
[Jack,Harry,Sunny]
```

对应的Python的list的写法如下。

```
['Jack','Harry','Sunny']
```

- 对象：键值对的集合，又称为映射（mapping）、哈希（hash）、字典（dictionary），对象的一组键值对，使用冒号结构表示，类似Python中的字典数据结构。

```
platformName: Android
platformVersion: 7.1
```

YAML也允许另一种写法，将所有键值对写成一个行内对象。

```
{platformName: Android,platformVersion: 7.1}
```

注意：冒号后面一定要有空格！对应的Python字典的写法如下。

```
{'platformName': 'Android', 'platformVersion': '7.1'}
```

- 数据嵌套

YAML数据嵌套用来据根据实际场景进行组合嵌套，再来看一下前面的场景：Tom Smith今年37岁，他的妻子叫Jane Smith，35岁。另外他有2个孩子，一个叫Jimmy Smith，15岁；另一个叫Jenny Smith，12岁。

上述场景使用YAML（见familyInfo.yaml文件）表示如下。

```
name: Tom Smith
age: 37
spouse:
    name: Jane Smith
    age:35
children:
 - name: Jimmy Smith
   age: 15
 - name: Jenny Smith
   age: 12
```

转化为 Python 的写法如下。

```
{'name':'Tom Smith','age':37,'spouse':{'name':'Jane Smith','age':35},'childern':[{'name':'Jimmy Smith','age':15},{'name':'Jenny Smith','age':12}]}
```

13.1.2　YAML 文件操作

接下来，我们通过代码演示一下 Python 如何处理各种类型的 YAML 文件。

（1）YAML 对象

这里，我们先准备 my_yaml_1.yml 文件，内容如下。

```
deviceName: 127.0.0.1:21503
platformName: Android
appPackage: com.dangdang.buy2
appActivity: com.dangdang.buy2.activity.ActivityMainTab
noReset: True
```

注意：

- YAML文件的文件名结尾是yaml或yml。
- YAML文件中，冒号前面没有空格，冒号后面有一个空格。

然后，我们编写脚本，来读取该文件。

```python
import yaml

with open('my_yaml_1.yml', 'r', encoding='utf8') as f:
    data = yaml.load(f, Loader=yaml.FullLoader)
    print(data)
    print(data['deviceName'])
    print(data['platformName'])
    print(data['appPackage'])
    print(data['appActivity'])
    print(data['noReset'])
```

注意：

- 这里我们通过yaml.load()来读取YAML文件内容。
- 注意要配置默认参数"Loader=yaml.FullLoader"。YAML 5.1后弃用yaml.load(file)这个用法，出于安全考虑需要指定Loader，比如通过默认加载器（FullLoader）禁止执行任意函数，这里了解即可。

运行结果如下。

```
{'deviceName': '127.0.0.1:21503', 'platformName': 'Android', 'appPackage': 'com.dangdang.buy2', 'appActivity': 'com.dangdang.buy2.activity.ActivityMainTab', 'noReset': True}
```

```
127.0.0.1:21503
Android
com.dangdang.buy2
com.dangdang.buy2.activity.ActivityMainTab
True
```

（2）YAML 数组

我们先准备 my_yaml_2.yml 文件，内容如下。

```
- storm
- sk
- shadow
- queen
```

注意："-"后面有一个空格。

然后我们通过脚本来读取该 YAML 文件。

```
import yaml

with open('my_yaml_2.yml', 'r', encoding='utf8') as f:
    data = yaml.load(f, Loader=yaml.FullLoader)
    print(data)
```

运行结果如下。

```
['storm', 'sk', 'shadow', 'queen']
```

（3）YAML 复合结构

我们先准备 my_yaml_3.yml 文件，内容如下。

```
dangdang:
  deviceName: 127.0.0.1:21503
  platformName: Android
  appPackage: com.dangdang.buy2
  appActivity: com.dangdang.buy2.activity.ActivityMainTab
  noReset: True
```

然后我们通过脚本来读取该 YAML 文件。

```
import yaml

with open('my_yaml_3.yml', 'r', encoding='utf8') as f:
    data = yaml.load(f, Loader=yaml.FullLoader)
    print(data)
    print(data['dangdang']['deviceName'])
    print(data['dangdang']['platformName'])
    print(data['dangdang']['appPackage'])
    print(data['dangdang']['appActivity'])
    print(data['dangdang']['noReset'])
```

运行结果如下。

```
{'dangdang': {'deviceName': '127.0.0.1:21503', 'platformName': 'Android', 'appPac
kage': 'com.dangdang.buy2', 'appActivity': 'com.dangdang.buy2.activity.ActivityMainTa
b', 'noReset': True}}
127.0.0.1:21503
Android
com.dangdang.buy2
com.dangdang.buy2.activity.ActivityMainTab
True
```

在 Android Appium 自动化测试中，作者习惯将系统用到的配置信息以复合结构保存到一个特定文件中。因此，我们需要封装一个函数来读取该文件的信息，文件名为"parse_yaml.py"，脚本如下，供大家参考。

```python
import yaml
import yaml


'''
parse_yaml()函数有3个参数：
①file，文件名
②section，段落名
③key，键名。如果不传递key，则返回整个字典，如果传递key，则返回单个key值。
'''
def parse_yaml(file, section, key=None):
    with open(file, 'r', encoding='utf8') as f:
        data = yaml.load(f, Loader=yaml.FullLoader)
        if key==None:
            return data[section]
        else:
            return data[section][key]




if __name__ == '__main__':
    value = parse_yaml('my_yaml_3.yaml', 'dangdang', 'deviceName')
    all_value = parse_yaml('my_yaml_3.yaml', 'dangdang')
    print(value)
    print(all_value)
```

自测函数 main() 中演示了 parse_yaml() 的用法。后续我们将借助该函数再次优化第 12 章中编写的测试用例。

13.1.3　Capability 配置数据分离实践

本小节，我们的目标是结合前面所学的知识，将写进测试用例中的 desired Capability 信息抽离，存放在一个 YAML 配置文件中，在测试用例中通过读取配置文件，来初始化 App 信息，从而实现测试的配置数据和代码分离的效果。

（1）准备工作

- 新建名为"Chapter_13_1"的 Python 包。
- 在 Chapter_13_1 目录下新建 desired_caps.yaml 文件。
- 将 13.1.2 小节中的 parse_yaml.py 复制到该目录。
- 将第 12 章"Storm_12_3"文件目录中的 4 个测试用例及 run.py 文件复制到该目录。

（2）编写 desired_caps.yaml 文件

文件中除了存放 desired Capabilities 信息，还存放 Remote URL 信息，文件内容如下。

```
dangdang:
  deviceName: 127.0.0.1:21503
  platformName: Android
  appPackage: com.dangdang.buy2
  appActivity: com.dangdang.buy2.activity.ActivityMainTab
  noReset: True
  remoteurl: http://127.0.0.1:4723/wd/hub
```

（3）修改测试用例代码

修改测试用例（test_1_1_home_search.py）代码如下。

```python
import unittest
from appium import webdriver
from appium.webdriver.common.appiumby import AppiumBy
from time import sleep
import ddt
from parse_yaml import parse_yaml


@ddt.ddt
class TestHomeSearch(unittest.TestCase):
    def setUp(self) -> None:
        desired_caps = parse_yaml('desired_caps.yaml','dangdang')
        self.driver = webdriver.Remote(parse_yaml('desired_caps.yaml', 'dangdang', '
remoteurl'), desired_caps)
        self.driver.implicitly_wait(10)

    def tearDown(self) -> None:
        self.driver.quit()
    '''
    （1）@ddt.data()，圆括号中可以传递列表或元组
    （2）这里传递的是两个列表，代表两个测试用例
    （3）每个测试用例包含两个参数：
        ①待搜索的图书名称
        ②预期字段
```

```python
    '''
    @ddt.data(['Web UI 自动化测试 ', 'Storm'],[' 接口自动化测试持续集成 ', 'Storm'])
    @ddt.unpack
    def test_search_book(self, bookname, author):
        # 单击搜索框
        self.driver.find_element(AppiumBy.ID, "com.dangdang.buy2:id/research_flipper_textview").click()
        # 在搜索框输入文字
        self.driver.find_element(AppiumBy.ID, "com.dangdang.buy2:id/et_search").send_keys(bookname)
        # 单击"搜索"按钮
        self.driver.find_element(AppiumBy.ID, "com.dangdang.buy2:id/tv_search").click()
        sleep(3)
        # 将搜索出来的图书元素放到一个列表中
        author_list = self.driver.find_elements(AppiumBy.ID, "com.dangdang.buy2:id/author_tv")
        # 取一个元素的文字（作者名字）
        first_author = author_list[0].text
        # 断言一：判断列表中的第一个作者名字中是不是包含预期字段
        self.assertIn(author, first_author)

        # 单击第一本书的"加入购物车"按钮，这里使用 element，默认取第一个元素
        self.driver.find_element(AppiumBy.ID, "com.dangdang.buy2:id/add_cart_tv").click()
        # 将 Toast 提示保存到变量中
        add_toast = self.driver.find_element(AppiumBy.XPATH, "//*[@class='android.widget.Toast']").text
        # 断言二：Toast 提示为"商品已成功加入购物车"
        self.assertEqual(add_toast, ' 商品已成功加入购物车 ')


if __name__ == '__main__':
    unittest.main()
```

对其余 3 个测试用例的修改类似，这里不赘述。

提醒： 可能会遇到类似错误信息。

`yaml.scanner.ScannerError: mapping values are not allowed here`

遇到该错误信息说明 YAML 文件中数据类型的写法存在错误，一般为 " : " 后面没有留空格，如 platformName:Android。

13.2 测试固件与用例代码分离

在 13.1 节中，我们已经将 Desired Capabilities 配置信息从测试用例代码中分离出来。但细心的读者应该会发现，每个测试用例文件中的 setUp() 和 tearDown() 仍然是冗余的。本节的目标就是将这两部分内容从用例代码中分离出来。

（1）准备工作

- 新建名为"Chapter_13_2"的Python包。
- 将Chapter_13_1中的desired_caps.yaml复制到Chapter_13_2。
- 将Chapter_13_1中的parse_yaml.py复制到该目录。
- 在该目录下新建startend.py文件。
- 将第11章中的4个测试用例及run.py文件复制到该目录。

（2）编写 startend.py 文件

在 Startend.py 文件中编写 StartEnd 类，用来继承 unittest.TestCase 类。接着在该类下定义两个方法，分别是 setUp() 和 tearDown()，并分别存放测试用例的前置和后续操作。参考代码如下。

```
import unittest
from parse_yaml import parse_yaml
from time import sleep
from appium import webdriver


class StartEnd(unittest.TestCase):
    def setUp(self) -> None:
        desired_caps = parse_yaml('desired_caps.yaml', 'dangdang')
   self.driver = webdriver.Remote(parse_yaml('desired_caps.yaml', 'dangdang', 'remoteurl'), desired_caps)
        self.driver.implicitly_wait(10)

    def tearDown(self) -> None:
        sleep(3)
        self.driver.quit()
```

（3）调整测试用例

然后，借助步骤（2）中的 startend.py 文件，调整测试用例 test_4_1_object_of_concern.py，其内容如下。

```
import unittest
from appium.webdriver.common.appiumby import AppiumBy
```

```python
from time import sleep
import ddt
from startend import StartEnd


@ddt.ddt
class TestHomeSearch(StartEnd):
    '''
    (1) @ddt.data(), 圆括号中可以传递列表或元组
    (2) 这里传递的是两个列表, 代表两个测试用例
    (3) 每个测试用例包含两个参数:
        ①待搜索的图书名称
        ②预期字段
    '''

    @ddt.data(['Web UI 自动化测试', 'Storm'],[' 接口自动化测试持续集成 ', 'Storm'])
    @ddt.unpack
    def test_search_book(self, bookname, author):
        # 单击搜索框
        self.driver.find_element(AppiumBy.ID, "com.dangdang.buy2:id/research_flipper_textview").click()
        # 在搜索框输入文字
        self.driver.find_element(AppiumBy.ID, "com.dangdang.buy2:id/et_search").send_keys(bookname)
        # 单击"搜索"按钮
        self.driver.find_element(AppiumBy.ID, "com.dangdang.buy2:id/tv_search").click()
        sleep(3)
        # 将搜索出来的图书元素放到一个列表中
        author_list = self.driver.find_elements(AppiumBy.ID, "com.dangdang.buy2:id/author_tv")
        # 取一个元素的文字 (作者名字)
        first_author = author_list[0].text
        # 断言一: 判断列表中的第一个作者名字中是不是包含预期字段
        self.assertIn(author, first_author)

        # 单击第一本书的"加入购物车"按钮, 这里使用 element, 默认取第一个元素
        self.driver.find_element(AppiumBy.ID, "com.dangdang.buy2:id/add_cart_tv").click()
        # 将 Toast 提示保存到变量中
        add_toast = self.driver.find_element(AppiumBy.XPATH, "//*[@class='android.widget.Toast']").text
        # 断言二: Toast 提示为"商品已成功加入购物车"
        self.assertEqual(add_toast, ' 商品已成功加入购物车 ')


if __name__ == '__main__':
    unittest.main()
```

从以上代码可以得出:

● 测试用例中不再包含setUp()和tearDown(), 用例代码进一步简化。

- 对其他3个测试用的例改进类似，这里不赘述，可参考本书配套文件。

13.3 测试数据分离

截至目前，虽然测试用例代码已经进一步简化，但是测试过程中用到的测试数据仍然和用例代码耦合在一起。本节，让我们沿着前面的思路，将测试用例中的测试数据分离出来，从而进一步简化测试用例代码，提高用例代码的可读性、可维护性。

在自动化测试过程中，作者习惯将相对复杂的测试数据放到"表格"中，比如 Excel 或 CSV 文件中。Excel 大家相对熟悉，Python 有丰富的第三方库来处理 Excel 文件，需要注意的是 Excel 文件的扩展名有 .xls 和 .xlsx，需要不同的库来处理。本节，将以更简洁、更轻量的 CSV 格式为例，演示测试数据分离。

13.3.1 CSV 简介

CSV（Comma-Separated Values，逗号分隔值，有时也称为字符分隔值，因为分隔符也可以不是逗号）文件以纯文本形式存储表格数据（数字和文本）。纯文本意味着该类文件是字符序列，不含必须像二进制数字那样被解读的数据。CSV 文件由任意数目的记录组成，记录间以某种换行符分隔；每条记录由字段组成，字段间的分隔符是字符或字符串，最常见的是逗号或制表符。通常，所有记录都有完全相同的字段序列为纯文本文件。建议使用 WordPad 或记事本来开启纯文本文件，也可以先另存新档后再用 Excel 开启。

日常工作中，大家经常用 Excel 或 WPS 来打开扩展名为".csv"的文件，实际上，你完全可以使用写字板或 PyCharm 来打开这类文件，打开后可以发现这是一种用逗号分隔的数据文件，类似图 13-1 所示的 CSV 文件。

```
BookName,Author,result
Web UI自动化测试,Storm,商品已成功加入购物车
接口自动化测试持续集成,Storm,商品已成功加入购物车
```

图 13-1 CSV 文件

13.3.2 CSV 文件操作

接下来，我们在 Chapter_13 目录下，新建 CSV 文件 test_1_1_home_search.csv（数据文件名

和测试用例名保持一致,方便后续查找),文件内容如下。

```
BookName,Author,result
Web UI自动化测试,Storm,商品已成功加入购物车
接口自动化测试持续集成,Storm,商品已成功加入购物车
```

借助代码来读取文件,步骤如下。

- 首先导入csv模块。
- 然后借助csv.reader()来读取数据。

```python
import csv

with open('test_1_1_home_search.csv', 'r', encoding='utf8') as f:
    data = csv.reader(f)
    print(data)
    for i in data:
        print(i)
```

运行结果如下。

```
<_csv.reader object at 0x000001A0255AAA60>
['BookName', 'Author', 'result']
['Web UI自动化测试 ', 'Storm', '商品已成功加入购物车 ']
['接口自动化测试持续集成 ', 'Storm', '商品已成功加入购物车 ']
```

在自动化测试中,参数化数据的格式类似"['Web UI自动化测试 ', 'Storm'],[' 接口自动化测试持续集成 ', 'Storm']"。我们需要构造一个公共函数(在 parse_csv.py 中),来读取 CSV 文件。在读取文件时,文件的每一行都会返回一个列表,行与行之间用逗号分隔。这里,我们创建文件"parse_csv.py",在文件中封装一个解析 CSV 文件的读取数据的函数来实现该功能。

```python
import csv
'''
①parse_csv函数有两个参数:file,文件名;startline,数据起始行。
②file参数为必传参数。
③startline为默认参数,默认值为1,即从文件第二行开始读取,因为一般文件第一行为标题行。
'''
def parse_csv(file,startline=1):
    mylist = []
    with open(file, 'r', encoding='utf8') as f:
        data = csv.reader(f)
        for i in data:
            mylist.append(i)
        if startline==1:
            del mylist[0]  # 删除标题行数据
        else:
            pass
        return mylist
```

```python
if __name__ == '__main__':
    data = parse_csv('test_1_1_home_search.csv')
    print(data)
    print(*data)
```

运行结果如下。

```
[['Web UI 自动化测试', 'Storm', '商品已成功加入购物车'], ['接口自动化测试持续集成', 'Storm', '商品已成功加入购物车']]
['Web UI 自动化测试', 'Storm', '商品已成功加入购物车'] ['接口自动化测试持续集成', 'Storm', '商品已成功加入购物车']
```

可以看到 *data 的格式和参数化的格式一样。因此，将来我们可以使用 *data 来参数化用例数据。

13.3.3 测试数据分离实践

本小节，我们的目标是结合前面所学的知识，将测试用例中夹杂的测试数据抽离，存放在 CSV 文件中，在测试用例中通过读取 CSV 数据文件来参数化测试用例，从而实现测试数据和测试用例分离。

（1）准备工作

- 新建名为"Chapter_13_4"的 Python 包。
- 在 Chapter_13_4 下新建与测试用例对应的 test_1_1_home_search.csv 文件。
- 将 13.3.2 小节中的 parse_csv.py 复制到该目录。
- 将 Chapter_13_3 中的 4 个测试用例及 run.py 文件复制到该目录。

（2）优化 test_1_1_home_search.py 文件

修改第一个测试用例后代码如下。

```python
import unittest
from appium.webdriver.common.appiumby import AppiumBy
from time import sleep
import ddt
from startend import StartEnd
from parse_csv import parse_csv


@ddt.ddt
class TestHomeSearch(StartEnd):
    '''
    （1）@ddt.data()，圆括号中可以传递列表或元组
```

（2）这里传递的是两个列表，代表两个测试用例
（3）每个测试用例包含两个参数：
　　①待搜索的图书名称
　　②预期字段
'''
```python
    @ddt.data(*parse_csv('test_1_1_home_search.csv'))
    @ddt.unpack
    def test_search_book(self, bookname, author,result):
        # 单击搜索框
        self.driver.find_element(AppiumBy.ID, "com.dangdang.buy2:id/research_flipper_textview").click()
        # 在搜索框输入文字
        self.driver.find_element(AppiumBy.ID, "com.dangdang.buy2:id/et_search").send_keys(bookname)
        # 单击"搜索"按钮
        self.driver.find_element(AppiumBy.ID, "com.dangdang.buy2:id/tv_search").click()
        sleep(3)
        # 将搜索出来的图书元素放到一个列表中
        author_list = self.driver.find_elements(AppiumBy.ID, "com.dangdang.buy2:id/author_tv")
        # 取一个元素的文字（作者名字）
        first_author = author_list[0].text
        # 断言一：判断列表中的第一个作者名字中是不是包含预期字段
        self.assertIn(author, first_author)

        # 单击第一本书的"加入购物车"按钮，这里使用 element，默认取第一个元素
        self.driver.find_element(AppiumBy.ID, "com.dangdang.buy2:id/add_cart_tv").click()
        # 将 Toast 提示保存到变量中
        add_toast = self.driver.find_element(AppiumBy.XPATH, "//*[@class='android.widget.Toast']").text
        # 断言二：Toast 提示为"商品已成功加入购物车"
        self.assertEqual(add_toast, result)


if __name__ == '__main__':
    unittest.main()
```

说明：其他几条测试用例的优化方式类似，这里不赘述。实际优化效果，请参考本书配套文件。

本章我们通过 3 节实现了将测试配置、测试固件以及测试数据从测试代码中分离的效果，测试用例文件的编写效率、可读性、可维护性得以提升，不过测试用例中元素的定位器、元素的操作方法和用例业务还夹杂在一起，在第 14 章中，我们将借助 Page Object 设计模式解决该问题。

第14章
Page Object设计模式

开发具有可维护性的测试脚本，对于自动化测试持续集成非常重要。经过项目中的不断实践，前辈们总结出一套基于 Page Object 模式的脚本设计方法。目前 Page Object 模式被广大测试同行所认可。所谓 Page Object 模式是指，将页面元素的定位以及元素操作从测试用例脚本中分离出来，测试用例脚本直接调用封装好的元素操作来组织测试用例，从而实现测试用例脚本和元素定位、操作分离的效果。这样的模式带来的好处如下。

- 抽象出页面对象可以在很大程度上降低开发人员修改页面代码对测试的影响。
- 可以在多个测试用例中复用一部分测试代码。
- 测试代码变得更易读、灵活、可维护。
- 测试团队可以分工协作，部分人员封装测试元素对象和操作；部分人员应用封装好的元素操作来组织测试用例。

我们看个实际的场景：在前面的章节中，我们编写了 4 个测试用例，但在实际项目中，随着时间的推移，你的测试用例脚本会越来越多……若某天由于项目重构，或者需求调整等原因，"去推荐"页的搜索框 resource-id 的值发生了变化，不巧的是，你可能有几百个用例都用到了该元素……此时，维护前期的测试脚本，就会变成一项非常困难的工作。如果我们借助 Page Object 的思想，将测试中的元素定位和元素操作从测试用例脚本中分离出来，在遇到前面的场景的时候，就能从容应对。虽然 Page Object 的思想被广大测试同行认可，但是不同团队在项目实践过程中还是会采用不同的分层分式，这里笔者介绍其中一种方案，供大家参考。

先来看一下整体规划，将用例代码分为 3 层。

- 第一层：将所有元素对象定位器放到一个文件中。
- 第二层：将所有元素操作放到一个文件中。
- 第三层：将公共的业务场景封装到一个文件中。

然后，借助公共的业务场景，调用目标元素的操作来组装测试用例。

14.1 Page Object 实践

我们通过示例，看一下 Page Object 思想的具体实现。在 Chapter_14 目录下创建两个 Python 包——case、page。

- case 用来保存测试用例及调用的函数。
- page 用来保存页面对象，例如定位器、元素操作和业务场景。

目录结构如图 14-1 所示。

（1）封装定位器层

在 page 目录下面新建一个 Python 文件 locators.py，在其中编写的内容如下。

图 14-1　目录结构

```python
from appium.webdriver.common.appiumby import AppiumBy


class HomePageLocators(object):
    # 首页
    HomeLabel = (AppiumBy.ID, 'com.dangdang.buy2:id/tab_index_down_iv')  # 首页（去推荐）标签
    SearchBox = (AppiumBy.ID, 'com.dangdang.buy2:id/research_flipper_textview')  # 首页搜索框
    Search = (AppiumBy.ID, 'com.dangdang.buy2:id/et_search')  # 搜索页搜索框
    SearchBtn = (AppiumBy.ID, 'com.dangdang.buy2:id/tv_search')  # 搜索按钮


class BookPageLocators(object):
    # 图书列表和详情页
    AuthorList = (AppiumBy.ID, 'com.dangdang.buy2:id/author_tv')  # 作者列表
    PurchaseBtn = (AppiumBy.ID, 'com.dangdang.buy2:id/add_cart_tv')  # 加入购物车图标
    Toast = (AppiumBy.XPATH, "//*[@class='android.widget.Toast']")  # Toast
    BackBtn = (AppiumBy.ID, 'com.dangdang.buy2:id/etv_back')  # 返回按钮
    CollectionBtn = (AppiumBy.ID, 'com.dangdang.buy2:id/tv_magic_index2')  # 收藏按钮


class ClassificationPageLocators(object):
    # 分类页
    ClassificationLabel = (AppiumBy.ID, 'com.dangdang.buy2:id/tab_search_iv')  # 分类标签
    ClassificationList = (AppiumBy.ID, 'com.dangdang.buy2:id/title_tv')  # 分类列表


class ShopCartPageLocators(object):
    # 购物车页
    ShopCartLabel = (AppiumBy.ID, 'com.dangdang.buy2:id/tab_cart_iv')  # 购物车标签
    BookNameList = (AppiumBy.ID, 'com.dangdang.buy2:id/product_title_tv')  # 图书名称
    CheckBoxList = (AppiumBy.ID, 'com.dangdang.buy2:id/product_chb')  # 复选框
    SettlementBtn = (AppiumBy.ID, 'com.dangdang.buy2:id/cart_balance_tv')  # 去结算按钮
    SubmitBtn = (AppiumBy.ID, 'com.dangdang.buy2:id/checkout_button')  # 提交订单按钮


class PersonPageLocators(object):
    # "我的"页面
    PersonLabel = (AppiumBy.ID, 'com.dangdang.buy2:id/tab_personal_iv')  # "我的"标签
    CollectBookName = (AppiumBy.ID, 'com.dangdang.buy2:id/tv_collect_name')  # 收藏图书的名称
```

代码分析如下。

- 将所有页面元素都放到locators.py文件中。
- 每个页面的元素封装在各自的class下面。
- 将与业务相关的元素（定位器）放到一个页面中。

（2）封装元素操作层

在 Page 目录下面，新建一个 Python 文件 operations.py，在其中编写的内容如下。

```python
from Chapter_14.page.locators import *

class BasePage(object):
    # 构造一个基础类
    def __init__(self, driver):
        # 在初始化的时候会自动运行
        self.driver = driver


class HomePageOpn(BasePage):
    # 首页元素操作
    # 单击"首页"标签
    def click_home_label(self):
        # 单击搜索框
        ele = self.driver.find_element(*HomePageLocators.HomeLabel)
        ele.click()

    # 单击首页搜索框
    def click_search_box(self):
        # 单击搜索框
        ele = self.driver.find_element(*HomePageLocators.SearchBox)
        ele.click()

    # 在弹出的搜索页的搜索框中输入文字
    def search_goods(self, goodsname):
        # 输入书名
        ele = self.driver.find_element(*HomePageLocators.Search)
        ele.send_keys(goodsname)

    # 在弹出的搜索页单击"搜索"按钮
    def click_search_btn(self):
        # 单击"登录"按钮
        ele = self.driver.find_element(*HomePageLocators.SearchBtn)
        ele.click()


class BookPageOpn(BasePage):
    # 图书列表和详情页的元素操作
    def get_author_list(self):
        # 获取作者列表
```

第14章 Page Object设计模式

```python
        eles = self.driver.find_elements(*BookPageLocators.AuthorList)
        return eles

    # 单击"加入购物车"按钮
    def click_purchase_btn(self):
        ele = self.driver.find_element(*BookPageLocators.PurchaseBtn)
        ele.click()

    # 获取 Toast 提示
    def get_toast(self):
        ele = self.driver.find_element(*BookPageLocators.Toast)
        return ele.text

    # 单击"返回"按钮
    def click_back_btn(self):
        ele = self.driver.find_element(*BookPageLocators.BackBtn)
        ele.click()

    # 单击"收藏"按钮
    def get_collection_btn(self):
        ele = self.driver.find_element(*BookPageLocators.CollectionBtn)
        return ele


class ClassificationPageOpn(BasePage):
    # 分类页的元素操作
    # 单击"分类"标签
    def click_classification_label(self):
        ele = self.driver.find_element(*ClassificationPageLocators.ClassificationLabel)
        ele.click()

    # 获取分类列表
    def get_classification_list(self):
        # 保存为列表
        eles = self.driver.find_elements(*ClassificationPageLocators.ClassificationList)
        return eles


class ShopCartPageOpn(BasePage):
    # 购物车页的元素操作
    # 单击"购物车"标签
    def click_shopcart_label(self):
        ele = self.driver.find_element(*ShopCartPageLocators.ShopCartLabel)
        ele.click()

    # 获取购物车图书名称列表
    def get_book_name_list(self):
        eles = self.driver.find_elements(*ShopCartPageLocators.BookNameList)
        return eles
```

```python
        # 获取购物车复选框元素列表
        def get_checkbox_list(self):
            eles = self.driver.find_elements(*ShopCartPageLocators.CheckBoxList)
            return eles

        # 单击"去结算"按钮
        def click_settlement_btn(self):
            ele = self.driver.find_element(*ShopCartPageLocators.SettlementBtn)
            ele.click()

        # 获取"提交订单"按钮是否为可单击的状态
        def get_submit_btn_status(self):
            ele = self.driver.find_element(*ShopCartPageLocators.SubmitBtn)
            return ele.get_attribute('clickable')


class PersonPageOpn(BasePage):
    # "我的"页的元素操作
    # 单击"我的"
    def click_person_label(self):
        ele = self.driver.find_element(*PersonPageLocators.PersonLabel)
        ele.click()

    # 获取收藏图书的名称,保存为列表
    def get_collect_bookname_list(self):
        eles = self.driver.find_elements(*PersonPageLocators.CollectBookName)
        return eles


if __name__ == '__main__':
    HomePageOpn(BasePage).click_search_box()
```

代码分析如下。

- 首先导入locators.py文件。
- 定义BasePage类,用来初始化driver。
- 后续的类通过继承BasePage类,获得driver。
- 借助driver和前面封装好的元素定位器,封装元素的操作方法,每个class对应一个页面,每个方法对应一个元素操作。

(3)封装业务场景层

在Page目录中新建scenarios.py,用来封装常用业务场景。这里封装了两个场景。

- 搜索商品并加入购物车。
- 搜索商品,并判断搜索到的商品是否被收藏(关注),如果没有,则单击"收藏"。

代码如下。

```python
from Chapter_14.page.operations import *

class GoodsScenario(BasePage):
    # 这里定义与商品相关的场景
    def add_shopping_cart(self, goods):
        # 场景一：添加商品到购物车
        HomePageOpn(self.driver).click_search_box()
        HomePageOpn(self.driver).search_goods(goods)
        HomePageOpn(self.driver).click_search_btn()
        BookPageOpn(self.driver).click_purchase_btn()

    def collect_goods(self, goods):
        # 场景二：收藏商品
        HomePageOpn(self.driver).click_search_box()
        HomePageOpn(self.driver).search_goods(goods)
        HomePageOpn(self.driver).click_search_btn()
        eles = BookPageOpn(self.driver).get_author_list()
        eles[0].click()
        res = BookPageOpn(self.driver).get_collection_btn()
        if res.text == "收藏":
            res.click()
```

代码分析如下。

- 这里导入前面封装好的元素操作。
- 定义GoodsScenario类，然后在其中定义方法add_shopping_cart()，用来实现搜索商品并加入购物车的场景。该方法有一个参数，该参数的值并未"写死"，需要在调用方法的时候实时传递。另外还定义了collect_goods()方法，用来搜索商品，并判断搜索到的商品是否被收藏，如果没有，则单击"收藏"。

（4）重构测试用例

将Chapter_13_4目录下的文件复制到case目录下。接下来，我们对4个测试用例进行逐一调整。

test_1_1_home_search.py修改如下。

```python
import unittest
from time import sleep
import ddt
from parse_csv import parse_csv
from startend import StartEnd
from Chapter_14.page.operations import *

@ddt.ddt
class TestHomeSearch(StartEnd):
    '''
    （1）@ddt.data()，圆括号中可以传递列表或元组
    （2）这里传递的是两个列表，代表两个测试用例
```

（3）每个测试用例包含两个参数：
　　①待搜索的图书名称
　　②预期字段
```
    '''
    @ddt.data(*parse_csv('test_1_1_home_search.csv'))
    @ddt.unpack
    def test_search_book(self, bookname, author, result):
        # 单击搜索框
        self.driver.find_element(AppiumBy.ID, "com.dangdang.buy2:id/research_flipper_textview").click()
        # 在搜索框输入文字
        self.driver.find_element(AppiumBy.ID, "com.dangdang.buy2:id/et_search").send_keys(bookname)
        # 单击"搜索"按钮
        self.driver.find_element(AppiumBy.ID, "com.dangdang.buy2:id/tv_search").click()
        sleep(3)
        # 将搜索出来的图书元素放到一个列表中
        author_list = self.driver.find_elements(AppiumBy.ID, "com.dangdang.buy2:id/author_tv")
        # 取一个元素的文字（作者名字）
        first_author = author_list[0].text
        # 断言一：判断列表中的第一个作者名字中是不是包含预期字段
        self.assertIn(author, first_author)

        # 单击第一本书的"加入购物车"按钮，这里使用element，默认取第一个元素
        self.driver.find_element(AppiumBy.ID, "com.dangdang.buy2:id/add_cart_tv").click()
        # 将Toast提示保存到变量中
        add_toast = self.driver.find_element(AppiumBy.XPATH, "//*[@class='android.widget.Toast']").text
        # 断言二：Toast提示为"商品已成功加入购物车"
        self.assertEqual(add_toast, result)


if __name__ == '__main__':
    unittest.main()
```

test_2_1_classification.py 修改如下。

```
import unittest
from time import sleep
import ddt
from parse_csv import parse_csv
from startend import StartEnd
from Chapter_14.page.operations import *
'''
（1）单击"分类"标签
（2）查看分类列表
'''
@ddt.ddt
```

```python
class TestClassification(StartEnd):
    @ddt.data(parse_csv('test_2_1_classification.csv'))
    @ddt.unpack
    def test_classfication(self, classification):
        # 单击"分类"标签
        self.driver.find_element(AppiumBy.ID, "com.dangdang.buy2:id/tab_search_iv").click()
        sleep(3)
        # 将分类的元素放到一个列表中
        ele_list = self.driver.find_elements(AppiumBy.ID, "com.dangdang.buy2:id/title_tv")
        # 再将元素的文字都放到一个新列表中
        classification_list = []
        for ele in ele_list:
            classification_list.append(ele.text)
        # print(classification_list)
        # 断言：分类列表中包含"图书""食品""手机数码"
        target_list = classification
        # 通过循环，依次判断目标文字是否在分类列表中
        for i in target_list:
            self.assertIn(i, classification_list)


if __name__ == '__main__':
    unittest.main()
```

test_3_1_pay.py 修改如下。

```python
import unittest
from time import sleep
import ddt
from parse_csv import parse_csv
from startend import StartEnd
from Chapter_14.page.scenarios import *
'''
①进入购物车，查看图书列表
②单击图书《Python 实现 Web UI 自动化测试实战》
③单击"去结算"按钮
'''
@ddt.ddt
class TestPay(StartEnd):
    @ddt.data(*parse_csv('test_3_1_pay.csv'))
    @ddt.unpack
    def test_pay(self, bookname):
        # 单击搜索框
        self.driver.find_element(AppiumBy.ID, "com.dangdang.buy2:id/research_flipper_textview").click()
        # 在搜索框输入文字
        self.driver.find_element(AppiumBy.ID, "com.dangdang.buy2:id/et_search").send_keys(bookname)
        # 单击"搜索"按钮
        self.driver.find_element(AppiumBy.ID, "com.dangdang.buy2:id/tv_search").
```

```python
click()
            sleep(3)
            # 单击搜索出来的第一本书，加入购物车
            self.driver.find_elements(AppiumBy.ID, "com.dangdang.buy2:id/add_cart_tv")
[0].click()
            # 通过模拟按"Esc"键退回到首页
            self.driver.find_element(AppiumBy.ID, "com.dangdang.buy2:id/etv_back").click()
            sleep(2)
    self.driver.find_element(AppiumBy.ID, "com.dangdang.buy2:id/etv_back").click()
            sleep(1)
            # 单击"购物车"标签
            self.driver.find_element(AppiumBy.ID, 'com.dangdang.buy2:id/tab_cart_iv').
click()
            sleep(2)
            # 断言一：包含目标图书
            book_name = self.driver.find_elements(AppiumBy.ID, 'com.dangdang.buy2:id/
product_title_tv')[0].text
            self.assertIn(bookname, book_name)
            # 判断"Web UI 自动化测试"这本书是否被选中
            ele = self.driver.find_element(AppiumBy.ID, "com.dangdang.buy2:id/product_chb")
            # print(ele.get_attribute('checked'))
            if ele.get_attribute('checked') == 'false':
                ele.click()
            # 单击"去结算"按钮
            self.driver.find_element(AppiumBy.ID, 'com.dangdang.buy2:id/cart_balance_
tv').click()
            # 获取"提交订单"按钮
            ele2 = self.driver.find_element(AppiumBy.ID, 'com.dangdang.buy2:id/
checkout_button')
            # 断言二：进入"确认订单"页面，判断该页面"提交订单"按钮是否可单击
            res = ele2.get_attribute('clickable')
            self.assertEqual(res, 'true')


    if __name__ == '__main__':
        unittest.main()
```

test_4_1_object_of_concern.py，修改如下。

```python
import unittest
from time import sleep
import ddt
from startend import StartEnd
from parse_csv import parse_csv
from Chapter_14.page.scenarios import *
'''
①单击"我的"标签
②查看关注列表
'''
@ddt.ddt
class TestObjectOfConcern(StartEnd):
```

```python
        @ddt.data(*parse_csv('test_4_1_object_of_concern.csv'))
        @ddt.unpack
        def test_object_of_concern(self,bookname):
            # 单击搜索框
            self.driver.find_element(AppiumBy.ID, "com.dangdang.buy2:id/research_flipper_textview").click()
            # 在搜索框输入文字
            self.driver.find_element(AppiumBy.ID, "com.dangdang.buy2:id/et_search").send_keys(bookname)
            # 单击"搜索"按钮
            self.driver.find_element(AppiumBy.ID, "com.dangdang.buy2:id/tv_search").click()
            sleep(3)
            # 单击搜索出来的第一本书
            self.driver.find_elements(AppiumBy.ID, "com.dangdang.buy2:id/author_tv")[0].click()
            # 首先判断《Python实现Web UI自动化测试实战》这本书是否已经收藏,如果没有收藏要先单击"收藏"
            res = self.driver.find_element(AppiumBy.ID, "com.dangdang.buy2:id/tv_magic_index2")
            if res.text == " 收藏 ":
                res.click()

            # 单击"返回"按钮
            # driver.find_element(AppiumBy.ID, 'com.dangdang.buy2:id/etv_back').click()
            # 通过模拟按"Esc"键退回到首页
            self.driver.press_keycode(111)
            sleep(1)
            self.driver.press_keycode(111)
            sleep(1)
            self.driver.press_keycode(111)
            sleep(1)
            # 然后,单击"我的"标签,判断关注列表是否包含《Python实现Web UI自动化测试实战》
            # 单击"我的"标签
            self.driver.find_element(AppiumBy.ID, "com.dangdang.buy2:id/tab_personal_iv").click()
            # 通过id取组元素
            sleep(2)
            eles = self.driver.find_elements(AppiumBy.ID, "com.dangdang.buy2:id/tv_collect_name")
            titles = []
            # 将收藏的所有图书的名称放到一个列表中
            for i in eles:
                titles.append(i.text)

            self.assertIn(bookname, titles)


if __name__ == '__main__':
    unittest.main()
```

由此可见,将所有项目的元素定位器和操作分别放置到文件中,虽然导入较为方便,但是文件会非常大。合理规划页面并添加适当的注释,将有利于测试工程师搜索、调用页面元素操作,并快速编写测试用例。

14.2 "危机"应对

在实际项目中,项目的变更是正常的、持续存在的。也正是因为如此,我们才引入 Page Object 模式。接下来,我们将通过几个场景来演示使用 Page Object 模式封装的代码,在应对项目变更时,有哪些优势。

(1)元素定位器的值发生改变

元素定位器的值发生变化是非常常见的。这里,我们介绍面对首页搜索框元素定位器的值发生了变化或者要使用其他定位器进行定位的情况该如何处理。

在 Page Object 模式下,我们只需将 login_page.py 文件中首页搜索框元素的定位方法修改成可用。

```
……
class HomePageLocators(object):
    # 首页
    HomeLabel = (AppiumBy.ID, 'com.dangdang.buy2:id/tab_index_down_iv')  # "首页"
(去推荐)标签
    SearchBox = (AppiumBy.ID, 'new_value')  # 首页搜索框,修改为新值
    Search = (AppiumBy.ID, 'com.dangdang.buy2:id/et_search')  # 搜索页搜索框
    SearchBtn = (AppiumBy.ID, 'com.dangdang.buy2:id/tv_search')  # "搜索"按钮
……
```

虽然有多条用例用到该元素,但只需要修改 SearchBox 中对应的元素定位器的值,而不需要修改任何测试用例代码,整个脚本维护起来非常简便。

(2)元素操作发生改变

某些情况下,对元素的操作可能会变,比如单击变成触摸(或者长按删除变成左滑删除),这个时候,我们只需要调整 operations.py 文件中对应的元素操作的代码。

这里我们将单击搜索框的操作"ele.click()"换成"ele.tap()"。

```
from Chapter_14.Chapter_14_1.page.locators import *


class BasePage(object):
    # 构造一个基础类
```

```python
    def __init__(self, driver):
        # 在初始化的时候，会自动运行
        self.driver = driver


class HomePageOpn(BasePage):
    # 首页元素操作
    # 单击"首页"标签
    def click_home_label(self):
        # 触摸搜索框
        ele = self.driver.find_element(*HomePageLocators.HomeLabel)
        ele.tap()
……
```

同样，用到该操作的测试用例不需要再做任何改动，维护相当便利。

（3）封装的业务场景发生改变

假如添加商品到购物车的场景发生了变化，该如何处理呢？这里假设查询到图书后，需要进入图书详情页，才能将图书加入购物车，则需要做如下调整。

先在 locators.py 中新增用到的元素：

```python
……
class BookPageLocators(object):
    # 图书列表和详情页
    AuthorList = (AppiumBy.ID, 'com.dangdang.buy2:id/author_tv')  # 作者列表
    PurchaseBtn = (AppiumBy.ID, 'com.dangdang.buy2:id/add_cart_tv')  # "加入购物车"按钮
    Toast = (AppiumBy.XPATH, "//*[@class='android.widget.Toast']")  # Toast
    BackBtn = (AppiumBy.ID, 'com.dangdang.buy2:id/etv_back')  # "返回"按钮
    CollectionBtn = (AppiumBy.ID, 'com.dangdang.buy2:id/tv_magic_index2')  # "收藏"按钮
    PurchaseBtn2 = (AppiumBy.ID, 'com.dangdang.buy2:id/tv_magic_btn_right')  # 新增：图书详情页"加入购物车"按钮
```

接着，在 operations.py 中增加对元素的操作。

```python
……
class BookPageOpn(BasePage):
    # 图书列表和详情页的元素操作
    def get_author_list(self):
        # 获取作者列表
        eles = self.driver.find_elements(*BookPageLocators.AuthorList)
        return eles

    # 图书列表页，单击"加入购物车"按钮
    def click_purchase_btn(self):
        ele = self.driver.find_element(*BookPageLocators.PurchaseBtn)
        ele.click()
```

```python
    # 新增:图书详情页,单击"加入购物车"按钮
    def click_purchase_btn2(self):
        ele = self.driver.find_element(*BookPageLocators.PurchaseBtn2)
        ele.click()
......
```

然后对 scenarios.py 代码的修改如下。

```python
from Chapter_14.Chapter_14_1.operation.operations import *


class GoodsScenario(BasePage):
    # 这里定义与商品相关的场景
    def add_shopping_cart(self, goods):
        # 场景一:添加商品到购物车
        HomePageOpn(self.driver).click_search_box()
        HomePageOpn(self.driver).search_goods(goods)
        HomePageOpn(self.driver).click_search_btn()
        # 先单击图书,进入详情页
        BookPageOpn(self.driver).get_author_list()[0].click()
        # 单击详情页的"加入购物车"按钮
        BookPageOpn(self.driver).click_purchase_btn2()
......
```

结合上述代码可以看到,我们修改了以下内容。

- 在元素定位器层,新增了图书详情页"加入购物车"元素的定位方法。
- 在元素操作层,新增了"加入购物车"元素的单击方法。
- 在加购商品场景中,增加了加购商品的两条语句。

虽然整体复杂了一些,但是测试用例仍然不需要做改动。注意,如果用到新的元素,则需要先增加元素和元素操作,再修改 scenarios.py 文件;如果用不到新元素,则直接修改 scenarios.py 即可。

(4)修改测试用例

某些时候,我们需要调整测试用例本身。例如,我们编写 test_1_1_home_search.py 时,其中一个断言是判断搜索出来的图书的作者名字中是否包含"Storm",假设现在我们要增加一个断言,在判断作者名字的基础上,还要判断图书的出版社是不是"人民邮电出版社",那该如何操作呢?

首先,增加出版社列表元素定位器。

```python
......
class BookPageLocators(object):
    # 图书列表和详情页
    AuthorList = (AppiumBy.ID, 'com.dangdang.buy2:id/author_tv')  # 作者列表
    PurchaseBtn = (AppiumBy.ID, 'com.dangdang.buy2:id/add_cart_tv')  # "加入购物车"按钮
    Toast = (AppiumBy.XPATH, "//*[@class='android.widget.Toast']")  # Toast
```

```
        BackBtn = (AppiumBy.ID, 'com.dangdang.buy2:id/etv_back')    # "返回" 按钮
        CollectionBtn = (AppiumBy.ID, 'com.dangdang.buy2:id/tv_magic_index2')    # "收藏" 按钮
        PurchaseBtn2 = (AppiumBy.ID, 'com.dangdang.buy2:id/tv_magic_btn_right')    # 图
书详情页 "加入购物车" 按钮
        Publisher = (AppiumBy.ID, 'com.dangdang.buy2:id/publisher_tv')    # 新增: 出版社
列表
......
```

接着,增加获取出版社列表的元素操作

```
......
class BookPageOpn(BasePage):
    # 图书列表和详情页的元素操作
    # 获取作者列表
    def get_author_list(self):
        # 获取作者列表
        eles = self.driver.find_elements(*BookPageLocators.AuthorList)
        return eles

    def get_publisher_list(self):
        # 获取出版社列表
        eles = self.driver.find_elements(*BookPageLocators.Publisher)
        return eles
......
```

然后,修改测试用例数据文件。在 test_1_1_home_search.csv 文件中增加出版社字段,用于断言的读取(不要将字段值"写死"在测试用例中),修改效果如下。

```
BookName,Author,publisher,result
《Python 实现 Web UI 自动化测试实战》,Storm,人民邮电出版社,商品已成功加入购物车
接口自动化测试持续集成,Storm,人民邮电出版社,商品已成功加入购物车
```

最后,修改测试用例本身。将 test_1_1_home_search.py 修改如下。

```
import unittest
from time import sleep
import ddt
from parse_csv import parse_csv
from Chapter_14.Chapter_14_1.scenario.scenarios import *
from startend import StartEnd


@ddt.ddt
class TestHomeSearch(StartEnd):
    '''
    (1) @ddt.data(),圆括号中可以传递列表或元组
    (2) 这里传递的是两个列表,代表两个测试用例
    (3) 每个测试用例包含两个参数:
        ①待搜索的图书名称
        ②预期字段
```

```python
'''
@ddt.data(*parse_csv('test_1_1_home_search.csv'))
@ddt.unpack
def test_search_book(self, bookname, author,publisher,result):
    HomePageOpn(self.driver).click_search_box()
    HomePageOpn(self.driver).search_goods(bookname)
    HomePageOpn(self.driver).click_search_btn()
    sleep(3)
    author_list = BookPageOpn(self.driver).get_author_list()
    first_author = author_list[0].text
    # 断言一：判断列表中的第一本书的作者的名字中是不是包含预期字段
    self.assertIn(author, first_author)
    # 断言二：判断第一本书的出版社是不是"人民邮电出版社"
    publisher_list = BookPageOpn(self.driver).get_publisher_list()
    first_publisher = publisher_list[0].text
    self.assertEqual(first_publisher,publisher)
    # 单击第一本图书的"加入购物车"按钮，这里使用element，默认取第一个元素
    BookPageOpn(self.driver).click_purchase_btn()
    # 将Toast提示保存到变量中
    add_toast = BookPageOpn(self.driver).get_toast()
    # 断言三：Toast提示为"商品已成功加入购物车"
    self.assertEqual(add_toast, result)
```

注意：自动化测试的断言总是有限的，某些时候，自动化测试没有发现问题，人工测试或者生产环境却发现了问题。这个时候我们就要把相关的检查点增加到用例当中。

14.3 新生"危机"

Page Object模式是自动化测试领域的优秀实践，借助该模式，测试用例代码的冗余度大幅降低，用例维护成本降低，用例的可维护性则大幅提升。在14.2节中，我们通过几个示例为大家演示了使用Page Object模式思想的实际优势。不过就当前情况而言，测试用例还存在一些问题，简要分析如下。

（1）目录结构混乱

case目录中存放了测试用例、测试数据、配置数据和一些封装好的公共函数文件，整个目录结构（见图14-2）显得非常混乱，不利于查看、使用文件。

图14-2 case目录的结构

（2）缺乏测试日志

如果测试执行失败，没有对应的日志，较难定位问题。添加日志功能是后续要改进的。

（3）缺乏错误截图

在元素定位失败或者用例执行发生异常时，如果有错误截图，则能够更加直观地定位问题，修复代码。为测试代码增加错误截图功能也是后续要改进的。

（4）缺乏显性等待

在本书第 10 章中，笔者强烈推荐使用显性等待，但上述代码并未使用显性等待，原因是为每个定位元素都加上显性等待，代码会显得非常冗长，后续我们将通过封装 Appium 元素定位 API 来解决该问题。

第15章
自动化测试框架开发

本章，我们将借助 unittest 框架，结合 Page Object 设计模式，来解决 14.3 节提出的问题。

15.1 框架设计

首先，我们从目录结构开始对自动化测试框架做整体规划，目录结构如图 15-1 所示。

接下来，按照图 15-1 所示的结构，使用 PyCharm 新建项目和对应的目录，步骤如下。

（1）在 E 盘根目录新建项目"dangdang_test1"。

（2）按照图 15-1，在 dangdang_test1 项目下面新建 Python 包，对应图 15-1 所示的目录，效果如图 15-2 所示。

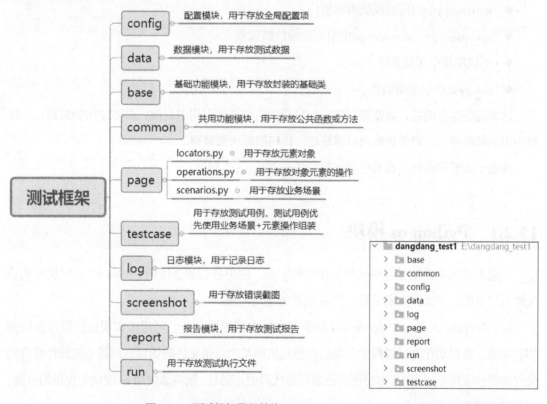

图 15-1　测试框架目录结构　　　　　　图 15-2　创建目录

（3）复制文件。将第 14 章中的文件按类别复制到步骤（2）创建的目录中。

- 将 Chapter_14/case 目录下的 desired_caps.yaml 移动到 config 中。

- 将 Chapter_14/case 目录下的 parse_csv.py、parse_yaml.py 移动到 base 中。

- 将 Chapter_14/case 目录下的 run.py 移动到 run 中。

- 将Chapter_14/case目录下的startend.py移动到common中。
- 将Chapter_14/case目录下的4个csv文件移动到data中。
- 将Chapter_14/case目录下的4个case文件移动到testcase中。
- 将Chapter_14/page目录下的3个文件移动到page中。

15.2 优化目录层级

虽然我们已经将 14.3 节中的文件"分门别类"放到 15.1 节创建的目录中了，但因为目录结构的变化，涉及的文件、模块的引用关系就需要调整。例如：

- startend.py中引用的模块需调整；
- operations.py、scenarios.py中引用的模块需调整；
- 测试用例引用需调整；
- run.py文件引用需调整。

这里需要提醒的是，调整测试文件中目录引用和文件引用的时候，需要使用相对路径，尽量少用绝对路径，以避免更换项目路径后，代码需要大量调整。

注意：本节代码对应本书配套文件的 dangdang_test1 项目。

15.2.1 Python os 模块

为避免更换项目路径对测试框架代码的影响，这里我们演示使用 Python 的 os 模块来构造文件引用路径。下面，先来学习一下 os 模块的使用方法。

os（OperationSystem），是 Python 标准库中的内置模块之一，可用于实现访问操作系统等相关功能。在自动化测试过程中，我们会遇到访问某个目录文件的场景，但是不同操作系统的文件路径分隔符不同，如果你想使自己编写的代码更加健壮，就需要使用 os 模块中提供的方法，以实现跨平台运行。

（1）获取操作系统信息

- os.sep 用来获取当前系统路径的分隔符，Windows 系统中的分隔符是"\"，Linux 和 macOS 系统中的分隔符是"/"。
- os.name 用来显示你使用的工作平台，如果使用的是 Windows 平台返回"nt"，如果使用的是 Linux 或 macOS 平台则返回"posix"。

- os.getcwd 用来获取当前文件的路径。

示例代码如下。

```
import os
print(os.sep)  # 获取当前系统路径的分隔符
print(os.name)  # 显示工作平台
print(os.getcwd())  # 获取当前文件的路径
```

运行结果如图 15-3 所示。

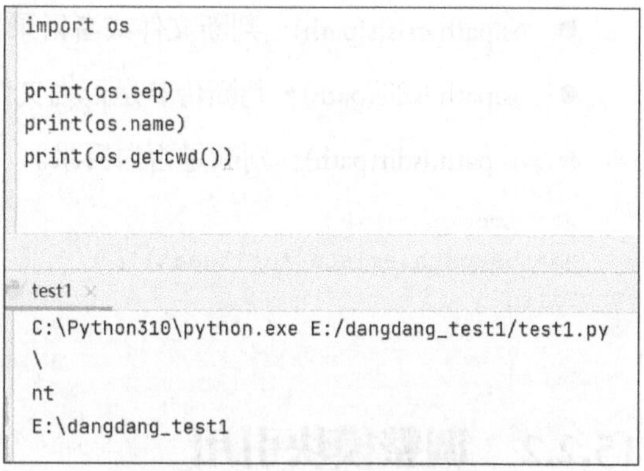

假如我们需要拼接一个文件路径，示例代码如下。

```
import os
# 拼接当前文件同级目录里面的 aa.py 文件的路径
cur_path = os.getcwd()  # 获取当前文件同级目录
print(cur_path)
file = cur_path + os.sep + 'aa.py'  # 通过 os.sep 来获取适合当前操作系统的分隔符
print(file)
```

图 15-3 获取操作系统信息

运行结果如下。

```
E:\dangdang_test1
E:\dangdang_test1\aa.py
```

（2）目录操作

接下来，我们看一下 Python os 模块还提供了哪些对文件目录进行操作的方法。

- os.listdir(目录)：返回指定目录下的所有文件和目录。

- os.mkdir('D:\\abc')：创建一个目录。

- os.rmdir('D:\\abc')：删除一个空目录。若目录中有文件，则无法删除。

- os.makedirs('D:\\abc\\def\\')：可以生成多层递归目录。如果目录全部存在，则创建目录失败。

- os.removedirs('D:\\abc\\def\\')：可以删除多层递归的空目录，若目录中有文件则无法删除。

- os.chdir('D:\\abc\\def\\')：改变当前目录，到指定目录中去。

- os.rename('D:\\abc\\def','D:\\abc\\xyz')：重命名目录或文件，命名后的目录名、文件名如果存在，则重命名失败。

- os.path.basename('D:\\abc\\def\\a.txt')：返回文件名。

- os.path.dirname('D:\\abc\\def\\a.txt')：返回文件路径。
- os.path.abspath(name)：获得文件的绝对路径。
- os.path.join(path,name)：用以连接目录、文件。

（3）判断操作

- os.path.exists(path)：判断文件或者目录是否存在，存在则返回True，否则返回False。
- os.path.isfile(path)：判断传参是否为文件，是文件则返回True，否则返回False。
- os.path.isdir(path)：判断是否为目录。

```
>>> import os
>>> os.path.exists('d:\\aaa\\')
False
```

15.2.2 调整模块引用

接下来，我们借助 Python os 模块调整测试用例中模块引用的相关内容。

（1）新增一个 basepage.py 文件

为了后续对实例化的 driver 进行个性化定制，这里我们将 BasePage 类单独保存到一个新文件 basepage.py 中，放到 base package 中。basepage.py 文件内容如下。

```
class BasePage(object):
    def __init__(self,driver):
        self.driver=driver
```

接下来，我们借助 Python os 模块调整测试用例中模块引用的相关内容。

startend.py 文件的调整点如下。

- 引入parse_yaml包的路径需调整。
- 读取desired_caps.yaml的路径需调整。

```
import unittest
from base.parse_yaml import parse_yaml
from time import sleep
from appium import webdriver

class StartEnd(unittest.TestCase):
    def setUp(self) -> None:
        desired_caps = parse_yaml('..\config\desired_caps.yaml', 'dangdang')
        self.driver = webdriver.Remote(parse_yaml('..\config\desired_caps.yaml',
'dangdang', 'remoteurl'), desired_caps)
        self.driver.implicitly_wait(10)
```

```
    def tearDown(self) -> None:
        sleep(3)
        self.driver.quit()

if __name__ == '__main__':
    StartEnd()
```

（2）operations.py、scenarios.py 文件调整

调整点如下。

- 引入basepage包的路径需调整。
- locators包的引入路径需调整。这里需要格外注意：basepage和locators都需要从basepage和locators上层的包处引用，即locators必须以"page.locators"的方式引用。

修改后的 operations.py 的代码如下。

```
from base.basepage import *
from page.locators import *


class HomePageOpn(BasePage):
    # 以下内容都不变
```

scenarios.py 文件的调整方式类似，这里不赘述。

（3）调整测试用例文件

调整点如下。

- 引入parse_csv()函数的路径需调整。
- 引入scenarios的路径需调整。
- 引入startend的路径需调整。
- 用例中涉及参数化文件读取的路径需调整。

这里以 test_1_1_home_search.py 文件为例，调整测试用例的代码。

```
import unittest
from time import sleep
import ddt
from base.parse_csv import parse_csv
from page.scenarios import *
from common.startend import StartEnd
import os


@ddt.ddt
class TestHomeSearch(StartEnd):
    '''
```

(1) @ddt.data(), 圆括号中可以传递列表或元组。
(2) 这里传递的是两个列表，代表两个测试用例。
(3) 每个测试用例包含两个参数：
    ①待搜索的图书名称
    ②预期字段
'''
        filedir = os.path.join(os.path.dirname(os.getcwd()), "data",os.path.basename(__file__).split(".")[0]) + ".csv"
    @ddt.data(*parse_csv(filedir))
    @ddt.unpack
    def test_search_book(self, bookname,author,publisher,result):
        HomePageOpn(self.driver).click_search_box()
        HomePageOpn(self.driver).search_goods(bookname)
        HomePageOpn(self.driver).click_search_btn()
        sleep(3)
        author_list = BookPageOpn(self.driver).get_author_list()
        first_author = author_list[0].text
        # 断言一：判断列表中的第一本书的作者的名字中是不是包含预期字段
        self.assertIn(author, first_author)
        # 断言二：判断第一本书的出版社是不是"人民邮电出版社"
        publisher_list = BookPageOpn(self.driver).get_publisher_list()
        first_publisher = publisher_list[0].text
        self.assertEqual(first_publisher,publisher)
        # 单击第一本书的"加入购物车"按钮，这里使用element，默认取第一个元素
        BookPageOpn(self.driver).click_purchase_btn()
        # 将Toast提示保存到变量中
        add_toast = BookPageOpn(self.driver).get_toast()
        # 断言三：Toast提示为"商品已成功加入购物车"
        self.assertEqual(add_toast, result)

if __name__ == '__main__':
    unittest.main()
```

其余测试用例的调整方法类似，可参考本书配套文件。

(4) 调整 run.py 文件

调整点如下。

- 测试用例查找路径需调整。
- 测试报告存放路径需调整。

```
import unittest
import HTMLTestRunner
import time

if __name__ == '__main__':
    # 查找当前目录的测试用例文件
    testSuite = unittest.TestLoader().discover('..\\testcase\\','test*.py')
```
```

```
        # 这次将报告放到 report 目录
        filename = "..\\report\\" + "Storm_{}.html".format(time.strftime('%Y%m%d%H%M%S',
time.localtime(time.time())))
        # # 以 'wb' 的方式打开文件
        with open(filename, 'wb') as f:
            # 通过 HTMLTestRunner 来执行测试用例，并生成报告
            runner = HTMLTestRunner.HTMLTestRunner(stream=f, title='当当 App 测试',
description='测试框架测试报告')
            runner.run(testSuite)
```

至此，我们已经根据 15.1 节的目录结构创建了一个新项目，对测试用例、配置数据、测试数据、测试报告等文件进行了分类，并且调整了文件中部分代码。整个测试框架目录看起来更清晰、更加结构化。

15.3 增加日志信息

本节我们来为用例增加日志信息。本节代码对应本书配套文件的 dangdang_test2 项目。

15.3.1 日志概述

首先来思考一个问题：在自动化脚本运行过程中，PyCharm 控制台一般都会输出运行日志。但是如果测试项目在 Liunx 服务器上面运行，没有 PyCharm 控制台输出日志，那么我们该如何采集日志？

（1）日志的作用

不管是在项目开发还是在测试过程中，项目运行一旦出现问题，日志信息就显得非常重要。日志是定位问题的重要手段，日志能够帮助我们查找自动化测试用例执行失败的节点，这对分析测试用例执行失败的原因起着关键作用。

（2）日志的级别

脚本运行时会有很多信息，比如调试信息、异常信息等。日志要根据这些不同的情况来进行分级管理，不然对于排查问题的筛选会有比较大的干扰。日志级别如表 15-1 所示。

表 15-1 日志级别

级别	说明
DEBUG	调试信息，也是最详细的日志信息

续表

级别	说明
INFO	证明软件按预期工作
WARNING	表明软件发生了一些意外，或者不久的将来会出现问题（如"磁盘满了"）。软件还是在正常工作
ERROR	由于出现严重的问题，软件已不能执行一些功能了
CRITICAL	严重错误，表明软件已不能继续运行了

日志的级别设置得越高输出的日志越少，反之亦然。

- DEBUG: 输出全部的日志(notset等同于DEBUG)。
- INFO: 输出INFO、WARNING、ERROR、CRITICAL级别的日志。
- WARNING: 输出WARNING、ERROR、CRITICAL级别的日志。
- ERROR: 输出ERROR、 CRITICAL级别的日志。
- CRITICAL: 输出CRITICAL级别。

（3）日志的格式

日志格式化是为了提高日志的可阅读性，比如，时间 + 模块 + 行数 + 日志具体信息的内容格式。如果日志信息杂乱无章地全部输出，不利于定位问题。下面是一种常见的日志格式。

```
2022-08-06 15:53:17,544 logging_test.py[line:18] CRITICAL critical
```

（4）日志位置

一个项目中会有很多的日志采集点，而日志采集点必须结合业务属性来设置。比如在定位元素代码前可以插入类似"定位×××元素"的日志信息，如果在定位元素之后再设置提示操作元素的日志就会给人造成误解，无法判断到底是定位元素出现问题，还是操作元素出现问题，因此日志采集点的位置很重要。

15.3.2　Python logging 用法解析

Python 的 logging 模块提供了如下两种日志记录方式。

- 使用logging提供的模块级别的函数。
- 使用 logging 日志系统的四大组件记录。

接下来，让我们逐一来看这两种日志记录的方式。

（1）logging 定义的模块级别函数

先来看模块级别函数的应用方法。

① 默认日志级别输出日志

来看第一个代码示例，使用默认日志级别输出日志。

```python
# 导入logging模块
import logging

# 输出日志级别
def test_logging():
    logging.debug('Python debug')
    logging.info('Python info')
    logging.warning('Python warning')
    logging.error('Python Error')
    logging.critical('Python critical')

test_logging()
```

输入结果如下。

```
WARNING:root:Python warning
ERROR:root:Python Error
CRITICAL:root:Python critical
```

当指定一个日志级别之后，会记录大于或等于这个日志级别的日志信息，小于的将会被丢弃，默认情况下日志输出只显示大于等于WARNING级别的日志。

② 设置日志显示级别

通过logging.basicConfig()可以设置日志级别和日志输出格式。需要注意的是Logging.basicConfig()需要在代码的开头就设置，在中间设置并无作用，示例如下。

```python
import logging

# 输出日志级别
def test():
    logging.basicConfig(level=logging.DEBUG)
    logging.debug('Python debug')
    logging.info('Python info')
    logging.warning('Python warning')
    logging.error('Python Error')
    logging.critical('Python critical')
    logging.log(2,'test')
test()
```

上述代码中设置了日志级别为DEBUG，因此日志输出结果如下。

```
DEBUG:root:Python debug
INFO:root:Python info
WARNING:root:Python warning
ERROR:root:Python Error
CRITICAL:root:Python critical
```

③ 将日志记录到文件

将日志输入到文件中保存，示例如下。

```
# 日志信息记录到文件
logging.basicConfig(filename='F:/example.log', level=logging.DEBUG)
logging.debug('This message should go to the log file')
logging.info('So should this')
logging.warning('And this, too')
```

在 F 盘的根目录下会有 example.log 日志文件，内容如下。

```
DEBUG:root:This message should go to the log file
INFO:root:So should this
WARNING:root:And this, too
```

④ 定制化显示日志格式

下方示例用来实现定制化显示日志格式。

```
import logging
# 显示消息时间
logging.basicConfig(format='%(asctime)s %(message)s')
logging.warning('is when this event was logged.')

logging.basicConfig(format='%(asctime)s %(message)s', datefmt='%m/%d/%Y %I:%M:%S %p')
logging.warning('is when this event was logged.')
```

输出信息如下。

```
import logging
2022-11-24 18:57:45,988 is when this event was logged.
2022-11-24 18:57:45,988 is when this event was logged.
```

（2）logging 模块四大组件记录日志

接着，我们来看如何使用 logging 模块的四大组件记录日志。

① Logger，日志记录器

Logger 组件用于设置日志采集。Logger 是一个树形层级结构，在使用接口 debug、info、warn、error、critical 之前必须创建 Logger 实例，方法如下。

```
logger = logging.getLogger(logger_name)
```

创建 Logger 实例后，可以使用以下方法进行日志级别设置，增加处理器 Handler。

● logger.setLevel(logging.ERROR)：设置日志级别为 ERROR，即只有日志级别大于等于 ERROR 的日志才会输出。

● logger.addHandler(handler_name)：为 Logger 实例增加一个处理器。

● logger.removeHandler(handler_name)：为 Logger 实例删除一个处理器。

② Handler,日志处理器

Handler 处理器负责将日志记录发送至目标路径显示或存储。Handler 处理器类型有很多种,比较常用的有三个,StreamHandler、FileHandler、NullHandler。

StreamHandler 创建方法如下。

```
ch = logging.StreamHandler(stream=None)
```

创建 StreamHandler 之后,可以通过使用以下方法设置日志级别,设置格式化器 Formatter,增加或删除过滤器 Filter。

```
ch.setLevel(logging.WARN)   # 指定日志级别,低于 WARN 级别的日志将被忽略
ch.setFormatter(formatter_name)   # 设置一个格式化器 formatter
ch.addFilter(filter_name)   # 增加一个过滤器,可以增加多个
ch.removeFilter(filter_name)   # 删除一个过滤器
```

③ Filter,日志过滤器

Filter 过滤器用来对输出日志进行粒度控制,它可以决定输出哪些日志记录。创建方法如下。

```
filter = logging.Filter(name='')
```

④ Formatter,日志格式化器

Formatter 指明了最终输出的日志格式。创建方法如下。

```
formatter = logging.Formatter(fmt=None, datefmt=None)
```

使用 Formatter 对象可以设置日志信息最后的规则、结构和内容,默认的时间格式为 %Y-%m-%d %H:%M:%S。Formatter 格式及其描述如表 15-2 所示。

表 15-2 Formatter 格式及其描述

格式	描述
%(levelno)s	输出日志级别的数值
%(levelname)s	输出日志级别名称
%(pathname)s	输出当前执行程序的路径
%(filename)s	输出当前执行程序的名称
%(funcName)s	输出日志的当前函数
%(lineno)d	输出日志的当前行号
%(asctime)s	输出日志的时间
%(thread)d	输出线程 id
%(threadName)s	输出线程名称
%(process)d	输出进程 id
%(message)s	输出日志信息

Formatter 格式的使用方法如下。

```
import logging

logging.basicConfig(filename='runlog.log',level=logging.DEBUG,
                    format='%(asctime)s %(filename)s[line:%(lineno)d] %(levelname)s %(message)s')

logging.debug('debug')
logging.info('info')
logging.warning('warning')
logging.error('error')
logging.critical('critical')
```

输出结果如下。

```
logging.critical('critical')
2022-08-06 15:53:17,543 logging_test.py[line:14] DEBUG debug
2022-08-06 15:53:17,543 logging_test.py[line:15] INFO info
2022-08-06 15:53:17,543 logging_test.py[line:16] WARNING warning
2022-08-06 15:53:17,543 logging_test.py[line:17] ERROR error
2022-08-06 15:53:17,544 logging_test.py[line:18] CRITICAL critical
```

15.3.3 为测试用例增加日志

本小节我们将借助前面学到的 logging 模块的相关知识，给测试用例增加日志信息。复制项目 dangdang_test1，并将其重命名为"dangdang_test2"，接下来在该项目下进行代码改造。

（1）日志格式配置文件

首先，在 conf 目录中新建 log.conf 文件，内容为日志格式的配置信息，具体如下。

```
[loggers]
keys=root,infoLogger

[logger_root]
level=DEBUG
handlers=consoleHandler,fileHandler

[logger_infoLogger]
handlers=consoleHandler,fileHandler
qualname=infoLogger
propagate=0

[handlers]
keys=consoleHandler,fileHandler

[handler_consoleHandler]
```

```
class=StreamHandler
level=INFO
formatter=form02
args=(sys.stdout,)

[handler_fileHandler]
class=FileHandler
level=INFO
formatter=form01
args=('..\\log\\runlog.log', 'a')

[formatters]
keys=form01,form02

[formatter_form01]
format=%(asctime)s %(filename)s[line:%(lineno)d] %(levelname)s %(message)s

[formatter_form02]
format=%(asctime)s %(filename)s[line:%(lineno)d] %(levelname)s %(message)s
```

（2）修改文件方式

在需要调用日志模块的文件中增加以下内容。

```
import logging
import logging.config


CON_LOG='log.conf'
logging.config.fileConfig(CON_LOG)
logging=logging.getLogger()
```

注意：fileConfig() 的作用是从 ConfigParser 格式的文件中读取日志配置，同时如果当前脚本有配置日志参数，则覆盖当前日志配置参数。

（3）修改 startend.py 文件

对 startend.py 文件的修改如下。

```
import unittest
from base.parse_yaml import parse_yaml
from time import sleep
from appium import webdriver
import logging
import logging.config


CON_LOG='../config/log.conf'
logging.config.fileConfig(CON_LOG)
logging=logging.getLogger()
```

```python
class StartEnd(unittest.TestCase):
    def setUp(self) -> None:
        logging.info('=====setUp====')
        desired_caps = parse_yaml('..\config\desired_caps.yaml', 'dangdang')
        self.driver = webdriver.Remote(parse_yaml('..\config\desired_caps.yaml',
'dangdang', 'remoteurl'), desired_caps)
        self.driver.implicitly_wait(10)

    def tearDown(self) -> None:
        logging.info('====tearDown====')
        sleep(3)
        self.driver.quit()

if __name__ == '__main__':
    StartEnd()
```

(4) 修改 operations.py 文件

对 operations.py 文件的修改如下。

```
logging=logging.getLogger()
from base.basepage import *
from page.locators import *
import logging
from selenium.common.exceptions import NoSuchElementException


class HomePageOpn(BasePage):
    # 首页元素操作
    # 单击"首页"标签
    def click_home_label(self):
        # 单击搜索框
        logging.info('==========click_home_label=========')
        ele = self.driver.find_element(*HomePageLocators.HomeLabel)
        ele.click()


    # 单击首页搜索框
    def click_search_box(self):
        # 单击搜索框
        logging.info('==========click_search_box=========')
        ele = self.driver.find_element(*HomePageLocators.SearchBox)
        ele.click()


    # 在弹出的搜索页的搜索框中输入文字
    def search_goods(self, goodsname):
        # 输入书名
        logging.info('==========search_goods=========')
        ele = self.driver.find_element(*HomePageLocators.Search)
        ele.send_keys(goodsname)


    # 在弹出的搜索页单击 " 搜索 " 按钮
```

```python
    def click_search_btn(self):
        # 单击"登录"按钮
        logging.info('==========click_search_btn=========')
        ele = self.driver.find_element(*HomePageLocators.SearchBtn)
        ele.click()


class BookPageOpn(BasePage):
    # 图书列表和详情页的元素操作
    # 获取作者列表
    def get_author_list(self):
        logging.info('==========get_author_list=========')
        eles = self.driver.find_elements(*BookPageLocators.AuthorList)
        return eles

    def get_publisher_list(self):
        # 新增：获取出版社列表
        logging.info('==========get_publisher_list=========')
        eles = self.driver.find_elements(*BookPageLocators.Publisher)
        return eles

    # 图书列表页，单击"加入购物车"按钮
    def click_purchase_btn(self):
        logging.info('==========click_purchase_btn=========')
        ele = self.driver.find_element(*BookPageLocators.PurchaseBtn)
        ele.click()

    # 图书详情页，单击"加入购物车"按钮
    def click_purchase_btn2(self):
        logging.info('==========click_purchase_btn2=========')
        ele = self.driver.find_element(*BookPageLocators.PurchaseBtn2)
        ele.click()

    # 获取 Toast 提示
    def get_toast(self):
        logging.info('==========get_toast=========')
        ele = self.driver.find_element(*BookPageLocators.Toast)
        return ele.text

    # 单击"返回"按钮
    def click_back_btn(self):
        logging.info('==========click_back_btn=========')
        ele = self.driver.find_element(*BookPageLocators.BackBtn)
        ele.click()

    # 单击"收藏"按钮
    def get_collection_btn(self):
        logging.info('==========get_collection_btn=========')
        ele = self.driver.find_element(*BookPageLocators.CollectionBtn)
        return ele
```

```python
class ClassificationPageOpn(BasePage):
    # 分类页的元素操作
    # 单击"分类"标签
    def click_classification_label(self):
        logging.info('==========click_classification_label=========')
        ele = self.driver.find_element(*ClassificationPageLocators.ClassificationLabel)
        ele.click()

    # 获取分类列表
    def get_classification_list(self):
        # 保存为列表
        logging.info('==========get_classification_list=========')
        eles = self.driver.find_elements(*ClassificationPageLocators.ClassificationList)
        return eles


class ShopCartPageOpn(BasePage):
    # 购物车页的元素操作
    # 单击"购物车"标签
    def click_shopcart_label(self):
        logging.info('==========click_shopcart_label=========')
        ele = self.driver.find_element(*ShopCartPageLocators.ShopCartLabel)
        ele.click()

    # 获取购物车图书名称列表
    def get_book_name_list(self):
        logging.info('==========get_book_name_list=========')
        eles = self.driver.find_elements(*ShopCartPageLocators.BookNameList)
        return eles

    # 获取购物车复选框元素列表
    def get_checkbox_list(self):
        logging.info('==========get_checkbox_list=========')
        eles = self.driver.find_elements(*ShopCartPageLocators.CheckBoxList)
        return eles

    # 单击法"结算"按钮
    def click_settlement_btn(self):
        logging.info('==========click_settlement_btn=========')
        ele = self.driver.find_element(*ShopCartPageLocators.SettlementBtn)
        ele.click()

    # 获取"提交订单"按钮是否为可单击的状态
    def get_submit_btn_status(self):
        logging.info('==========get_submit_btn_status=========')
        try:
            ele = self.driver.find_element(*ShopCartPageLocators.SubmitBtn)
        except NoSuchElementException:
```

```
                logging.error('no SubmitBtn')
        else:
            return ele.get_attribute('clickable')


class PersonPageOpn(BasePage):
    # "我的"页的元素操作
    # 单击"我的"标签
    def click_person_label(self):
        logging.info('==========click_person_label=========')
        ele = self.driver.find_element(*PersonPageLocators.PersonLabel)
        ele.click()

    # 获取收藏图书的名称,保存为列表
    def get_collect_bookname_list(self):
        logging.info('==========get_collect_bookname_list=========')
        eles = self.driver.find_elements(*PersonPageLocators.CollectBookName)
        return eles


if __name__ == '__main__':
    HomePageOpn(BasePage).click_search_box()
```

注意:在上面的代码中,除了增加必要的日志信息外,笔者还特意修改了 get_submit_btn_status(self) 方法中的语句,通过 try…except…else 语句来应对元素定位失败。当元素定位失败后,会输出"no SubmitBtn"的 error 日志。

(5)修改 test_1_1_home_search.py 文件。

对 test_1_1_home_search.py 文件的修改如下。

```
logging=logging.getLogger()
import unittest
from time import sleep
import ddt
from base.parse_csv import parse_csv
from page.scenarios import *
from common.startend import StartEnd
import os
import logging


@ddt.ddt
class TestHomeSearch(StartEnd):
    '''
    (1) @ddt.data(),圆括号中可以传递列表或元组
    (2) 这里传递的是两个列表,代表两个测试用例
    (3) 每个测试用例包含两个参数:
        ①待搜索的图书名称
        ②预期字段
```

```python
    '''
        filedir = os.path.join(os.path.dirname(os.getcwd()), "data",os.path.basename(__file__).split(".")[0]) + ".csv"
    @ddt.data(*parse_csv(filedir))
    @ddt.unpack
    def test_search_book(self, bookname,author,publisher,result):
        logging.info('======test_search_book=====')
        HomePageOpn(self.driver).click_search_box()
        HomePageOpn(self.driver).search_goods(bookname)
        HomePageOpn(self.driver).click_search_btn()
        sleep(3)
        author_list = BookPageOpn(self.driver).get_author_list()
        first_author = author_list[0].text
        # 断言一：判断列表中的第一本书的作者的名字中是不是包含预期字段
        self.assertIn(author, first_author)
        # 断言二：判断第一本书的出版社是不是"人民邮电出版社"
        publisher_list = BookPageOpn(self.driver).get_publisher_list()
        first_publisher = publisher_list[0].text
        self.assertEqual(first_publisher,publisher)
        # 单击第一本图书的"加入购物车"按钮，这里使用element，默认取第一个元素
        BookPageOpn(self.driver).click_purchase_btn()
        # 将Toast提示保存到变量中
        add_toast = BookPageOpn(self.driver).get_toast()
        # 断言三：Toast提示为""商品已成功加入购物车"
        self.assertEqual(add_toast, result)


if __name__ == '__main__':
    unittest.main()
```

其他用例的修改方式相同，这里不赘述。

（6）修改 run.py 文件

对 run.py 文件的修改如下。

```
import unittest
import HTMLTestRunner
import time,logging



if __name__ == '__main__':
    # 查找当前目录的测试用例文件
    testSuite = unittest.TestLoader().discover('..\\testcase\\','test*.py')
    # 这次将报告放到report目录
    filename = "..\\report\\" + "Storm_{}.html".format(time.strftime('%Y%m%d%H%M%S', time.localtime(time.time())))
    # # 以'wb'方式打开文件
    with open(filename, 'wb') as f:
        # 通过HTMLTestRunner来执行测试用例，并生成报告
        runner = HTMLTestRunner.HTMLTestRunner(stream=f, title='当当App测试', description='
```

测试框架测试报告')
```
        logging.info('start run test case...')
        runner.run(testSuite)
```

至此，我们已经为测试框架增加了日志功能，测试框架进一步完善。

15.4 增加页面截图功能

在 9.4 节中，我们学习了屏幕截图功能。本节，我们在此基础上，为测试框架增加错误截图功能。

在自动化测试过程中，一般遇到以下两种情况，我们需要截图保存，以便在后续定位问题时使用，一是断言失败；二是元素定位失败。

注意：本节代码对应本书配套文件的 dangdang_test3 项目。

15.4.1 断言失败截图

在用 unittest 断言的时候，会抛出 self.failureException 异常，所以我们只需要重写这个异常类就可以在抛出异常之前截图，因此，我们在 startend.py 文件中重写该异常类。代码调整如下。

```python
import unittest
from base.parse_yaml import parse_yaml
from time import sleep
from appium import webdriver
import logging,sys
import logging.config
import traceback,os,time


CON_LOG='../config/log.conf'
logging.config.fileConfig(CON_LOG)
logging=logging.getLogger()
SCREENSHOT_DIR = '../screenshot/'

class StartEnd(unittest.TestCase):
    def setUp(self) -> None:
        logging.info('======setUp=====')
        desired_caps = parse_yaml('..\config\desired_caps.yaml', 'dangdang')
        self.driver = webdriver.Remote(parse_yaml('..\config\desired_caps.yaml','dangdang', 'remoteurl'), desired_caps)
        self.driver.implicitly_wait(10)
```

```python
            self.failureException = self.failure_monitor()

    def failure_monitor(self):
        test_case = self    # 将self赋值给test_case,以便让AssertionErrorPlus内部类可调用外部类的方法

        class AssertionErrorPlus(AssertionError):
            def __init__(self, msg):
                try:
                    # cur_method = test_case._testMethodName    # 当前test()方法的名称
                    cur_time = time.strftime('%Y%m%d%H%M%S', time.localtime(time.time()))    # 当前时间
                    # file_name = '{}_{}.png'.format(cur_method, cur_time)
                    file_name = '{}.png'.format(cur_time)
                    test_case.driver.get_screenshot_as_file(os.path.join(SCREENSHOT_DIR, file_name))    # 截图生成PNG文件
                    logging.info('失败截图已保存到:{}'.format(file_name))
                    msg += '\n失败截图文件：{}'.format(file_name)
                except BaseException:
                    logging.info('截图失败:{}'.format(traceback.format_exc()))

                super(AssertionErrorPlus, self).__init__(msg)

        return AssertionErrorPlus    # 返回AssertionErrorPlus类

    def tearDown(self) -> None:
        logging.info('====tearDown====')
        sleep(3)
        self.driver.quit()

if __name__ == '__main__':
    StartEnd()
```

说明：

- 上面代码中，我们将断言错误时的时间作为截图名称。
- 变动代码请关注注释。

我们手动执行第三个测试用例（"test_3_1 pay.py"文件），因为此时下单在App上会出现"领券结算"中间页面，所以会断言失败。用例执行后，我们打开日志文件，搜索关键词"ERROR"，根据日志信息即可找到对应的错误截图。结合日志信息和错误截图（见图15-4），我们可以分析出该条测试用例执行失败的原因。

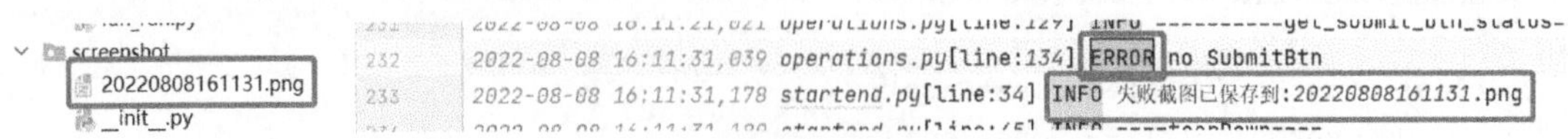

图15-4 日志信息和错误截图

15.4.2 元素定位失败截图

在自动化测试执行过程中，元素定位失败也是非常常见的场景。本小节我们将通过重新封装元素定位方法的方式，为元素定位增加失败截图的功能。

```python
import time,os
import logging

SCREENSHOT_DIR = '../screenshot/'    # 截图保存目录，相对路径
cur_time = time.strftime('%Y%m%d%H%M%S', time.localtime(time.time()))    # 当前时间
file_name = '{}.png'.format(cur_time)    # 拼接文件名


class BasePage(object):
    def __init__(self,driver):
        self.driver=driver

    def get_element(self, locator, timeout=10):
        try:
            return self.driver.find_element(locator)
        except Exception as e:
            # 截图、日志
            self.driver.get_screenshot_as_file(os.path.join(SCREENSHOT_DIR, file_name))    # 截图生成 PNG 文件
            logging.error('元素定位失败:{}'.format(file_name))

    def get_elements(self, locator, timeout=10):
        try:
            return self.driver.find_elements(locator)
        except Exception as e:
            # 截图、日志
            self.driver.get_screenshot_as_file(os.path.join(SCREENSHOT_DIR, file_name))    # 截图生成 PNG 文件
            logging.error('组元素定位失败:{}'.format(file_name))
```

上面的代码只是一个示例，我们通过在 BasePage 类中重新封装元素定位方法，为其增加元素定位失败截图功能。在 15.5 节中，我们还将对元素定位方法做进一步封装，为其增加显性等待功能。

15.5 增加显性等待功能

本节，我们将对 Selenium 提供的元素定位方法进行二次封装，目的是在元素定位的时候增

加显性等待的功能。

注意：本节代码对应本书配套文件的 dangdang_test4 项目。

对 basepage.py 文件内容的修改如下。

```python
from selenium.webdriver.support.ui import WebDriverWait
from selenium.webdriver.support import expected_conditions as EC
import time,os
import logging

SCREENSHOT_DIR = '../screenshot/'    # 截图保存目录，相对路径
cur_time = time.strftime('%Y%m%d%H%M%S', time.localtime(time.time()))    # 当前时间
file_name = '{}.png'.format(cur_time)    #拼接文件名

class BasePage(object):
    def __init__(self,driver):
        self.driver = driver

    def get_visible_element(self, locator, timeout=10):
        '''
        获取可见元素
        param loctor: By方法定位元素，如 (By.XPATH, "//*[@class='FrankTest']")
        return：返回可见元素
        '''
        try:
            return WebDriverWait(self.driver, timeout).until(EC.visibility_of_element_located(locator))
        except Exception as e:
            # 截图、日志
            self.driver.get_screenshot_as_file(os.path.join(SCREENSHOT_DIR, file_name))    # 截图生成PNG文件
            logging.error('元素定位失败:{}'.format(file_name))

    def get_presence_element(self, locator, timeout=10):
        ''' 获取存在元素 '''
        try:
            return WebDriverWait(self.driver, timeout).until(EC.presence_of_element_located(locator))
        except Exception as e:
            self.driver.get_screenshot_as_file(os.path.join(SCREENSHOT_DIR, file_name))    # 截图生成PNG文件
            logging.error('元素定位失败:{}'.format(file_name))

    def get_clickable_element(self, locator, timeout=10):
        ''' 获取可单击元素 '''
        try:
            ele = WebDriverWait(self.driver, timeout).until(EC.presence_of_element_located(locator))

            return ele
```

```
            except Exception as e:
                self.driver.get_screenshot_as_file(os.path.join(SCREENSHOT_DIR, file_
name))   # 截图生成 PNG 文件
                logging.error(' 元素定位失败 :{}'.format(file_name))


        def get_elements(self, locator, timeout=10):
            """ 定位一组元素 """
            try:
                elements = WebDriverWait(self.driver, timeout).until(EC.presence_of_
all_elements_located(locator))
                return elements
            except Exception as e:
                # 截图、日志
                self.driver.get_screenshot_as_file(os.path.join(SCREENSHOT_DIR, file_
name))   # 截图生成 PNG 文件
                logging.error(' 组元素定位失败 :{}'.format(file_name))




    if __name__ == '__main__':
        pass
```

简单对上面的代码做如下解释。

- 代码中定义了图片保存路径，采用相对路径。
- 代码通过日期、时间拼接 ".png" 的方式构造文件名。
- 最后，我们定义了 get_visible_element()、get_presence_element()、get_clickable_element() 和 get_elements() 方法，分别用来查找并返回可见元素、存在元素、可单击元素和多个元素。这 4 个方法和 Selenium 原始定位元素方法有什么不同呢？你可以看到，我们增加了显性等待的方法。这就意味着，在定位元素的前一步会自动执行显性等待。

然后我们使用 BasePage 中新封装的元素定位方法来定位元素，将 operations.py 文件内容修改如下。

```
from base.basepage import *
from page.locators import *
import logging


class HomePageOpn(BasePage):
    # 首页元素操作
    # 单击"首页"标签
    def click_home_label(self):
        # 单击搜索框
        logging.info('==========click_home_label=========')
        # ele = self.driver.find_element(*HomePageLocators.HomeLabel)
```

```python
            ele = BasePage(self.driver).get_presence_element(HomePageLocators.HomeLabel)
            ele.click()

        # 单击首页搜索框
        def click_search_box(self):
            # 单击搜索框
            logging.info('==========click_search_box=========')
            ele = BasePage(self.driver).get_presence_element(HomePageLocators.SearchBox)
            # ele = self.driver.find_element(*HomePageLocators.SearchBox)
            ele.click()

        # 在弹出的搜索页的搜索框中输入文字
        def search_goods(self, goodsname):
            # 输入书名
            logging.info('==========search_goods=========')
            ele = BasePage(self.driver).get_presence_element(HomePageLocators.Search)
            # ele = self.driver.find_element(*HomePageLocators.Search)
            ele.send_keys(goodsname)

        # 在弹出的搜索页单击"搜索"按钮
        def click_search_btn(self):
            # 单击"登录"按钮
            logging.info('==========click_search_btn=========')
            ele = BasePage(self.driver).get_clickable_element(HomePageLocators.SearchBtn)
            # ele = self.driver.find_element(*HomePageLocators.SearchBtn)
            ele.click()


    class BookPageOpn(BasePage):
        # 图书列表和详情页的元素操作
        def get_author_list(self):
            # 获取作者列表
            logging.info('==========get_author_list=========')
            eles = BasePage(self.driver).get_elements(BookPageLocators.AuthorList)
            print(type(eles))
            # eles = self.driver.find_elements(*BookPageLocators.AuthorList)
            return eles

        def get_publisher_list(self):
            # 获取出版社列表
            logging.info('==========get_publisher_list=========')
            eles = BasePage(self.driver).get_elements(BookPageLocators.Publisher)
            # eles = self.driver.find_elements(*BookPageLocators.Publisher)
            return eles

        # 图书列表页,单击"加入购物车"按钮
        def click_purchase_btn(self):
            logging.info('==========click_purchase_btn=========')
            ele = BasePage(self.driver).get_clickable_element(BookPageLocators.PurchaseBtn)
```

```python
            # ele = self.driver.find_element(*BookPageLocators.PurchaseBtn)
            ele.click()

        # 图书详情页,单击"加入购物车"按钮
        def click_purchase_btn2(self):
            logging.info('==========click_purchase_btn2=========-')
            ele = BasePage(self.driver).get_clickable_element(BookPageLocators.PurchaseBtn2)
            # ele = self.driver.find_element(*BookPageLocators.PurchaseBtn2)
            ele.click()

        # 获取 Toast 提示
        def get_toast(self):
            logging.info('==========get_toast=========')
            # 注意这里不能使用 get_visible_element(),因为 Toast 无法获得焦点,对页面来说是看不见的
            # 可以使用 get_presence_element(),因为 Toast 在控件树中
            ele = BasePage(self.driver).get_presence_element(BookPageLocators.Toast)
            # ele = self.driver.find_element(*BookPageLocators.Toast)
            return ele.text

        # 单击"返回"按钮
        def click_back_btn(self):
            logging.info('==========click_back_btn=========')
            ele = BasePage(self.driver).get_clickable_element(BookPageLocators.BackBtn)
            # ele = self.driver.find_element(*BookPageLocators.BackBtn)
            ele.click()

        # 单击"收藏"按钮
        def get_collection_btn(self):
            logging.info('==========get_collection_btn=========')
            ele = BasePage(self.driver).get_clickable_element(BookPageLocators.CollectionBtn)
            # ele = self.driver.find_element(*BookPageLocators.CollectionBtn)
            return ele


class ClassificationPageOpn(BasePage):
    # 分类页的元素操作
    # 单击"分类"标签
    def click_classification_label(self):
        logging.info('==========click_classification_label=========')
        ele = BasePage(self.driver).get_presence_element(ClassificationPageLocators.ClassificationLabel)
        # ele = self.driver.find_element(*ClassificationPageLocators.ClassificationLabel)
        ele.click()

    # 获取分类列表
    def get_classification_list(self):
```

```python
            # 保存为列表
            logging.info('==========get_classification_list=========')
            # eles = self.driver.find_elements(*ClassificationPageLocators.ClassificationList)
            eles = BasePage(self.driver).get_elements(ClassificationPageLocators.ClassificationList)
            return eles


class ShopCartPageOpn(BasePage):
    # 购物车页的元素操作
    # 单击"购物车"标签
    def click_shopcart_label(self):
        logging.info('==========click_shopcart_label=========')
        # ele = self.driver.find_element(*ShopCartPageLocators.ShopCartLabel)
        ele = BasePage(self.driver).get_presence_element(ShopCartPageLocators.ShopCartLabel)
        ele.click()

    # 获取购物车图书名称列表
    def get_book_name_list(self):
        logging.info('==========get_book_name_list=========')
        # eles = self.driver.find_elements(*ShopCartPageLocators.BookNameList)
        eles = BasePage(self.driver).get_elements(ShopCartPageLocators.BookNameList)
        return eles

    # 获取购物车复选框元素列表
    def get_checkbox_list(self):
        logging.info('==========get_checkbox_list=========')
        # eles = self.driver.find_elements(*ShopCartPageLocators.CheckBoxList)
        eles = BasePage(self.driver).get_elements(ShopCartPageLocators.CheckBoxList)
        return eles

    # 单击"去结算"按钮
    def click_settlement_btn(self):
        logging.info('==========click_settlement_btn=========')
        # ele = self.driver.find_element(*ShopCartPageLocators.SettlementBtn)
        ele = BasePage(self.driver).get_clickable_element(ShopCartPageLocators.SettlementBtn)
        ele.click()

    # 获取"提交订单"按钮是否为可单击的状态
    def get_submit_btn_status(self):
        logging.info('==========get_submit_btn_status=========')
        ele = BasePage(self.driver).get_presence_element(ShopCartPageLocators.SubmitBtn)
        return ele.get_attribute('clickable')
```

```python
class PersonPageOpn(BasePage):
    # "我的"页的元素操作
    # 单击"我的"标签
    def click_person_label(self):
        logging.info('==========click_person_label=========')
        # ele = self.driver.find_element(*PersonPageLocators.PersonLabel)
        ele = BasePage(self.driver).get_presence_element(PersonPageLocators.PersonLabel)
        ele.click()

    # 获取收藏图书的名称,保存为列表
    def get_collect_bookname_list(self):
        logging.info('==========get_collect_bookname_list=========')
        # eles = self.driver.find_elements(*PersonPageLocators.CollectBookName)
        eles = BasePage(self.driver).get_elements(PersonPageLocators.CollectBookName)
        return eles
```

上述文件中,我们不再使用 WebDriver 提供的元素定位方法,而是调用 basepage.py 中封装好的元素定位方法。然后,我们就可以将 startend.py 文件中实现隐性等待的语句注释掉。最后,尝试运行代码,仍然可以运行成功。

第16章
与君共勉

在第 15 章中，我们一步步完成了自动化测试框架的搭建，框架本身有着丰富的功能，能够满足大多数的场景需要，我们算是获得了阶段性的成功。未来，你还可以研究 Jenkins 持续集成，将自动化测试加入公司的 DevOps 中。在本章，我们来探讨 4 个问题。

16.1 关于测试数据

在自动化测试过程中，我们避免不了和测试数据打交道，比如前面编写的测试用例：第一个用例中商品的名称、第二个用例中的分类信息、第三个用例中的购物车商品、第四个用例中收藏的商品，以及默认登录的账号，这些都是测试数据。接下来，我们就一起探讨一下与测试数据相关的问题。

16.1.1 测试数据准备

我们先来看第一个问题，如何准备自动化测试中用到的测试数据。从测试数据是否会被消耗的角度来说，测试数据可以分为两类：重复利用型数据和消耗型数据。一般来说，针对这两类不同的数据，我们有不同的处理办法，下面具体举例。

（1）重复利用型数据

所谓重复利用型数据，指的是测试过程中不会被消耗的测试数据，比如测试登录用的用户名、密码等。这类测试数据我们可以采用灵活的方式准备。通常来说，假如简单创建一次数据就可反复使用，我们完全可以采用手动的方式来创建；假如需要创建多个数据，比如，模拟多个数据使页面分页，就可以通过自动化的手段来辅助创建数据。根据实现方式的不同，创建数据的手段可以分为借助 UI 自动化创建、借助调用接口的方式创建、借助执行 SQL 语句的方式创建，总之手段很多。

对于这种可以重复使用的数据，笔者为什么不推荐你实时创建呢？主要基于以下两点考虑。

- 减少依赖关系。

假如我们在测试用户登录的时候采用实时创建用户的方式，那么要顺利执行用户登录，就要依赖用户创建功能。假如用户创建功能存在 bug，则会影响其他依赖该功能的用例的执行。因此，我们要尽量减少用例或脚本间的依赖关系。

- 提升测试效率。

即便用户创建功能一直可用，每次验证登录功能都去创建用户，也会增加用例执行的时间，降低用例执行的效率。

总之，对于重复利用型数据，我们可以通过各种方式提前将数据准备好，这样既能够减少测试脚本间的依赖关系，又能提高测试执行的效率。

（2）消耗型数据

我们再来看一下什么是消耗型数据。假如我们要验证删除商品功能，购物车中的商品就是消耗型数据。因为每次自动化测试运行完，都会删除一件购物车中的商品。因此，假如我们要验证删除商品功能，采用实时创建的方式准备测试数据就会非常合适。

16.1.2 冗余数据处理

在前面的章节中，我们编写的测试用例中有将商品加入购物车的操作。当自动化测试执行多次之后，App 的购物车中就会出现多件商品，一旦 App 对添加商品做数量限制，某次执行测试用例添加商品时就会失败。总之，自动化测试过程中创建的无用数据最好及时删除，从而避免造成对测试环境的"污染"。

要处理自动化测试创建的数据，一般来说有两种方案。

（1）实时删除

以添加商品为例，在验证完添加商品成功实现后，我们就可以将加入购物车的商品删除，因为后续验证商品结算功能时，我们是通过实时创建的方式来准备购物车中的商品的。这时，我推荐你在 tearDown() 中，放置删除商品的代码。这样在运行的时候，既可以完成添加商品到购物车功能的验证，又可以通过 teardown() 删除购物车中商品的脚本实现将新增商品删除的效果，从而避免对测试环境造成干扰。

上面的思路没有问题。不过，在实际项目中，我们可能还会遇到这种场景：某业务只提供新建和停用功能，无法通过 UI 自动化的方式删除创建的数据。遇到这种场景，我们就需要根据实际情况来分析，比如，项目中可以创建多个公司，每个公司的数据是相对隔离的，就可以单独给自动化测试创建一个公司，这样便不会影响功能测试人员对数据的使用等，或者可能需要进行人工干预。

（2）人工干预

如果系统的某业务不提供删除功能，或者在某些情况下，自动化删除测试数据的脚本执行失败等，就需要我们不定期地进行人工干预，比如，可以通过执行 SQL 语句来清除数据库表中的数据。

总之，测试数据的准备和清除是自动化测试绕不开的问题，大家需要结合自己公司的实际业务和具体场景，采取合理的手段，提前准备，及时应对。

16.2 提升稳定性

随着持续集成的引入，项目中的自动化测试用例越来越多，用例执行的场景变得越来越复杂。如何提升用例执行的稳定性，是我们要面对的问题。

（1）合理使用等待

这里需要再次提醒读者，千万别随意使用强制等待 [sleep()]。

（2）精简测试用例操作步骤

精简测试用例操作步骤是指通过合理的请求方式，跳过不必要的页面操作，从而达到减少测试步骤、加快执行速度的目的。例如，正常测试步骤如图 16-1 所示。

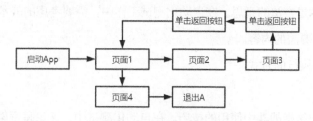

图 16-1　正常测试步骤

在页面 3 中操作完毕后，可以直接请求加载页面 4，将测试步骤简化，如图 16-2 所示。

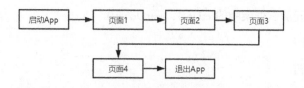

图 16-2　简化测试步骤

对比图 16-1 和图 16-2 我们可以发现，前者两个元素定位及操作（单击返回按钮）的动作被 self.driver.start_activity('package',' 页面 4 的 activity') 所代替，整个脚本的执行时间变短，且更加稳定。

（3）异常捕获

App 不同于 Web，App 经常会遇到各类弹窗，例如 App 的活动弹窗、提示弹窗、升级弹窗等，还会遇到终端的系统中断，例如电话、短信、低电量提示等。如果不能合理捕获、处理异常，自动化测试用例执行时就会出现未知错误，严重影响测试用例执行的稳定性。

16.3 提升效率

事实上，在前面的章节中，我们介绍了不同层次的提升测试效率的方法，但是为了让大家理解得更加深刻，这里进行如下总结。

（1）战略层面

立足战略。战略是指全局性的、有指导意义的规划和策略，是长期的方略。在自动化测试领域，战略上要明确 UI 自动化测试的定位、要取得的目标和接口自动化测试的界限。

- 自动化测试扮演的角色。
- 自动化测试要达成的目标。

（2）战术层面

发展战术。战术是方法的意思。在自动化测试工作中，需要考虑的战术如下。

- 自动化测试覆盖的内容。
- 自动化测试执行的方式。

（3）战技层面

训练战技。战技是指战斗中使用的技巧。在自动化测试中，无论是框架的封装还是脚本的编写，都要讲究一定的章法。一般来说，应该注意的技巧如下。

- 框架的合理设计。
- 合理使用单元测试框架中的 setUp()、tearDown()。
- 合理使用等待。
- 合理使用断言。

16.4 模拟器或真机

最后，让我们来简单谈谈自动化测试到底应该使用模拟器还是真机这个问题。

（1）模拟器测试

模拟器测试的优点如下。

- 节省成本，通过简单的设置就可以模拟出各种版本、各种分辨率的终端。
- 模拟器一般都默认具有Root权限，方便调试。
- 不用担心毁坏手机系统。

但是其缺点也同样明显，具体如下。

- 模拟器不是真正的手机，只是提供与真机相同的功能。
- 模拟器无法模拟不同厂商终端上使用的系统，这意味着在模拟器上运行正常的软件，在真机上运行时可能会出错，这也是真机云测厂商存在的原因。
- 模拟器本身的稳定性较差。
- 不同厂商的模拟器支持的功能不同。

（2）真机测试

在真机上进行测试，优点如下。

- 真机的性能一般较好。
- 真机测试的结果更加真实。

在真机上进行测试，缺点如下。

- 不同的真机具有不同的环境，例如温度和安装的其他软件。
- 测试期间真机可能会出现各种各样的中断，例如来电提示、电池电量弹窗、屏幕锁定等。
- 使用真机，意味着更高的成本。
- 不同的真机分辨率不同，如果测试用例使用固定坐标实现单击，可能会因为更换不同分辨率的机器，导致脚本执行失败。

（3）总结

如果公司或项目组条件允许，建议使用真机开展自动化测试，因为真机性能相对较好。如果条件不允许，寻找一款合适的模拟器，也是一个不错的选择。

附录

附录 A 自动化测试开展原则

对于自动化测试开展原则，个人总结为以"适合、适度、分级、高效"为基本原则，以"PDCA"为指导，制订计划，执行动作，不断检查，持续改进。

（1）适合

适合是指需要考虑项目、项目组、外部环境是否适合开展自动化测试工作。

（2）适度

适度是指合理开展自动化测试，即要根据项目组能投入的人员数量和工时、当前技术储备，综合判断，不宜过度。

（3）分级

分级是指应该对自动化测试对象进行分级，优先开展优先级较高、投入产出比较大的对象的自动化测试。

（4）高效

高效是指在自动化实施过程中，要考虑用例开发和执行效率的问题，冗长、受环境制约的自动化测试用例不符合"高效"原则。

（5）PDCA

PDCA 是由英语单词 Plan（计划）、Do（执行）、Check（检查）和 Act（处理）的第一个字母组成的，PDCA 循环就是按照图 A-1 所示的顺序进行质量管理，并且循环持续进行的科学程序。

- P（Plan），包括方针和目标的确定，以及活动规划的制订。
- D（Do），根据已知的信息，制订具体的方法、方案、布局计划，再根据设计进行具体运作，以实现制订的计划。
- C（Check），总结执行计划的结果，分清哪些是对的，哪些是错的，明确结果，找出问题。
- A（Act），对总结的结果进行处理，对成功的经验加以肯定并予以标准化；对于失败的教训也要总结，引起重视。对于没有解决的问题，应将其提交给下一个PDCA循环

图 A-1　PDCA 循环

以期解决。

以上 4 个过程不是运行一次就结束了，而是周而复始地运行，一个循环结束，解决一些问题，未解决的问题进入下一个循环，以实现阶梯式上升。

PDCA 循环是全面质量管理所应遵循的科学程序。自动化测试的全部过程，是满足质量计划的制订和组织实现的过程，这个过程就是按照 PDCA 循环，不停地、周而复始地运转的。

附录 B　夜神模拟器

（1）安装夜神模拟器

夜神模拟器是一款基于 VirtualBox 定制的 Android 模拟器。我们可以在浏览器中搜索"夜神模拟器"，然后进入其官网，下载与操作系统对应的安装包进行安装，操作步骤如下。

双击安装包，保持默认设置，按照操作步骤进行安装，如图 B-1 所示。

安装成功之后会默认启动模拟器，如图 B-2 所示。

图 B-1　安装夜神模拟器

图 B-2　夜神模拟器桌面

（2）设置模拟器 Android 版本

在夜神模拟器窗口，单击"设置"，打开设置页面，找到"关于平板电脑"，可以看到当前模拟器的 Android 版本为"Android 7.1.2"。如果想要添加其他 Android 版本，则可以打开"夜神多开器"。在"夜神多开器"窗口单击右下角的"添加模拟器"按钮，选择 Android 版本。如图 B-3 所示，这里我们单击"测试版 android 9"，然后模拟器会自动进行安装。

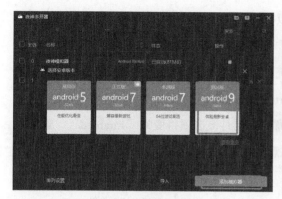

图 B-3 添加模拟器

图 B-4 通过夜神多开器启动模拟器

安装完成后,单击图 B-4 所示线框中的启动图标启动新模拟器。

启动后查看模拟器的 Android 版本,如图 B-5 所示。

(3)将"平板"模式调整为"手机"模式

图 B-5 模拟器的 Android 版本

夜神模拟器默认处于"平板"模式,可以通过设置切换为"手机"模式。单击图 B-6 右上角的"系统设置"按钮。注意,不是 Android 系统的设置。

在打开的"系统设置"窗口,单击"性能设置",在"分辨率设置"区域的下拉列表中选择"手机版",并选择想要的分辨率,这里选择的是"1920×1080",单击"保存设置"按钮,如图 B-7 所示。

图 B-6 "系统设置"按钮

图 B-7 分辨率设置

然后,重启模拟器即可。

提示:当多开模拟器时,你可能需要开启 VT。

- VT 的全称是 Virtualization Technology,即虚拟化技术。VT 可以扩大硬件的容量,简化软件的重新配置过程。CPU 的 VT 可以使单 CPU 模拟多 CPU 并行,允许一个平台同时运行多个操作系统，并且应用程序都可以在相互独立的空间内运行而互不影响，从而显著提高计算机的工作效率。

- 如何开启VT？进入基本输入输出系统（Basic Input/Output System,BIOS），选择"Configuration"选项，选择"Intel Virtual Technology"并按"Enter"键。将光标移动至"Enabled"处，并按"Enter"键确定，此时该选项将变为"Enabled"，最后按"F10"键保存并退出即可开启VT。注意：若无Intel Virtual Technology选项或不可更改为Enabled，则表示你的PC不支持VT。
- 夜神模拟器多开时的端口从第二个开始是有规律的，第一个模拟器的端口是62001，第二个模拟器的端口是62025，第三个模拟器的端口是62025+1，第四个模拟器的端口是62025+2，依此类推。

附录 C adb 常见错误

①使用 adb 连接夜神模拟器时，提示"adb server version(36) doesn't match this client(41); killing..."。

错误原因：这是因为我们安装的 Android SDK 的 adb 版本和模拟器的 adb 版本不一致。

解决方案：将模拟器 adb 路径（{模拟器安装路径}\Nox\bin）下的 nox_adb.exe 文件重命名为 nox_adb_bak.exe，再复制 Android SDK 目录 \platform-tools 下的 adb.exe、AdbWinApi.dll、AdbWinUsbApi.dll 文件到模拟器 adb 路径下，将 adb.exe 文件并重命名为 nox_adb.exe，替换完成后，重启模拟器或者重启 PC 即可。如果该解决方案不奏效，请删除夜神 bin 目录下的 adb.exe 文件后再次尝试。

②安装 App 时提示"Failure [INSTALL_FAILED_INVALID_URI]"。

解决方案：在命令行界面下依次执行命令"adb remount""adb shell""cd /data""chmod 777 local"，然后重新安装 apk。

③连接模拟器时提示"cannot connect to 127.0.0.1:62001: 由于目标计算机积极拒绝，无法连接。(10061)"。

解决方案：重启模拟器再次尝试。如果重启模拟器后仍无法连接，则查看目标端口是否被占用。

我们可以通过以下方式查看端口占用情况，并根据需要结束占用端口的进程。

```
C:\Users\storm>netstat -ano|findstr 62001
  TCP    127.0.0.1:56240        127.0.0.1:62001        ESTABLISHED     13388
  TCP    127.0.0.1:62001        0.0.0.0:0              LISTENING       17456
  TCP    127.0.0.1:62001        127.0.0.1:56240        ESTABLISHED     17456
```

输出结果的第一行中，第二列表示 62001 端口被占用，最后一列的 13388 为 PID，即进程号（Process ID）。然后可以使用下面的命令结束进程。

```
C:\Users\storm>taskkill -f -pid 13388
成功：已终止 PID 为 13388 的进程。
```

公共及 Android 独有 Capabilities

Android 和 iOS 的公共 Capabilities 如表 D-1 所示。

表 D-1　公共 Capabilities

键	描述	值
automationName	自动化测试的引擎	Appium（默认）或者 Selendroid
platformName	使用的手机操作系统	例如 iOS、Android
platformVersion	手机操作系统的版本	例如 7.1、4.4
deviceName	手机或模拟器的名称	例如 Android Emulator、Galaxy S4 等
app	本地绝对路径或远程 HTTP URL 所指向的一个安装包（.apk 或 .zip 文件）。Appium 会将其安装到合适的设备上。请注意，如果用户指定了 appPackage 和 appActivity 参数（见表 D-2），Android 则不需要此参数。该参数与 browserName 不兼容	例如 /abs/path/to/my.apk 或 http://myapp.com/app.ipa
browserName	进行自动化测试时使用的浏览器名字。如果是一个 App 则只需输入空字符串	例如 "Chrome" "Chromium"
newCommandTimeout	用于表示客户端在退出或者结束 Session 之前，Appium 等待客户端发送一条新命令所花费的时间（单位：秒）	例如 60
language	模拟器的设置语言	例如 fr
locale	（Sim/Emu-only）为模拟器设置所在区域	例如 fr_CA
udid	真机的唯一设备号	例如 1ae203187fc012g
orientation	（Sim/Emu-only）模拟器当前的方向	例如垂直（竖屏）或水平（横屏）
autoWebview	直接转换到 WebView 上下文（Context）。默认值为 false	true 或 false

续表

键	描述	值
noReset	在当前 Session 下不会重置 App 的状态。默认值为 false	true 或 false
fullReset	删除所有的模拟器目录 (iOS)。要清除 App 里的数据，请将 App 卸载 (Android)。在 Android 中，在 Session 完成之后会将 App 卸载。默认值为 false	true 或 false

表 D-2 所示为 Android 独有的 Capabilities。

表 D-2 Android 独有的 Capabilities

键	描述	值
appActivity	Activity 的名字是指从用户的包中所要启动的 Android Activity。通常需要在前面添加 "."（例如使用 .MainActivity 代替 MainActivity）	例如 .MainActivity、.Settings
appPackage	运行的 Android App 的包名	例如 com.example.android.myApp、com.android.settings
appWaitActivity	等待启动的 Android Activity 名称	例如 SplashActivity
appWaitPackage	等待启动的 Android App 的包	例如 com.example.android.myApp、com.android.settings
appWaitDuration	用于等待 Android Activity 启动的超时时间以毫秒为单位。默认值为 20000	例如 30000
deviceReadyTimeout	用于等待模拟器或真机准备就绪的超时时间	例如 5
androidCoverage	用于执行测试的 instrumentation 类。传送 -w 参数到命令 adb shell am instrument -e coverage true -w	例如 com.my.Pkg、com.my.Pkg.instrumentation.MyInstrumentation
enablePerformanceLogging	开启 Chromedriver 的性能日志（仅适用于 Chrome 与 WebView）。默认值为 false	true 或 false
androidDeviceReadyTimeout	用于等待设备在启动 App 后准备就绪的超时时间，以秒为单位	例如 30
androidInstallTimeout	用于等待在设备中安装 App 所花费的时间（以毫秒为单位）。默认值为 90000	例如 90000
adbPort	用来连接 adb 服务器的端口。默认值为 5037	例如 5037

键	描述	值
androidDeviceSocket	开发工具的 Socket 名称。只有在被测 App 是使用 Chromium 内核的浏览器时才需要该键。该套接字由浏览器打开，ChromeDriver 作为 DevTools 客户端连接到它	例如 chrome_devtools_remote
avd	被启动 avd（Android Virtual Device，Android 运行的虚拟设备）的名字	例如 API19
avdLaunchTimeout	用于等待 avd 启动并连接 adb 的超时时间（以毫秒为单位）。默认值为 120000	例如 300000
avdReadyTimeout	用于等待 avd 完成启动动画的超时时间（以毫秒为单位）。默认值为 120000	例如 300000
avdArgs	启动 avd 时使用的额外参数	例如 -netfast
useKeystore	使用自定义的 keystore 给 APK 文件签名。默认值为 false	true 或 false
keystorePath	自定义 keystore 的路径。默认路径为 ~/.android/debug.keystore	例如 /path/to.keystore
keystorePassword	自定义 keystore 的密码	例如 foo
keyAlias	key 的别名	例如 androiddebugkey
keyPassword	key 的密码	例如 foo
chromedriverExecutable	WebDriver 可执行文件的绝对路径（如果 Chromium 内嵌自己提供的 WebDriver，则应使用该 WebDriver 替换 Appium 自带的 ChromeDriver）	例如 /abs/path/to/webdriver
autoWebviewTimeout	用于等待 WebView 上下文（Context）激活的时间（以毫秒为单位）。默认值为 2000	例如 4000
intentAction	用于启动 Activity 的 intent action。默认值为 android.intent.action.MAIN	例如 android.intent.action.MAIN、android.intent.action.VIEW
intentCategory	用于启动 Activity 的 intent category。默认值为 android.intent.category.LAUNCHER	例如 android.intent.category.LAUNCHER、android.intent.category.App_CONTACTS
intentFlags	用于启动 Activity 的标识（Flag）。默认值为 0x10200000	例如 0x10200000
optionalIntentArguments	用于启动 Activity 的额外 Intent 参数	例如 --esn <EXTRA_KEY>、-ez <EXTRA_KEY><EXTRA_BOOLEAN_VALUE> 等

续表

键	描述	值
dontStopAppOnReset	在使用 adb 启动应用之前，不要终止被测 App 的进程。如果被测 App 是被其他钩子（anchor）App 所创建的，设置该参数为 false 后，就允许钩子 App 的进程在使用 adb 启动被测 App 期间仍然存在。换言之，设置 dontStopAppOnReset 为 true 后，在 adb shell am start 的调用中不需要包含 -S 标识。如果忽略该 Capability 或将其设置为 false，就需要包含 -S 标识。默认值为 false	true 或 false
unicodeKeyboard	使用 Unicode 输入法。默认值为 false	true 或 false
resetKeyboard	在设定 unicodeKeyboard 关键字的 Unicode 测试结束后，重置输入法到原有状态。如果单独使用,该键将会被忽略。默认值为 false	true 或 false
noSign	跳过检查和对 App 进行 debug 签名的步骤，仅适用于 UiAutomator，不适用于 Selendroid。默认值为 false	true 或 false
ignoreUnimportantViews	调用 Uiautomator 的函数 setCompressedLayoutHierarchy()。由于 Accessibility 命令在忽略部分元素的情况下执行速度会加快，这个关键字能加快测试执行的速度，被忽略的元素将不能够被找到，因此这个关键字同时也被实现成可以随时改变的设置（settings）。默认值为 false	true 或 false
disableAndroidWatchers	禁用 Android 监视器（Watcher）。监视器用于监视应用程序的无响应状态(Anr)和崩溃（Crash），将其禁用会降低 Android 设备或模拟器的 CPU 使用率。该 Capability 仅在使用 UiAutomator 时有效，不适用于 Selendroid。默认值为 false	true 或 false
chromeOptions	允许对 ChromeDriver 传递 chromeOptions 的参数。欲了解更多信息请查阅 chromeOptions	例如 chromeOptions: {args: ['--disable-popup-blocking'] }

续表

键	描述	值
recreateChromeDriver Sessions	当移除非 ChromeDriver WebView 时，终止 ChromeDriver 的 Session，默认值为 false	true 或 false
nativeWebScreenshot	对 Web 的上下文，使用原生（Native）的方法截图，而不是用代理过的 ChromeDriver。默认值为 false	true 或 false
androidScreenshotPath	截图在设备中被保存的目录。默认值为 /data/local/tmp	例如 /sdcard/screenshots/
autoGrantPermissions	让 Appium 自动确定你的 App 需要哪些权限，并在安装时将其授予 App。默认值为 false	true 或 false

附录 E Android KEYCODE 常用键值对应关系

Android KEYCODE 常用键值对应关系见表 E-1。

表 E-1 Android KEYCODE 常用键值对应关系

键名	描述	值
KEYCODE_0 ~ KEYCODE_9	按键"0"~按键"9"	7 ~ 16
KEYCODE_A ~ KEYCODE_Z	按键"A"~按键"Z"	29 ~ 54
KEYCODE_ENTER	"Enter"键	66
KEYCODE_ESCAPE	"Esc"键	111
KEYCODE_DPAD_CENTER	确定键	23
KEYCODE_DPAD_UP	"↑"键	19
KEYCODE_DPAD_DOWN	"↓"键	20
KEYCODE_DPAD_LEFT	"←"键	21
KEYCODE_DPAD_RIGHT	"→"键	22
KEYCODE_DEL	"BackSpace"键	67
KEYCODE_FORWARD_DEL	"Delete"键	112
KEYCODE_NUM_LOCK	小键盘锁定键	143
KEYCODE_CAPS_LOCK	大写锁定键	115